Sven Dudeck

Kamerabasierte In-situ-Überwachung gepulster Laserschweißprozesse

**Forschungsberichte aus der Industriellen Informationstechnik
Band 6**

Institut für Industrielle Informationstechnik
Karlsruher Institut für Technologie
Hrsg. Prof. Dr.-Ing. Fernando Puente León
          Prof. Dr.-Ing. habil. Klaus Dostert

Eine Übersicht über alle bisher in dieser Schriftenreihe erschienenen Bände
finden Sie am Ende des Buchs.

Kamerabasierte In-situ-Überwachung gepulster Laserschweißprozesse

von
Sven Dudeck

Dissertation, Karlsruher Institut für Technologie (KIT)
Fakultät für Elektrotechnik und Informationstechnik
Tag der mündlichen Prüfung: 21. März 2013
Referenten: Prof. Dr.-Ing. F. Puente León, KIT
            Prof. Dr.-Ing. R. Tutsch, TU Braunschweig

Impressum

Karlsruher Institut für Technologie (KIT)
KIT Scientific Publishing
Straße am Forum 2
D-76131 Karlsruhe
www.ksp.kit.edu

KIT – Universität des Landes Baden-Württemberg und
nationales Forschungszentrum in der Helmholtz-Gemeinschaft

KIT Scientific Publishing 2013
Print on Demand

ISSN 2190-6629
ISBN 978-3-7315-0019-3

Kamerabasierte In-situ-Überwachung gepulster Laserschweißprozesse

Zur Erlangung des akademischen Grades eines

DOKTOR-INGENIEURS

von der Fakultät für

Elektrotechnik und Informationstechnik

des Karlsruher Instituts für Technologie (KIT)

genehmigte

DISSERTATION

von

Dipl.-Phys. Sven Gerhard Dudeck

geb. in Münster

Tag der mündl. Prüfung: 21. März 2013
Hauptreferent: Prof. Dr.-Ing. F. Puente León, KIT
Korreferent: Prof. Dr.-Ing. R. Tutsch, TU Braunschweig

In Gedenken an meinen Vater.

»Je« sprach der Graf, und gab sich als Franzose zu erkennen!

Vorwort

Diese Arbeit entstand im Rahmen meiner Tätigkeit bei der Abteilung Corporate Technology der Siemens AG in München.

Die wissenschaftliche Betreuung erfolgte durch Herrn Prof. Dr.-Ing. Fernando Puente León, dem an dieser Stelle mein besonderer Dank für die langjährige Begleitung gilt. Ebenso möchte ich Herrn Prof. Dr.-Ing. Rainer Tutsch für die Übernahme des Zweitgutachtens danken.

Herrn Dr. Detlef Rieger danke ich für die hinterfragenden und anregenden Diskussionen sowie Herrn Dr. Friedrich Lupp für die Unterstützung bei der Durchführung der Laborexperimente. Für die Förderung der Arbeit durch die Siemens AG danke ich zudem Herrn Dr. Hans Kaußler und Herrn Detlef Gerhard.

Herrn Prof. Dr. Detlef Dürr, Herrn Dr. Dominik Rohrmus und Herrn Lars Dudeck danke ich für die sorgfältige Durchsicht der Arbeit.

Mein herzlicher Dank gilt auch den Mitarbeitern des Instituts für Industrielle Informationstechnik des Karlsruher Instituts für Technologie sowie den Mitarbeitern des Lehrstuhls für Messsystem- und Sensortechnik der TU München. Ebenso möchte ich den Kollegen der Siemens AG, die mich bei dieser Arbeit unterstützt haben, herzlich danken.

München, im April 2013   Sven Dudeck

Zusammenfassung

Kernpunkt der Arbeit ist die kamerabasierte Beobachtung und Überwachung von Laserstrahlschweißprozessen. Diese stellen im industriellen Umfeld mittlerweile ein Standard-Fügeverfahren dar und müssen steigende Qualitätsanforderungen erfüllen, welche eine durchgehende Prozessüberwachung erforderlich machen.

Die Prozessbeobachtung wird sowohl von der physikalischen Aufnahmeseite wie auch der nachfolgenden informationstechnischen Weiterverarbeitung betrachtet. Orts- und zeitaufgelöste spektrale Analysen liefern Informationen zur optimalen Auslegung des Aufnahmesystems hinsichtlich der Aufnahmefrequenz, Ortsauflösung und zu beobachtendem Wellenlängenbereich. Daneben werden Methoden zur direkten, am Prozessabstrahlungsspektrum orientierten Prozessüberwachung vorgestellt.

Aufbauend auf diesen prozessphysikalischen Erkenntnissen wird ein neues, bildbasiertes, schwach-überwacht lernendes Klassifikationssystem zur industriellen Prozessüberwachung anhand der Prozessabstrahlung entwickelt. Hauptaugenmerk liegt dabei auf hochdynamischen, gepulsten Prozessen.

Eine zusätzliche, schmalbandige Beleuchtung der Prozesszone ermöglicht die direkte Beobachtung der ansonsten von der Prozessabstrahlung überstrahlten Prozesszonenoberfläche. Dadurch lassen sich Schweißnahtfehler schon in ihrer Entstehung erkennen. Eine automatische Analyse der so gewonnenen Prozessbilder erfordert den Einsatz spezieller Bildverarbeitungsalgorithmen. Vorgestellt wird der Einsatz einer divergenzbasierten Kantendetektion zur Segmentierung der Prozesszonenoberfläche. Dabei werden Kanten nicht auf Basis von Helligkeitsänderungen im Bild detektiert, sondern anhand von Änderungen in der lokalen Grauwertverteilung. Es werden verschiedene Ausprägungen dieser Kantendetektion analysiert und sowohl untereinander wie auch mit Standardfiltern zur Kantendetektion verglichen. Die Limitierungen und Chancen einer solchen Algorithmik hinsichtlich der Prozessüberwachung sowie der weitere Weg zum industriellen Einsatz werden aufgezeigt.

Inhaltsverzeichnis

1 Einleitung

Die Materialbearbeitung mittels Laser gehört mittlerweile zu den etablierten Fertigungsverfahren. Laserstrahlung wird weltweit in den maschinellen Produktionen zum Fügen, Schneiden, Härten, Umformen, Auf- und Abtragen genutzt. Von Vorteil sind dabei die hohe Energiedichte und gute Fokussierbarkeit der Laserstrahlung. Die Größenordnungen der Anwendungen reichen vom Mikrometerbereich, z. B. Zahnräder in der Uhrenindustrie [141], bis hin zu Stahlplatten im Schiffbau [96], welche mittels Laserstrahlung bearbeitet werden.

Die kontinuierliche Verbesserung der Strahlquellen seit der ersten Demonstration eines funktionierenden Lasers im Jahre 1960 hinsichtlich Baugröße, Wirkungsgrad, Strahlbrillianz oder optischer Ausgangsleistung – um nur einige Punkte zu nennen – eröffnet immer weitere Einsatzmöglichkeiten in der industriellen Produktion. Dabei ersetzt die Lasermaterialbearbeitung zum Teil herkömmliche Verfahren oder ermöglicht sogar neue Produktionsformen, wie zum Beispiel das Lasersintern von dreidimensionalen Strukturen.

Durch diese fortschreitende Verbreitung des Lasers und die gleichzeitig steigenden Qualitätsanforderungen an die moderne Produktionstechnik werden Prozessüberwachungssysteme auch für die Lasermaterialbearbeitung immer wichtiger.

1.1 Ziel und Aufbau der Arbeit

Thema der vorliegenden Arbeit ist die optische *in-situ*[1] Beobachtung und Überwachung von Laserstrahlschweißprozessen. Der Schwerpunkt liegt dabei auf der Detektion von Schweißfehlern während des Prozesses mittels einer zweidimensionalen, kamerabasierten Hochgeschwindigkeitsbetrachtung der Prozesszone. Im Rahmen dieser Arbeit werden verschiedene Aspekte dieser Schweißprozessüberwachung – insbesondere in Hinsicht auf gepulste Laserstrahlschweißprozesse – betrachtet und weiterentwickelt:

---

[1] in-situ … aus dem Lateinischen: „an Ort und Stelle". In der Prozessüberwachung wird mit in-situ die Überwachung der Prozesszone während des laufenden Prozesses bezeichnet.

1

- die spektral aufgelöste Betrachtung der Prozessstrahlung zur Defekterkennung und der Überwachung der Prozessparameter,
- die Defekterkennung anhand einer räumlichen und zeitlichen Analyse der spektral gefilterten Prozessstrahlung mittels eines schwach-überwacht lernenden Klassifikationssystems[2], sowie
- die Detektion der Prozesszonengeometrie mittels einer zusätzlichen Beleuchtung und einer divergenzbasierten Bildanalyse.

Kapitel 2 stellt einleitend die Grundlagen des Laserstrahlschweißens und den Stand der Technik der dafür vorhandenen Prozessüberwachungstechnik dar.

Kapitel 3 legt den Fokus auf eine Erhöhung der Aussagekraft der mittels eines kamerabasierten Schweißüberwachungssystems aufgenommenen Bilder durch eine optimierte spektrale Filterung. Basierend auf einer ausführlichen Analyse der aufgenommenen Schweißspektren werden zudem Prozessüberwachungsmöglichkeiten hinsichtlich der Schweißgut-Materialzusammensetzung und Schutzgasüberwachung entwickelt und skizziert.

In Kapitel 4 wird die Prozessüberwachung anhand der Beobachtung der Prozessabstrahlung mittels eines schnellen Kamerasystems näher beleuchtet. Es wird ein neues, selbst optimierendes, schwach-überwacht lernendes Klassifikationssystem für die prozessnahe Detektion von Schweißfehlern auf Basis der Prozessstrahlungsbilder vorgestellt, welches insbesondere für gepulste Schweißprozesse mit ihrer sehr hohen Dynamik geeignet ist.

Kapitel 5 konzentriert sich auf die Aufnahme und Analyse der Prozesszonen-Oberflächengeometrie. Ein kombiniertes Beleuchtungs-Kamera-System wird eingeführt, welches es ermöglicht, die Werkstückoberfläche trotz intensiver Prozessabstrahlung sichtbar zu machen und aufzunehmen. Die direkte Beobachtung der Prozesszone ermöglicht prinzipiell die in-situ Detektion von Oberflächen-Schweißfehlern, welche sich nicht direkt in der Prozessabstrahlung bemerkbar machen. Ein erster Schritt in diese Richtung ist die Extraktion der Oberflächenstruktur. Für diese Aufgabe wird ein divergenzbasierter Kantendetektionsalgorithmus vorgestellt, welcher Kanten im Bild anhand lokaler Änderungen in der Grauwertverteilung erkennt.

In den Anhängen A – K finden sich abschließend Vertiefungen zu den in dieser Arbeit eingesetzten Techniken.

---

[2]Erklärung siehe Anh. D.1

1.2 Beitrag zur wissenschaftlichen Forschung

Diese Arbeit liefert einen umfassenden und zusammenhängenden – so in der Literatur nicht verfügbaren – Blick auf die spektrale Prozessabstrahlung von Laserstrahlschweißprozessen. Betrachtet werden sowohl die zeitliche wie auch die räumliche Dimension vom UV- bis in den NIR-Bereich[3]. Schwerpunkt bilden dabei gepulste Laserstrahlschweißprozesse auf Stahlwerkstoffen. In diesem Zuge wird zudem eine ausführliche Vorgehensweise für den Erhalt von – in der Literatur zumeist nicht anzutreffenden – intensitätskalibrierten Spektren skizziert.

Es wird gezeigt, dass im Zuge der Beobachtung der Prozessabstrahlung sowohl die Aufnahmefrequenz wie auch die örtliche Auflösung eine entscheidende Rolle bei der zuverlässigen Erkennung von Schweißdefekten spielen – vor allem bei hochdynamischen, gepulsten Prozessen. Die erforderlichen Auflösungen, insbesondere hinsichtlich der Zeit, liegen dabei weit oberhalb der heutzutage im industriellen, produktiven Einsatz befindlichen Prozessüberwachungssysteme. Die im Rahmen dieser Arbeit vorgestellte, auf der kamerabasierten Beobachtung der Prozessabstrahlung beruhende, neue Überwachungsalgorithmik ist im Hinblick auf diesen industriellen Einsatz mit Hochgeschwindigkeitskameras entwickelt worden.

Für die Methodik der direkten Beobachtung der Prozesszonenoberfläche mittels einer zusätzlichen Beleuchtung wird eine divergenzbasierte Bildverarbeitungsalgorithmik zur Kantendetektion in den gewonnenen Bilder angewendet und theoretisch und experimentell untersucht. Die Ergebnisse lassen sich allgemein auf das Problem der Detektion von verteilungsbasierten Kanten[4] in Bildern anwenden.

1.3 Mathematische Notation

Zu Beginn soll, zur besseren Verständlichkeit, noch kurz die in dieser Arbeit verwendete, mathematische Notation dargelegt werden. $\vec{v}$ bezeichnet einen Vektor (Zeile), $\vec{v}^t$ die transponierte Version (Spalte). $\langle \vec{v}_1, \vec{v}_2 \rangle$ ist das Skalarprodukt $\vec{v}_1 \cdot \vec{v}_2^t$ zweier Vektoren. $\boldsymbol{M}$ kennzeichnet eine Matrix. $f(x)$ symbolisiert eine Funktion mit kontinuierlichem , $f[n]$ eine Funktion mit diskretem Definitionsbereich. Mit $\{a,\ldots,b\}$ wird eine Menge aus diskreten Elementen bezeichnet, Intervalle mit $[a,b]$ (geschlossen) oder (a,b) (offen).

---

[3]Abkürzung siehe Kap. 3.2
[4]Erklärung siehe Kap. 5.5.2

1.4 Verwendete Hilfsmittel

Die Datenaufnahme (Bilder, Spektren, Helligkeitssignale) für den experimentellen Teil dieser Arbeit erfolgte mit einer selbstentwickelten Softwareapplikation (C++, *Microsoft Visual Studio 2005*) zur zeitsynchronen Steuerung der verwendeten Laserquellen, Mess- und Aufnahmehardware sowie der Abspeicherung der Daten. Daneben kamen zum Teil auch die herstellerspezifischen Tools für die verwendeten Hardwarekomponenten zum Einsatz sowie Tools auf *National Instruments LabView 7/8*-Basis.

Die Datenanalyse wurde zum überwiegenden Teil in *Mathworks Matlab R2006a* oder auf Basis der Tabellenkalkulation *Microsoft Excel 2003* durchgeführt sowie mit selbstentwickelten C++-Tools auf Basis der *Intel Integrated Perfomance Primitives 5.1*. Die Oberflächensimulation (Abb. 5.13) wurde mit *POV-Ray 3.6* erstellt.

Die Arbeit selber wurde in LaTeX (*MikTex 2.9*) verfasst. Grafiken wurden mit *GnuPlot 4.4* und *Corel Draw 11* erstellt.

2 Laserstrahlschweißen

Beim Laserstrahlschweißen dient ein fokussierter Laserstrahl dazu, die zu verbindenden Werkstücke an der Fügestelle lokal zu erhitzen und aufzuschmelzen, d. h. zu verflüssigen. Durch die Verschmelzung dieser flüssigen Phasen und das anschließende Erstarren entsteht eine dauerhafte Verbindung zwischen den Werkstücken.

2.1 Prozessmechanik und Prozesszone

Abb. 2.1 gibt den prinzipiellen Aufbau der Prozesszone wieder. Die fokussierte Laserstrahlung trifft an der Fügestelle auf die Werkstückoberfläche und erhitzt diese lokal. Bei ausreichendem Energie- bzw. Leistungseintrag beginnt das Material zu schmelzen. Hierbei wird bei Metallen typischerweise nur ein geringer Teil der eingestrahlten Energie auch tatsächlich in Wärme bzw. zur Phasenumwandlung umgesetzt. Der überwiegende Teil der Energie wird an der Oberfläche reflektiert und geht dem Prozess damit verloren. Der lokale Energieeintrag hängt, neben dem Absorptionsvermögen des Werkstoffs bzw. der Werkstückoberfläche, zum Einen ab von der Bestrahlungsstärke E, d. h. der einfallenden Energie pro Zeit und Fläche (Glg. A.4), zum Anderen von der Geschwindigkeit $\vec{v}$, mit der sich die Prozesszone über das Werkstück bewegt. In [16] findet sich eine detaillierte Betrachtung der Prozessabläufe.

Differenziert werden zwei Ausprägungen des Prozesses, die sich im Energieeintrag unterscheiden – das Wärmeleitungsschweißen und das Tiefschweißen.

2.1.1 Wärmeleitungsschweißen

Das verflüssigte Werkstückmaterial an der Fügestelle bildet das *Schmelzbad*. Das feste Material direkt um das Schmelzbad herum wird als *Wärmeeinflusszone* bezeichnet. Hier werden teilweise durch die eingebrachte Wärmeenergie strukturelle Änderungen im Gefüge hervorgerufen. Innerhalb des Schmelzbades wird

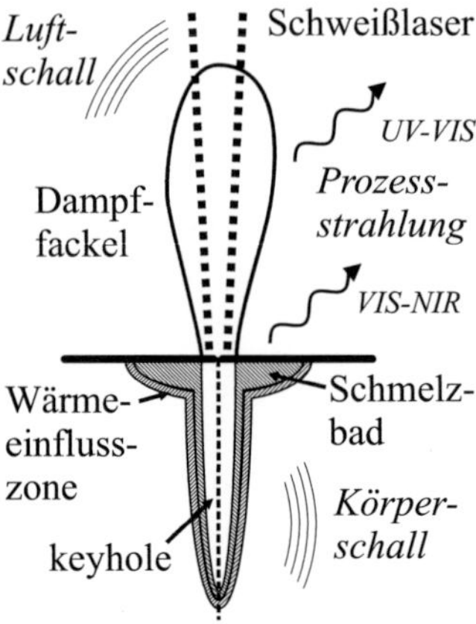

Abbildung 2.1 Skizze der Prozesszone
und der Prozessemissionen (Kap. 3.2). Erklärungen siehe Text.

die eingebrachte Energie sowohl konduktiv, d. h. über Wärmeleitung, wie auch
konvektiv, d. h. über Materialströmungen, verteilt. Insbesondere der Marangoni-
Effekt[1] [60] ist dabei zu beachten. Dieser Prozesszustand wird als *Wärmeleitungsschweißen* bezeichnet. Typische Nähte weisen hierbei Nahtbreite-zu-Tiefe-
Verhältnisse größer 1 auf.

2.1.2 Tiefschweißen

Im Fall einer weiteren Steigerung der Intensität erreicht die Schmelzbadoberfläche die Siedetemperatur des Werkstoffs. Ein vermehrtes Abdampfen und, damit
verbunden, die Ausbildung einer Dampffackel über der Laser-Werkstoff-Interak-
tionszone sind die Folge. Der Rückstoßdruck des abdampfenden Materials lässt
dabei eine Vertiefung im Schmelzbad entstehen [168]. Innerhalb dieser Vertiefung
kann es zu Mehrfachreflexionen der einfallenden Laserstrahlung kommen, wodurch sich die Absorptionsrate der Laserenergie erhöht. Des Weiteren absorbiert
die Dampffackel Laserenergie und gibt diese mechanisch an das Schmelzbad weiter. Die Bildung dieser Vertiefung erhöht somit den Energieeintrag in das Material

---

[1] Der Marangoni-Effekt beschreibt Konvektionsphänomene, welche durch unterschiedliche Oberflä-
chenspannungen in einer Flüssigkeit hervorgerufen werden.

und verstärkt damit den Verdampfungsprozess, ist also letztendlich selbstverstärkend. Dadurch bildet sich nach und nach eine dünne, dampfgefüllte Kapillare im Material, *Keyhole* genannt. Durch diese Kapillare hat die Laserstrahlung die Möglichkeit, tief in das Material einzudringen und dort absorbiert zu werden. Dadurch werden Nahtbreite-zu-Tiefe-Verhältnisse von 1:10 möglich.

2.2 Prozessemissionen

Der Schweißprozess gibt Energie in unterschiedlichen Formen ab. Der überwiegende Teil wird über Wärmeleitungsprozesse im Werkstück aus der Prozesszone entfernt. Daneben erzeugt der Prozess aber auch mechanische Emissionen in Form von Körper- und Luftschall. Auch über elektromagnetische Strahlung bis in den sichtbaren und ultravioletten Wellenlängenbereich hinein emittiert der Prozess Energie, wie jeder nachdrücklich bestätigen wird, der einen solchen Prozess schon einmal ohne entsprechende Schutzausrüstung beobachtet hat.

Die beiden letztgenannten Emissionsarten sind hinsichtlich der Prozessüberwachung von Bedeutung. Schall- und Lichtemissionen lassen sich mit relativ einfachen Mitteln detektieren und enthalten unmittelbare oder mittelbare Informationen über das Prozessgeschehen. In Abb. 2.1 sind diese im Zusammenhang mit ihren hauptsächlichen Entstehungsorten eingezeichnet. Detaillierter eingegangen wird auf die elektromagnetische Prozessstrahlung in Kap. 3.2.

2.3 Prozessmerkmale und -parameter

Auch wenn die grundlegende Prozessmechanik immer dieselbe ist, kann der Laserstrahlschweißprozess in vielen unterschiedlichen Formen auftreten. Unterschieden wird u. a. nach

- Art der Strahlquelle, wobei hier nochmals differenziert wird nach
    - Lasermedium (resp. Wellenlänge),
    - Strahlgeometrie (Laser-Mode),
    - gepulstem oder Dauerstrichbetrieb,
- Strahloptik,
- Fokuslage,
- Fügegeometrie,
- Werkstoff,
- Einsatz von Schutzgas,
- Einsatz von Füllmaterial und
- Anzahl der verwendeten Strahlen.

2.3.1 Schweißlaser

Gebräuchliche Schweißlaser im industriellen Umfeld sind heutzutage CO_2-Gaslaser sowie Nd:YAG-Festkörperlaser. Daneben werden in letzter Zeit auch diodengepumpte Festkörperlaser in Form von Faser- oder Scheibenlasern mehr und mehr in der industriellen Produktion eingesetzt. Im Folgenden soll kurz auf diese verschiedenen Lasertypen eingegangen werden. Eine prinzipielle Beschreibung der Entstehung von Laserstrahlung findet sich in Anh. B.5.

CO_2-Laser

CO_2-Laser [126] gehören auch 40 Jahre nach ihrer Entwicklung zu den leistungsstärksten (bis 100 kW) *Dauerstrichlasern*[2]. Die relativ hohe Effizienz von bis zu 20 % in optische Ausgangsleistung umgesetzte Pumpleistung und ein günstiges Preis-Leistungs-Verhältnis sorgen dafür, dass CO_2-Laser immer noch zu den beliebtesten Fertigungslasern im industriellen Umfeld gehören.

CO_2-Laser sind *Gaslaser*. Das Lasermedium besteht aus einem CO_2-N_2-H_2-He-Gasgemisch[3]. In diesem werden über elektrische Gasentladungen mit Hilfe des Stickstoffes letztendlich die CO_2-Moleküle mechanisch angeregt. Dadurch kann im CO_2-Gasanteil eine *Besetzungsinversion*[4] erzeugt werden und sich die stimulierte Emission lawinenartig ausbreiten – es entsteht Laserstrahlung. Die Wellenlänge liegt dabei zumeist bei 10,6 µm.

Nd:YAG-Laser

Im Gegensatz dazu emittieren *Nd:YAG-Laser*[5] [62] im nahinfraroten Bereich bei typischerweise 1064 nm. Auch Nd:YAG-Laser erreichen mittlerweile hohe optische Ausgangsleistungen im kontinuierlichen Betrieb, gepaart allerdings mit einer relativ geringen Effizienz (ca. 5 %) und einem hohen Preis des Nd-dotierten Y_3-Al_5-O_{12}-Kristalls[6].

Wie der Name schon nahe legt, handelt es sich beim Nd:YAG-Laser um einen *Festkörperlaser*. Dabei bilden die eindotierten Nd-Atome das aktive Lasermedium, welches optisch etwa zwischen 700 nm und 850 nm gepumpt wird. Die

---

[2]Dauerstrichlaser emittieren über einen längeren Zeitraum hinweg Strahlung bei gleichbleibender optischer Ausgangsleistung.

[3]CO_2: Kohlenstoffdioxid, N_2: Stickstoff, H_2: Wasserstoff und He: Helium

[4]Von Besetzungsinversion spricht man, wenn sich in einem System mehr Teilchen in einem energetisch höheren Zustand befinden als im darunter liegenden.

[5]Nd:YAG : **N**eo**d**ym-dotiertes **Y**ttrium **A**luminium **G**ranat

[6]Nd: Neodym, Y: Yttrium, Al: Aluminium, O: Sauerstoff

bisher dafür gebräuchlichen Gasentladungslampen werden mittlerweile nach und nach durch Laserdioden ersetzt, wodurch sich neben der Strahlqualität auch der Pumpwirkungsgrad erhöht[7] [148]. Typischerweise liegt der Nd:YAG-Kristall in Stabform vor.

Scheiben- und Faserlaser

Der Einsatz von Laserdioden zum optischen Pumpen ermöglicht neue Bauformen des Festkörper-Mediums – insbesondere sind hier der Scheiben- und der Faserlaser zu nennen. Durch die aufgrund der neuen Geometrie verbesserten Kühlmöglichkeiten sowie die schmalbandige optische Pump-Anregung spielen thermische Effekte im Lasermedium eine untergeordnete Rolle, was zu einer wesentlich verbesserten Strahlqualität führt.

Im Fall des *Scheibenlasers* [64] kommen meistens Ytterbium (Yb) dotierte Kristalle zum Einsatz, womit die Laserwellenlänge bei 1030 nm liegt. Aber auch Neodym findet Verwendung. Der Kristall ist dabei in Form einer dünnen Scheibe direkt auf einem der beiden Resonatorspiegel aufgebracht. Dadurch ist eine gute Kühlung des Lasermediums über den Spiegel möglich.

Der *Faserlaser* [151] besteht in Prinzip aus einer langen Lichtleitfaser, deren Kern mit entsprechenden Elementen, hier zumeist Erbium, Ytterbium oder Neodym, dotiert wurde. Das von Laserdioden erzeugte Pumplicht gelangt entweder über einen umliegenden Mantel oder über zusätzlich angespleißte Fasern in den laseraktiven Kern. Auch hier ermöglicht die große Oberfläche der Faser eine gute Kühlung. Der Resonator kann z. B. durch verspiegelte Faserendflächen realisiert werden oder über in die Faser eingeschriebene *Faser-Bragg-Gitter*[8].

Diodenlaser

Hochleistungs-Laserdioden werden mittlerweile nicht nur zum optischen Pumpen, sondern auch direkt zur Materialbearbeitung eingesetzt. Durch eine optische Parallelschaltung vieler Einzeldioden können Ausgangsleistungen bis in den kW-Bereich erreicht werden. Da es sich hier aber letztendlich um eine Vielzahl einzelner Laserstrahlen handelt, ist die Strahlqualität der *Diodenlaser* typischerweise

---

[7]Bei Gasentladungslampen wird nur ein geringer Anteil der erzeugten optischen Leistung aufgrund des breiten Spektrums tatsächlich in Pumpenergie umgesetzt. Der Rest erwärmt den Kristall. Dadurch können verschiedene optische Effekte im Material hervorgerufen werden, die die Laserstrahlleistung und -qualität verringern.

[8]Bei einem Faser-Bragg-Gitter handelt es sich um künstlich eingebrachte, periodische Brechzahländerungen im Verlauf einer Faser. Durch diese Modulation entsteht im Inneren der Faser ein optisches Interferenzfilter.

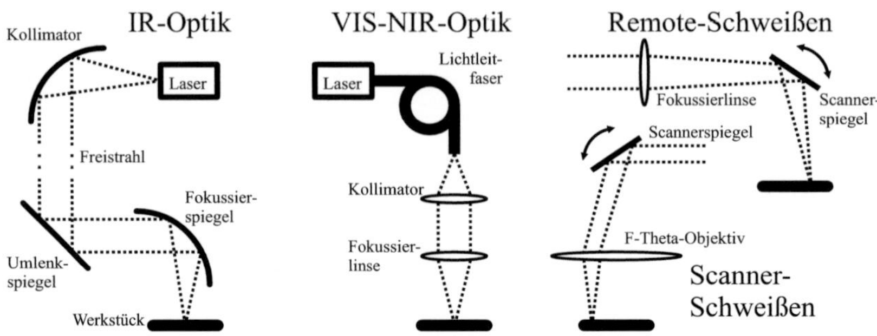

Abbildung 2.2   Prinzip-Darstellung von Laserstrahlschweißoptiken für den Infrarotbereich (links), den sichtbaren und nahinfraroten Bereich sowie die Funktionsweise des Remote- und Scanner-Schweißens.

schlechter als die der zuvor genannten Lasertypen. Vorteilhaft wirken sich die für gewöhnlich kompakte Bauform und der hohe Wirkungsgrad aus.

Bei *Laserdioden* bildet ein Halbleiter-p-n-Übergang das aktive Lasermedium [78]. Die Laserstrahlung entsteht durch stimulierte Elektron-Loch-Kombinationen in der Grenzfläche der beiden Dotierungsbereiche.

2.3.2 Strahloptik

Die Strahloptik dient zum Einen dazu, das Laserlicht von seinem Entstehungsort an den Prozessort zu bringen, zum Anderen, die Strahlung dort zu fokussieren. Abb. 2.2 skizziert die grundlegenden Strahloptiken.

Wie im vorherigen Abschnitt erwähnt, liegt die typische Emissions-Wellenlänge eines CO_2-Gaslasers bei 10,6 µm, also im Infraroten. Dies bedingt, dass Standard-Glasoptiken für die Strahlführung und Fokussierung ungeeignet sind, da Glaswerkstoffe in diesem Wellenlängenbereich meist gute Absorber darstellen. Daher wird die Strahlführung und Fokussierung über Freistrahl-Metallspiegeloptiken realisiert.

Die Laserstrahlung der eingesetzten Festkörperlaser liegt im nahinfraroten Bereich. Dies macht es möglich, den Laserstrahl in Lichtleitfasern zu führen und mit Standardoptiken zu fokussieren. Die Strahlführung mittels Lichtleiter erlaubt es, Strahlquelle und Prozessort baulich voneinander zu trennen. Ebenso lassen sich robotergestützte Schweißoptiken wesentlich einfacher realisieren als im Fall der CO_2-Freistrahloptik.

Die hohe Strahlqualität der neuen Lasergenerationen vergrößert den möglichen Fokusabstand und den Tiefenschärfebereich. Dies erlaubt sowohl einen größeren Arbeitsabstand zwischen Fokussieroptik und Fügezone wie auch die Ablenkung des Strahls mittels Scannerspiegel (Remote- und Scanner-Schweißen). Dadurch können Nähte erzeugt werden, ohne dass sich Laseroptik und Werkstück zueinander bewegen müssen.

2.3.3 Fokuslage

Die Fokuslage des Schweißlasers kann großen Einfluss auf das Ergebnis des Fügeprozesses haben. Nicht immer ist es sinnvoll, den Fokuspunkt des Schweißlasers direkt auf die Werkstückoberfläche zu legen. Beim Tiefschweißen kann die Einkopplung der Laserenergie in das Werkstück durch eine Positionierung des Laserfokus innerhalb des Keyholes verbessert werden [117].

2.3.4 Naht- und Punktschweißen

Unabhängig vom verwendeten Laser und der Optik stellt die Interaktionszeit des Schweißlaserstrahls mit dem Werkstück ein wichtiges Unterscheidungsmerkmal dar.

Nahtschweißen

Beim *Nahtschweißen* erhitzt ein Dauerstrichlaser die Fügezone kontinuierlich. Die Prozesszone wird dabei durch eine Bewegung des Werkstückes oder der Laseroptik entlang der Fügestelle verschoben, so dass eine durchgehende Naht entsteht.

Punktschweißen

Beim *Punktschweißen* werden mittels kurzer, intensiver Laserpulse einzelne Nahtpunkte gesetzt. Typische Pulszeiten liegen hierbei im unteren Millisekundenbereich. Abhängig von der Pulsrepetitionsrate und der Bewegungsgeschwindigkeit des Werkstückes, d. h. vom Überlapp der einzelnen Punkte, lassen sich mit diesem Verfahren quasi-kontinuierliche Nähte erzeugen. Punktschweißungen waren die ersten realisierten Laserfügeverfahren, da zu Beginn der Laserentwicklung nur so die Schwellenleistung zum Aufschmelzen der (metallischen) Werkstücke erreicht werden konnte. Neue Möglichkeiten der zeitlichen Pulsformung bescheren dem Verfahren mittlerweile eine gewisse Renaissance [86].

Abbildung 2.3 Grundlegende Fügegeometrien: a) Stumpfstoß, b) Überlappstoß mit I-Naht, c) Überlappstoß mit Kehlnaht, d) T-Stoß mit Kehlnaht, e) Flansch mit Stirnnaht.

Einpuls-Nahtschweißen

Eine Mischform aus Punkt- und Nahtschweißens stellt das *Einpuls-Nahtschweißen*[9] dar. Hierbei wird innerhalb kürzester Zeit mittels eines Pulses im Bereich von typischerweise 20 ms bis 100 ms eine kontinuierliche Naht erzeugt. Dafür wird entweder das Werkstück mit hoher Geschwindigkeit unter dem Laser bewegt oder der Fokuspunkt wird, z. B. mittels eines Scannerspiegels, über die Werkstückoberfläche entlang der Naht geführt. Möglich wurde diese Technik in den letzten Jahren durch Verbesserungen der Strahlquellen insbesondere hinsichtlich ihrer Strahlqualität. Für dieses Verfahren ist aufgrund der hohen Verfahrgeschwindigkeit der Prozesszone ein sehr intensiver, stark fokussierter Energieeintrag in das Werkstück notwendig.

2.3.5 Fügegeometrien

Neben den Laserparametern stellt auch die Fügegeometrie ein wichtiges Prozessmerkmal dar. Grundlegende Nahtgeometrien sind in Abb. 2.3 dargestellt. Die Ausführung kann dabei sowohl gepulst wie auch kontinuierlich erfolgen.

Die wichtigste Anforderung an die Naht ist natürlich zunächst deren Festigkeit. Aber auch optische Aspekte oder die Gesamtprozesszeit können die Wahl der Fügegeometrie beeinflussen.

Mit robotergestützten Laseroptiken lassen sich mittlerweile durchgehende Nähte in drei Dimensionen realisieren.

2.3.6 Werkstoffe

Eine Vielzahl unterschiedlicher Materialien werden in der industriellen Fertigung mittels Laserstrahlung geschweißt.

---

[9]Unter das Einpuls-Nahtschweißen fällt auch das vom Fraunhofer-Institut für Lasertechnik (ILT) entwickelte SHADOW-Schweißverfahren (**S**tepless and **H**igh-Speed **A**ccurate and **D**iscrete **O**ne Pulse **W**elding) [103].

Die größte Werkstoffgruppe bilden hierbei die Metalle. Sowohl eisenbasierte Materialien (insbesondere Stähle) wie auch Kupfer- oder Aluminium-Werkstücke werden lasergeschweißt. Die Schweißeignung hängt dabei vielfach von der chemischen Zusammensetzung der Werkstoffe ab (siehe z. B. [135]). Auch die Verbindung zweier unterschiedlicher Materialien, z. B. Kupfer und Stahl, sind möglich, stellen aber in der Regel sehr diffizile Prozesse dar. Im Fall von Kupfer und Eisenwerkstoffen hat man es z. B. mit stark unterschiedlichen Schmelz- und Siedetemperaturen der beiden Fügepartner zu tun.

Daneben werden z. T. auch Keramiken [157] sowie Gläser und Kunststoffe [139] lasergeschweißt.

2.3.7 Weitere Prozessmerkmale

Schutzgas

Einen weiteren Prozessparameter stellt der Einsatz von Schutzgas dar. Dieses dient dazu, eine sauerstoffarme bzw. -freie Atmosphäre um die Prozesszone herum zu erzeugen. Dadurch soll eine Oxidation der heißen Naht, welche die Festigkeit herabsetzen könnte, verhindert werden. Üblicherweise eingesetzte Stoffe sind die Inertgase Argon, Stickstoff oder Helium bzw. spezielle Mischungen daraus. Durch eine oder mehrere Düsen wird das Gas dabei in die Prozesszone geblasen.

Zusatzwerkstoffe

In einigen Fällen wird weiteres Füllmaterial in die Prozesszone gegeben, z. B. um Spalträume zu schließen. Ein weiterer Effekt des Zusatzwerkstoffes kann die Auflegierung des Werkstoffes in der Naht sein. Hintergrund dafür ist beispielweise die Vermeidung von Heißrissen [100]. Der Zusatz kann in Form eines Drahtes oder als Pulver in die Prozesszone gegeben werden.

Mehrstrahlschweißen

Eine weitere Technik, welche u. a. beim Aluminiumschweißen vermehrten Einsatz findet, ist das Mehrstrahlschweißen [34][76]. Mehrere, zumeist zwei, Laserstrahlen werden gleichzeitig innerhalb der Prozesszone fokussiert.

Eine Umsetzung besteht darin, die Strahlfoki örtlich versetzt zu platzieren und somit die Aufschmelz- oder Abkühlphase des Materials gezielt zu beeinflussen, um der Defektentstehung entgegen zu wirken [65]. Eine andere Art des Mehrstrahlschweißens verwendet Strahlquellen unterschiedlicher Strahleigenschaften,

d. h. Wellenlänge und/oder Strahlform, um durch die Kombination Vorteile der beiden Strahlquellen nutzen zu können [30].

2.4 Einsatz des Laserstrahlschweißens

Vor- und Nachteile des Laserstrahlverfahrens müssen je nach konkretem Anwendungsfall abgewogen werden.

2.4.1 Vor- und Nachteile des Verfahrens

Ein großer Vorteil des Laserstrahlschweißprozesses liegt in seiner lokalen Energieeinbringung in das Werkstück. Durch die gute Fokussierbarkeit eines Laserstrahls lassen sich sehr schmale, aber dennoch tiefe Fügenähte erzeugen. Dabei ist der Gesamtenergieeintrag in das Werkstück relativ gering, so dass ein thermischer Verzug des Bauteils meistens vermieden werden kann.

Für den Prozess ist nur ein einseitiger, kontaktloser Nahtzugang erforderlich, wodurch das Handling des Werkstückes im Prozess erheblich erleichtert wird. Der Abstand von Optikkopf zu Naht kann dabei problemlos mehrere Dezimeter betragen. Auch die Verarbeitungsgeschwindigkeit ist durch den intensiven Energieeintrag hoch im Vergleich zu anderen Fügeverfahren.

Die hohe Präzision des Verfahrens kann sich andererseits aber auch negativ auswirken. Schon kleine Abweichungen in der Positionierung der zu fügenden Werkstücke können zu komplett unbrauchbaren Ergebnissen führen. Ebenfalls abgewogen werden muss der in Relation zu anderen Fügeverfahren hohe Anlagenpreis.

In [54] findet sich eine Gegenüberstellung verschiedener Schweißverfahren.

2.4.2 Einsatzbereiche

Wie in der Einleitung schon angedeutet, hat das Laserstrahlschweißverfahren mittlerweile eine große Bandbreite an Anwendungen gefunden.

Mikro- und Makroschweißen

Die Anwendungsbereiche reichen dabei vom Mikroschweißen millimetergroßer Bauteile in der Uhrenindustrie [124] bis hin zum Makroschweißen von dezimeterdicken Blechen im Schiffbau [96].

Tailored Blanks

Einer der größten Einsatzbereiche liegt in der Automobilindustrie und hier insbesondere bei der Fertigung so genannter *tailored blanks* [97][119]. Dabei handelt es sich um zusammengesetzte Blechplatinen, die meistens durch anschließende Umformprozesse weiter verarbeitet werden. Die einzelnen Bleche haben dabei unterschiedliche Eigenschaften hinsichtlich Materialzusammensetzung oder Dicke. Hintergrund dafür ist, Bauteile mit optimaler Festigkeit und minimalem Gewicht erzeugen zu können – z. B. im Karosseriebau. Die Nähte zwischen den Blechen eines tailored blanks bestehen heutzutage im Normalfall aus lasergeschweißten Stumpfnähten.

2.5 Normen

In diesem Abschnitt soll ein kleiner Einblick – ohne Anspruch auf Vollständigkeit – in die Welt der Normung des Laserstrahlschweißprozesses gegeben werden.

Der Laserstrahlschweißprozess ist den in der Norm DIN 8593-6 [41] definierten Füge-Fertigungsprozessen „Fügen durch Schweißen" zuzuordnen. Allgemein definiert die Norm DIN 8593 [40] die Füge-Fertigungsverfahren, basierend auf den in der Norm DIN 8580 [39] festgelegten Begrifflichkeiten bzgl. Fertigungsverfahren.

DIN EN ISO 4063 [50] schlüsselt die unterschiedlichen Schweißprozesse auf – unter anderem den Laserstrahlschweißprozess mit der Ordnungsnummer 52. Daneben existiert für das Schweißen von Metallen unabhängig vom konkreten Prozess die Norm DIN EN 14610 [43] sowie deren Ergänzung durch DIN 1910-100 [36]. Anforderungen und Empfehlungen zum Schweißen von Metallen mittels des Laserstrahlschweißprozesses finden sich in DIN EN 1011-6 [42] sowie DIN EN ISO 15609-4 [47]. Ebenfalls in diese Kategorie fallen DIN EN ISO 15607 [46] und DIN EN ISO 15614-11 [48].

DIN 32532 [38] definiert Begrifflichkeiten speziell hinsichtlich des Laserstrahlschweißens, die Benennung der Verbindungsgeometrien ist in DIN 1912-4 [37] hinterlegt.

Für die Schweißnahtvorbereitung existiert DIN EN ISO 9692-1 [52], mit auftretenden Unregelmäßigkeiten in der geschaffenen Verbindung beschäftigen sich die Normen DIN EN ISO 6520-1 [51] sowie DIN EN ISO 13919-1 [44] und DIN EN ISO 13919-2 [45]. Allgemein mit den Qualitätsanforderungen an Schmelzschweißprozesse für metallische Werkstoffe befassen sich die fünf Teile der Norm DIN EN ISO 3834 [49].

2.6 Schweißfehler

Typische Fehler beim Laserstrahlschweißen sind das Auftreten von Rissen (Heiß- und Kaltrisse) sowie die Bildung von Lunkern (Hohlräume) oder Poren in der Naht [13][94]. Gründe für das Entstehen solcher auch als *Volumenfehler* bezeichneten Nahtdefekte sind u. a.

- Verunreinigungen an der Oberfläche sowie im Inneren des Werkstoffes,
- in Schmelze gelöste Gase, welche beim Abkühlen durch ein verringertes Lösungsvermögen freigesetzt werden,
- chemische Reaktionen in Schmelze sowie
- Siedeverzug resp. eine überhitzte Schmelze [82].

Daneben kann auch eine abweichende Nahtgeometrie einen Fehler definieren. Hier sind z. B. Naht- oder Wurzelüberhöhung zu nennen wie auch – je nach Fall – eine unerwünschte oder ungenügende Durchschweißung. Ursache hierfür sind zumeist vom Soll abweichende Laserparameter (z. B. die am Werkstück ankommende Laserenergie oder eine zu hohe oder zu niedrige Vorschubgeschwindigkeit, fehlerhafte Schutzgasabdeckung) oder eine ungenügend fixierte Fügegeometrie.

In [160] findet sich eine Zusammenstellung der gängigsten Laserschweißnahtfehler sowie eine Auflistung der zur jeweiligen Fehlererkennung geeigneten Prüfverfahren.

Der Schwerpunkt dieser Arbeit in Bezug auf die Defekterkennung in Kap. 4 liegt auf der In-situ-Detektion von Poren resp. *Blowholes*, d. h. unerwünschte Vertiefungen in der Schweißnaht, die durch wegspritzende Schmelze erzeugt werden.

2.7 Prozessüberwachung beim Laserstrahlschweißen – Stand der Technik

Die üblichen Verfahren zur Prozessüberwachung von Laserstrahlschweißprozessen lassen sich unter diversen Blickwinkeln strukturieren. Einige Möglichkeiten sind in Abb. 2.4 dargestellt.

Unter zeitlichen Gesichtspunkten spricht man von vor- (pre-process) und nachgelagerter (post-process) sowie in-situ (während des laufenden Prozesses) Überwachung. In einer dem Schweißprozess vorgelagerten Überwachung wird zumeist die Schweißgeometrie (z. B. das Spaltmaß) überwacht. Nachgelagerte Prüfungen zielen ebenfalls oftmals auf die Schweißgeometrie der dann erstarrten Naht ab. Aber auch Röntgen- oder Ultraschalluntersuchungen der Naht kommen, abhängig von den Qualitäts- und Sicherheitsanforderungen, zum Einsatz.

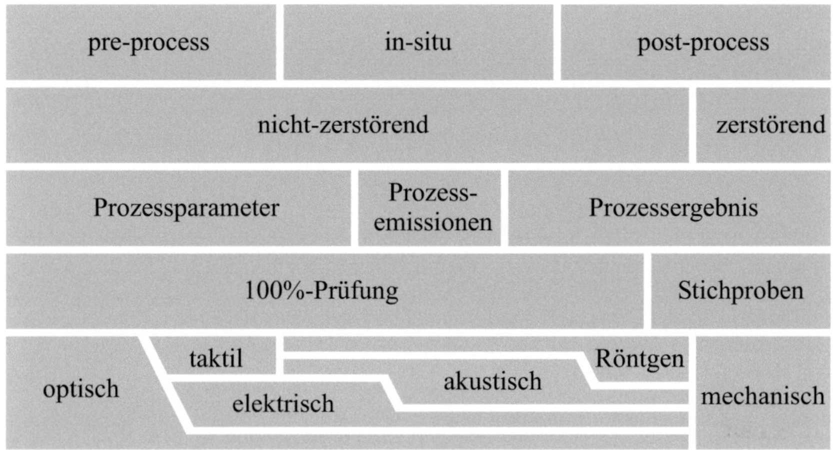

Abbildung 2.4 Prozessüberwachungssysteme lassen sich unter verschiedenen Gesichtspunkten charakterisieren.

Im Rahmen der in-situ Prozessüberwachung werden sowohl die Prozessparameter wie auch die Prozessemissionen betrachtet. Überwachte Prozessparameter können beispielsweise die Fokuslage, die Laserleistung oder der Schutzgasfluss sein (Kap. 2.3). Die Prozessemissionen (Kap. 2.2) können Aufschluss über den Verlauf des Prozesses und damit auf seine Qualität geben. Optische (Photodioden oder Kameras), akustische (Körperschall-Schwingungsmesser oder Mikrofone) und elektrische (Kapazitätssensoren) Sensoren kommen hier zum Einsatz.

Alle bisher aufgeführten Überwachungsprozesse arbeiten zerstörungsfrei. Daneben werden teilweise auch stichprobenartig zerstörende Prüfungen am fertigen Bauteil durchgeführt, d. h. etwa die Bruch- oder Zugfestigkeit bis zum bitteren Ende getestet.

Übersichten über die in Forschung und Industrie verwendeten und erprobten Überwachungssysteme und Methoden finden sich in [156], [57] und [146].

Die im Rahmen dieser Arbeit entwickelten Überwachungsmethoden konzentrieren sich auf kamerabasierte, optische in-situ Verfahren. Eine ausführlichere Übersicht über den Stand der Technik zu diesen Verfahren findet sich jeweils in Kap. 3.1, Kap. 4.1 und Kap. 5.1.

3 Spektrale Prozessanalyse

Basis für die optische Prozessüberwachung ist eine grundlegende Kenntnis der spektralen Zusammensetzung der Prozessstrahlung. Interessant ist dies z. B. für eine getrennte Beobachtung von Effekten im Schmelzbad und in der Dampffackel durch eine entsprechende spektrale, optische Filterung. Dafür ist eine Identifikation der Spektralbereiche notwendig, die durch die Abstrahlung der jeweiligen Prozessbereiche dominiert werden. Des Weiteren können sich Prozessfehler auch direkt in der spektralen Charakteristik niederschlagen, wie z. B. ein Aussetzen des Schutzgasstromes oder das Vorhandensein von Fremdstoffen im Prozessbereich.

Aufbau dieses Kapitels

In diesem Kapitel soll – nach einem kurzen Abriss des Stands der Technik (Kap. 3.1) – zunächst von theoretischer Seite auf die spektralen Eigenschaften der optischen Prozessstrahlung eingegangen werden (Kap. 3.2). Im Anschluss folgt die Beschreibung der im Rahmen dieser Arbeit durchgeführten spektroskopischen Experimente (Kap. 3.3). Besonderer Wert wird hierbei auf die Intensitätskalibrierung des Spektrometers gelegt, da sich in der Literatur immer wieder unkalibrierte Spektren finden lassen, die teilweise zu falschen Schlussfolgerungen führen können. Der Ergebnisteil (Kap. 3.4) stellt dann die Auswertungen der durchgeführten Experimente dar sowie sich daraus ergebende Ansätze zur Prozessüberwachung.

3.1 Stand der Technik

Beispiele für die direkte Nutzung der spektral aufgelösten Prozessstrahlung zur Prozessüberwachung finden sich u. a. in [5] (Korrelation der Plasma-Elektronentemperatur mit Schweißdefekten), [147] (Berechnung der Kovarianzmatrix der zeitlichen Intensitätsverläufe der einzelnen Wellenlängen, Korrelation dieser Matrizen mit Schweißdefekten), [125] (Anstieg der Gesamthelligkeit sowie insbesondere einiger Spektrallinien vor der Entstehung eines Blowholes), [59] (Linienintensität zur Überwachung des Schutzgasflusses) und [121] (u. a. Einschweißtiefe bei Überlappnaht zweier verschiedener Materialien anhand der Existenz von Elementlinien, welche nur dem unteren Material zuzuordnen sind).

3.2 Theoretische Betrachtungen

3.2.1 Grundlegende spektrale Charakteristiken

Wie im vorherigen Kapitel 2.1 dargestellt, lässt sich die Prozesszone primär in zwei Bereiche unterteilen, das Schmelzbad sowie die Dampffackel. Bezüglich der von ihnen ausgesandten Prozessstrahlung unterscheiden sich diese beiden Regionen fundamental.

Schmelzbad

Das flüssige, heiße Material im Schmelzbad strahlt ein kontinuierliches, thermisches Spektrum im sichtbaren (VIS^1) und infraroten (IR^2) Bereich ab. Der flüssige Stahl kann in erster Näherung als *Grauer Körper* (Anh. B.3.5) betrachtet werden. Lage und Form des Spektrums können damit annähernd durch das *Plancksche Strahlungsgesetz* (Anh. B.3.2) beschrieben werden, sind also durch die Temperatur im Schmelzbad festgelegt (zwischen Schmelz- und Siedepunkt des Materials). Bei den hier auftretenden Schmelzbadtemperaturen liegt das Strahlungsmaximum im nahinfraroten (NIR^3) Bereich um die 1 µm. Unter anderem in [88] finden sich Pyrometer-Messungen der Schmelzbadtemperatur für verschiedene Schweißkonfigurationen.

Dampffackel

Bei der Dampffackel handelt es sich um ein dünnes, angeregtes, teilweise ionisiertes Gas aus Molekülen und Atomen[4], welches hauptsächlich diskrete Linien (Anh. B.1.3) und Banden (Anh. B.1.4) bis in den UV^5-Bereich hinein emittiert.

---

[1] VIS ... visible

[2] IR ... infrared

[3] NIR ... near infrared

[4] Die Dampffackel wird in der Literatur auch oft als Plasmafackel bezeichnet.

[5] UV ... ultraviolett

Die Anregung des Gases erfolgt über den *inversen Bremsstrahlungsprozess*[6] (Anh. B.4), durch den freie Elektronen im Gas durch die *Photonen*[7] der Laserstrahlung (mehrfach) beschleunigt werden. Die Anregung bzw. Ionisation der Gasatome und -moleküle erfolgt dann über weitere Stöße mit diesen Elektronen. Der Wirkungsquerschnitt des inversen Bremsstrahlungsprozesses ist stark mit der Wellenlänge der anregenden Photonen gekoppelt, hier also mit der Schweißlaserwellenlänge.

Die Lage der erzeugten Linien und Banden hängt von der Zusammensetzung des Gases zusammen, d. h. den abgedampften Elementen des Werkstückes oder vorhandenen Verunreinigungen und den im Zusammenspiel mit der umgebenden Atmosphäre (Luft, Schutzgas) entstehenden Molekülen. Unter der Annahme eines lokalen thermischen Gleichgewichtes (LTE[8]) im jeweils betrachteten Bereich des Gases lassen sich anhand relativer Intensitäten und Verbreiterungen der beobachteten Linien Aussagen zu Temperatur und Dichte bzw. Druck im Inneren der Dampffackel machen (u. a. [71], [108], [133], [152]). Aufgrund dieser Werte können z. B. die Absorption und Defokussierung des Schweißlaserstrahls durch die Fackel abgeschätzt werden, welche insbesondere im Fall von CO_2-Schweißungen einen merklichen Einfluss auf den Schweißprozess haben [15].

3.2.2 Einflussgrößen

Wie oben aufgeführt, wird die Zusammensetzung des Prozessstrahlungsspektrums primär durch folgende Parameter (Abb. 3.1) bestimmt:
- *Werkstoff*: chemische (elementare) Zusammensetzung, Schmelz- und Siedetemperatur, elektromagnetisches Absorptionsvermögen
- *Schweißlaser*: Wellenlänge, Intensität, (eingebrachte) Leistung
- *Atmosphäre*: Einsatz von Schutzgas [32]
- *Verunreinigungen*: Fremdstoffe im Material und/oder auf der Oberfläche

Schmelz- und Siedetemperatur des Werkstoffes beschränken die Temperatur des Schmelzbades und damit die Form des abgestrahlten thermischen Spektrums. Das Absorptions- resp. Emissionsvermögen (Anh. B.2) des Werkstoffes verändert dieses zusätzlich. Das Absorptionsvermögen des Materials im Bereich der Schweißlaserwellenlänge bestimmt den Anteil der eingekoppelten bzw. reflektierten Strahlung, wirkt sich also auf die erreichbaren Temperaturen im Schmelzbad

---

[6]Eine direkte Anregung von Elektronenübergängen im sichtbaren oder ultravioletten Bereich durch die Photonen der Schweißlaserstrahlung ist aufgrund derer Wellenlänge im (nah-)infraroten Bereich nicht möglich.

[7]Ein Photon stellt die quantenmechanische Teilchenrepräsentation der elektromagnetischen Strahlung dar.

[8]Local Thermodynamic Equilibrium

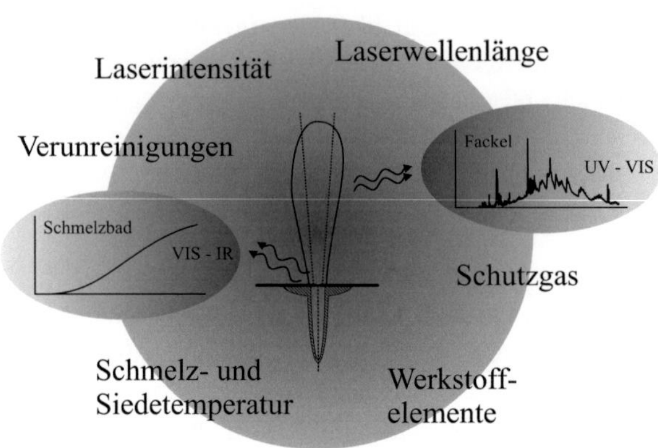

Abbildung 3.1 Einflussgrößen auf die spektrale Charakteristik der Prozessstrahlung. Dargestellt sind zudem die grundlegenden Charakteristiken des Schmelzbad- und Fackelspektrums.

aus. Die chemischen Elemente, aus denen der Werkstoff sowie das Schutzgas und die Verunreinigungen aufgebaut sind, bestimmen die entstehenden Linien und Banden im Fackelspektrum. Die Wellenlänge des Schweißlasers beeinflusst dabei im Rahmen des inversen Bremsstrahlungsprozesses die Intensität dieser Linien bzw. ihre Anregungswahrscheinlichkeit unter den im Prozess gegebenen Bedingungen.

3.3 Experimenteller Aufbau

Vor diesem Hintergrund werden im Rahmen dieser Arbeit spektrale Untersuchungen der Prozessstrahlung insbesondere hinsichtlich ihrer

- *räumlichen Verteilung*, d. h. welche Prozessbereiche mit welcher spektralen Charakteristik strahlen, sowie des
- *zeitlichen Wandels*, d. h. die Veränderung dieser Charakteristiken während des Prozesses,

betrachtet.

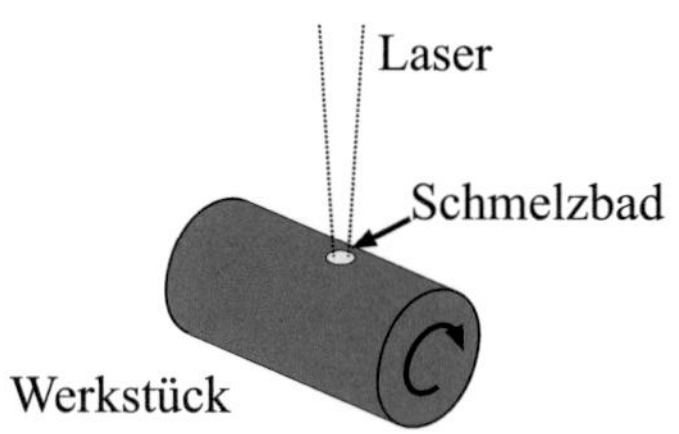

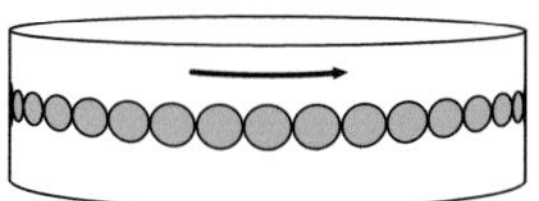

Abbildung 3.2 Schweißgeometrie für die spektroskopischen Messungen der Prozessstrahlung.

Abbildung 3.3 Die für die spektroskopischen Untersuchungen gesetzten Blindnähte bestehen aus einzelnen, sich nicht überlappenden Schweißpunkten auf einer rotierenden Stange.

3.3.1 Prozessgeometrie und -parameter

Die spektralen Messungen im Rahmen dieser beiden Untersuchungsschwerpunkte wurden an einem gepulsten Nd:YAG-Laser[9] ($\lambda = 1064\,$nm) durchgeführt. Standardmäßig wurden dabei folgende Parameter gewählt:

- Pulsleistung $P_{\mathrm{Puls}} = 1{,}5\,$kW
- Pulsdauer $t_{\mathrm{Puls}} = 2\,$ms
- Pulsfrequenz $f_{\mathrm{Puls}} = 20\,$Hz
- kein Schutzgas

Die Brennweite des verwendeten Schweißkopfes betrug $l_{\mathrm{Brennweite}} = 150\,$mm.

Auf rotierende Rundstangen (Abb. 3.2) aus verschiedenen Stahlwerkstoffen – handelsüblicher V2A-Chromstahl (1.4301) sowie niedriglegierter Baustahl (1.0037) (Anh. I) – wurden Blindnähte bestehend aus einzelnen, sich nicht überlappenden Schweißpunkten gesetzt (Abb. 3.3). Die beiden Stähle wurden gewählt, um den Einfluss der Legierungselemente auf das Prozessstrahlungsspektrum betrachten zu können. Der Baustahl besteht fast komplett aus Eisen, während der Chromstahl zu einem Drittel Legierungselemente enthält.

Daneben wurden auch Schweißungen mit variierten Prozessparametern bzgl. der Leistung, der umgebenden Atmosphäre sowie des verwendeten Schweißlasers durchgeführt. Insgesamt ergeben sich Variationen hinsichtlich des

- *Werkstoffes* (WS-Nr. 1.4301, 1.0037), der
- *Atmosphäre* (Luft, Argon-Schutzgas), der
- *Laserwellenlänge* ($\lambda = \{1064\,\mathrm{nm}, 10{,}6\,\mu\mathrm{m}\}$) sowie der
- *Laserpulsleistung* ($P_{\mathrm{Puls}} = 500\,\mathrm{W} - 3000\,\mathrm{W}$, $\Delta P_{\mathrm{Puls}} = 500\,\mathrm{W}$).

---

[9]Trumpf Laser HL 506 P

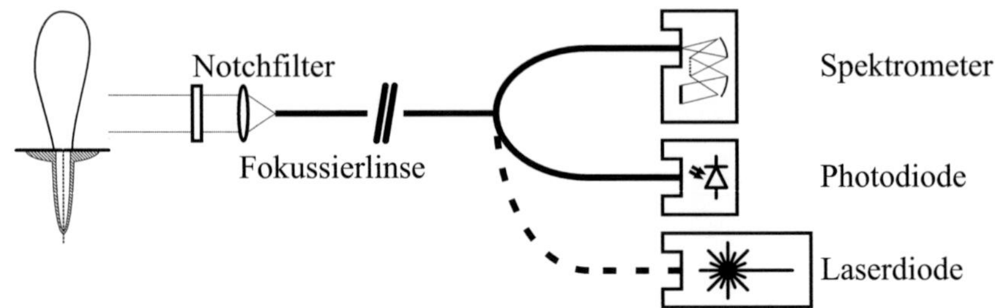

Abbildung 3.4 Spektrometer und Photodiode beobachten über einen Y-Lichtleiter denselben Prozessbereich. Die Laserdiode dient als Zielmarker zur Justierung der gewünschten Beobachtungsposition und wird zur Vorbereitung des Experiments in eine der Messfasern eingekoppelt.

3.3.2 Messgeometrie und -parameter

Die Aufnahme der Prozessstrahlungsspektren erfolgt mittels eines CCD[10]-zeilenbasierten Gitterspektrometers[11]. Der Messbereich liegt zwischen 200 nm und 1100 nm, die maximale Auflösung bei 0,7 nm. Parallel zum Spektrometer wird das Prozesslicht mit einer schnellen Photodiode beobachtet, um kurzzeitige Schwankungen in der Gesamthelligkeit detektieren zu können. Beide Sensoren beobachten den Prozess über einen gemeinsamen Y-Lichtleiter, so dass sie das gleiche Licht aufnehmen (Abb. 3.4). Ein während der Experimentvorbereitung in die Faser eingekoppelter Laser fungiert als Zielmarker für die Ausrichtung des Faserendes auf die Prozesszone. Ein schmalbandiges *Notchfilter*[12] dämpft den Spektralbereich um die Schweißlaserwellenlänge herum, da das reflektierte, sehr intensive Laserlicht ansonsten zu einem *Blooming*[13]-Effekt auf der CCD-Zeile führt.

---

[10]CCD ... **C**harge-**c**oupled **D**evice, elektrischer Sensor, aus mehreren Elementen bestehend, dessen Einzelsensoren für die Auslese in Ketten gekoppelt sind.

[11]OceanOptics HR4000

[12]Deutsch auch als Kerbfilter bezeichnet, sehr schmalbandiges Bandsperrfilter.

[13]Als Blooming wird das Auftreten von gesättigten Bildzeilen oder -spalten bezeichnet. Hierbei sind einzelne, überbelichtete CCD-Pixel nicht mehr in der Lage, alle durch das einfallende Licht erzeugten Elektronen aufzunehmen. Bauartbedingt schwappen die Elektronen in die benachbarten Pixel entlang der CCD-Kette.

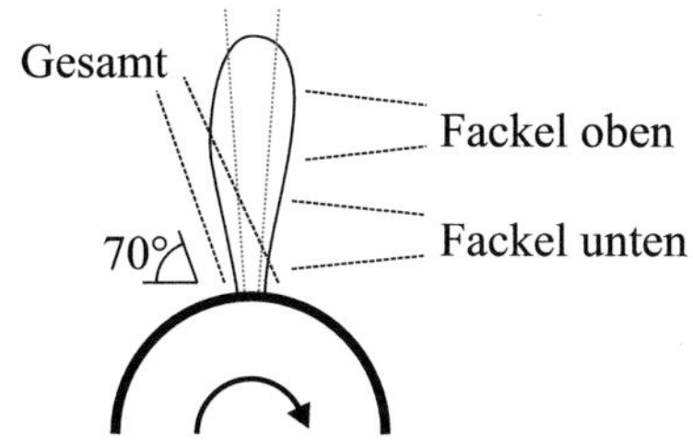

Abbildung 3.5 Drei verschiedene Bereiche der Prozesszone werden spektral betrachtet.

Räumlich-spektrale Verteilung

Zur Untersuchung der räumlich-spektralen Verteilung der Prozessstrahlung werden Spektren aus drei Messzonen verwendet. Dies sind (Abb. 3.5)

- Schmelzbad und Fackel unten (Gesamt),
- Fackel unten,
- Fackel oben.

Eine Messung des reinen Schmelzbadspektrums ist aufgrund der darüber stehenden Fackel nicht möglich. Allerdings lässt sich seine Form grob über einen Vergleich des Gesamtspektrums mit dem Fackelspektrum rekonstruieren (siehe Kap. 3.4.6).

Zeitlich-spektrales Verhalten

Die Untersuchung des zeitlich-spektralen Verhaltens gestaltet sich aufwändiger. Da das zur Verfügung stehende Spektrometer eine maximale Aufnahmefrequenz von 200 Hz besitzt, wird die zeitliche Abtastung über eine einstellbare Verzögerung zwischen Laserpulsbeginn und Spektrometeraufnahme realisiert (Abb. 3.6).

Dazu werden mit jeder Verzögerungszeit t_{delay} mehrere Spektren unter gleichen Bedingungen aufgenommen und anschließend gemittelt, so dass man für die gewählten Zeitpunkte innerhalb der Pulszeit jeweils ein repräsentatives Spektrum erhält. Diese Technik wird u. a. in der zeitaufgelösten *laserinduzierten Plasmaspektroskopie*[14] (z. B. [21], [68], [77]) – hier allerdings im ns-Bereich – verwendet.

---

[14]Die laserinduzierte Plasmaspektroskopie, abgekürzt LIPS oder auch LIBS (laserinduced breakdown

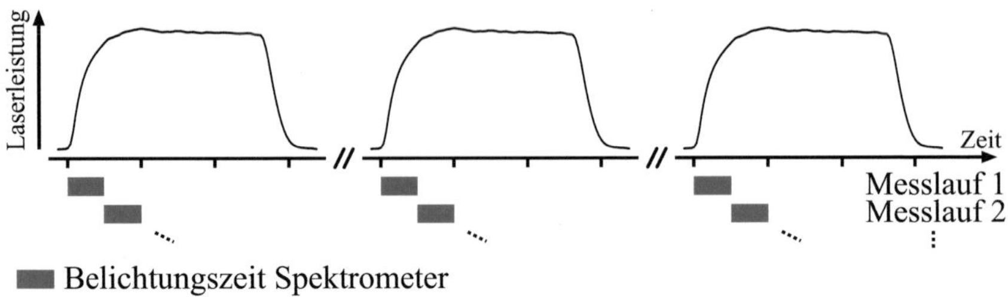

Abbildung 3.6 Während jedes Messlaufes werden mehrere gleichartige Pulse hintereinander zu einem bestimmten Zeitpunkt während des Pulses aufgenommen.

In Abb. 3.7 ist exemplarisch gezeigt, dass sich der Pulsverlauf von Puls zu Puls aufgrund der Stabilität des Prozesses bei den gewählten Parametern nur geringfügig ändert.

Durch diese Methode lässt sich unter den gegebenen Umständen eine virtuelle Abtastfrequenz von 4 kHz erreichen, begrenzt durch die benötigte Belichtungszeit t_{exp}.

$$t_{\mathrm{delay}} = n \cdot \Delta t_{\mathrm{delay}} \ \text{ mit } \ n \in [0, 1, \ldots 10] \ \text{ und } \ \Delta t_{\mathrm{delay}} = t_{\mathrm{exp}} = 0{,}25\,\mathrm{ms}$$

3.3.3 Wellenlängen- und Intensitätskalibrierung

Für eine quantitative wie auch qualitative Analyse der Spektren ist zunächst eine Wellenlängen- und Intensitätskalibrierung des Spektrometers notwendig. Für beide Kalibrationsaufgaben werden Lichtquellen mit bekannter Abstrahlungscharakteristik eingesetzt, welche direkt über eine Faser in das Spektrometer eingekoppelt werden (Abb. 3.8).

Wellenlänge

Die Kalibrierung der Wellenlänge geschieht mittels einer Lichtquelle, welche Spektrallinien bekannter Wellenlänge aussendet. Die Zuordnung der CCD-Pixel zu einer bestimmten Wellenlänge erfolgt spektrometerintern über ein Polynom dritten Grades, dessen Parameter im Rahmen der Kalibration anhand des Kalibrationsspektrums über eine Approximation ermittelt werden.

---

spectroscopy), dient der Materialanalyse. Mittels eines kurzen, intensiven Laserpulses wird Material von der Oberfläche der Probe abgedampft und gleichzeitig angeregt, so dass ein für das Material charakteristisches Linienspektrum entsteht.

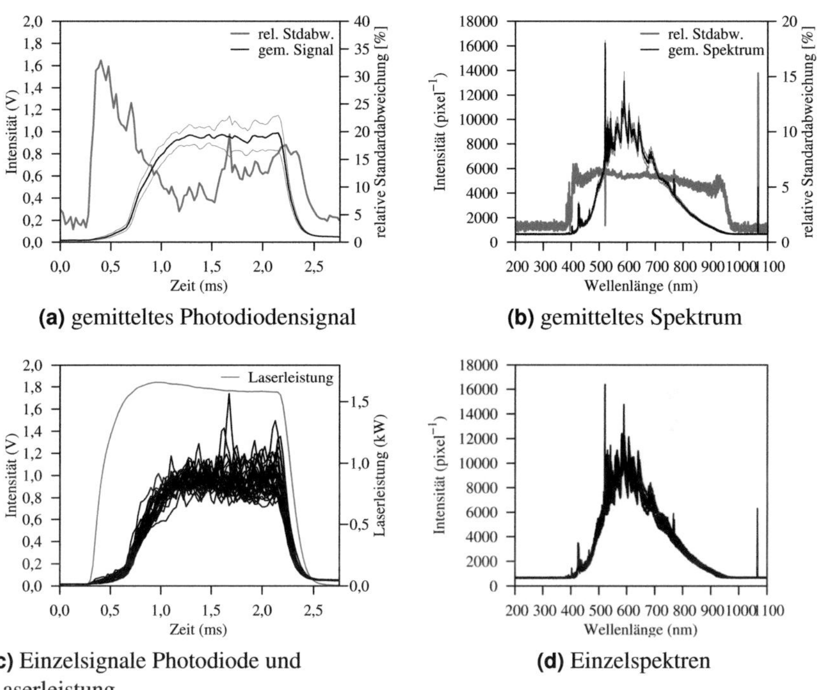

(a) gemitteltes Photodiodensignal

(b) gemitteltes Spektrum

(c) Einzelsignale Photodiode und
Laserleistung

(d) Einzelspektren

Abbildung 3.7 Photodiodensignal und Spektrum gemittelt über 29 Einzelschweißpulse. Neben der relativen Standardabweichung und des Mittelwertes sind in (a) und (b) als dünne, graue Linien die absoluten Standardabweichungen bzgl. des Mittelwertes dargestellt. (c) und (d) zeigen die zur Mittelung herangezogenen Einzelsignale.

Intensität

Die Intensitätskalibrierung dient im Rahmen dieser Arbeit in erster Linie dazu, die über den betrachteten Spektralbereich variierenden Transmissivitäten und Reflektivitäten der optischen Elemente und insbesondere das spektrale Ansprechverhalten des CCD-Chips (Abb. 3.9) zu kompensieren. Ziel ist es nicht, die absolute spektrale Abstrahlung des Prozesses zu bestimmen sondern ein unverfälschtes Bild der Intensitätsverteilung der spektralen Abstrahlung zu erhalten.

Die Kalibrierung der Intensität erfolgt für das Gesamtsystem aus Spektrometer

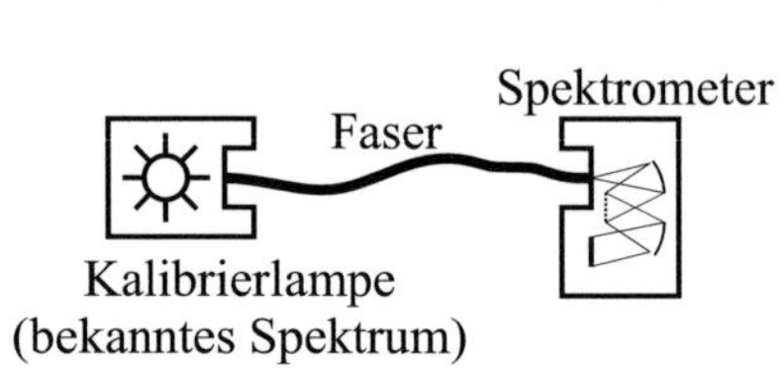

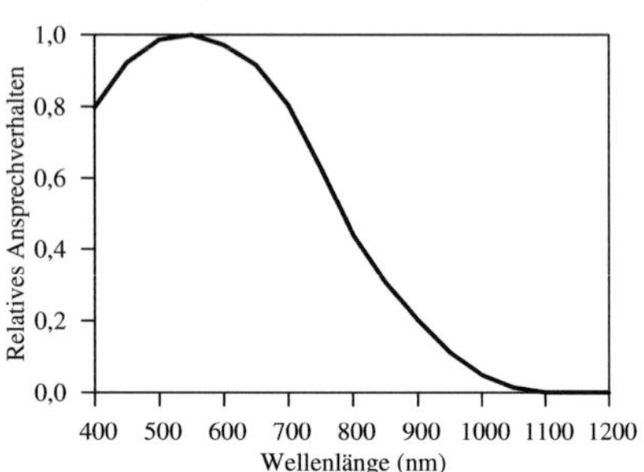

Abbildung 3.8 Schematischer Aufbau der Spektrometerkalibrierung.

Abbildung 3.9 Wellenlängenabhängiges, relatives Ansprechverhalten der Spektrometer-CCD-Zeile (nach [158]).

und Faser mit Hilfe einer Lampe bekannter spektraler Abstrahlung. Unberücksichtigt bleibt die im Experiment verwendete Fokussierlinse (Abb. 3.4).

Für die Kalibrierung im Rahmen der vorgestellten Experimente wird ein vereinfachtes Modell der optischen Abbildung gewählt, welches nur den multiplikativen Anteil der Gerätefunktion des Spektrometers abbildet. Dabei bleiben die Ausdehnung des Eintrittspaltes und Beugungserscheinungen im Inneren des Gerätes, welche zu einer Verwischung des Spektrums führen, unberücksichtigt. Auch die Ausdehnung der einzelnen CCD-Pixel und die damit einhergehende Integration über einen schmalen Wellenlängenbereich wird über die zentrale Wellenlänge des jeweiligen Pixels approximiert. Diese Vernachlässigung des Faltungsanteils der Gerätefunktion ist hier insofern gerechtfertigt, als dass die verwendeten optischen Elemente ein relativ gutmütiges spektrales Verhalten aufweisen, d. h. keine steilen An- und Abstiege in der Transmissivität, Reflektivität oder Sensitivtät bzgl. der Wellenlänge besitzen.

Damit ergibt sich als Modell für die Umsetzung der einfallenden Energie $W_{\text{Quelle}}(\lambda)$ in den Pixelmesswert $U[n]$ (counts) des n-ten CCD-Pixels

$$U[n] = \left(W_{\text{Quelle}}(\lambda) \cdot S_{\text{Faser+Spektrometer}}(\lambda)\right) * \delta_n(\lambda) + N_t[n] \qquad . \qquad (3.1)$$

$S_{\text{Faser+Spektrometer}}(\lambda)$ fasst dabei die Transmissivitäten und Reflektivitäten der optischen Elemente des Spektrometersystems (ohne Fokussieroptik und externe, optische Filter) sowie das spektrale Ansprechverhalten der CCD-Zeile zusammen[15] (Einheit: counts pro Energie). Die Faltung mit der δ-Funktion bildet die

---

[15] In $S_{\text{Faser+Spektrometer}}(\lambda)$ fließen ein:
- Transmissivität der Faser $\qquad\qquad\qquad\qquad\qquad\qquad\qquad\qquad\qquad T_{\text{Faser}}(\lambda)$,

spektrale Diskretisierung durch die Pixel ab. Der additive Term $N_t[n]$ beinhaltet das (von der Belichtungszeit abhängige) Rauschsignal der CCD-Zeile.

Der erste Schritt der Kalibrierung besteht in der Erzeugung einer Kalibrierkurve $c[n]$, mit der später die während der Messungen aufgenommenen Spektren $U_{\mathrm{mess}}[n]$ nach Abzug des Dunkelspektrums $N_{t,\mathrm{mess}}[n]$ multipliziert werden, um die spektrale Intensität des diskretisierten Ursprungsspektrums $I_{\mathrm{mess}}[n]$ zu erhalten (Abb. 3.10):

$$I_{\lambda,\mathrm{mess}}[n] = \underbrace{\left(U_{\mathrm{mess}}[n] - N_{t,\mathrm{mess}}[n]\right)}_{U^*_{\mathrm{mess}}[n]} \cdot \frac{1}{t_{\mathrm{exp,mess}}} \cdot c[n] \tag{3.2}$$

Für die Berechnung der Kalibrierkurve $c[n]$ wird mit dem Spektrometer über die auch später für die Messungen verwendete optische Faser ein Spektrum $U_{cal}[n]$ der Kalibrierlampe aufgenommen und nach Abzug des Dunkelspektrums $N_{t,\mathrm{cal}}[n]$ mit dem realen Spektrum der Lampe $I_{\lambda,\mathrm{cal}}$ (spektrale Intensität laut Datenblatt) verglichen (Abb. 3.11):

$$c[n] = \frac{I_{\lambda,\mathrm{cal}}[n]}{U_{\mathrm{cal}}[n] - N_{t,\mathrm{cal}}[n]} \cdot t_{\mathrm{exp,cal}} \tag{3.3}$$

Dabei ist

$$I_\lambda[n] = \left(I_\lambda(\lambda) * \delta_n(\lambda)\right)$$

und entspricht der spektralen Intensität der Mittelwellenlänge des Pixels. $c[n]$ hat die Einheit $\mathrm{J\,counts^{-1}\,m^{-2}\,nm^{-1}}$.

Es soll hier nochmals hervorgehoben werden, dass die so kalibrierten Spektren die Intensität am Eingang der optischen Faser wiedergeben (u. a. gebündelt durch die Fokussierlinse) und nicht die absolute Abstrahlung des beobachteten Prozesses.

Neben dem variierenden spektralen Ansprechverhalten des CCD-Chips treten auch Nichtlinearitäten bzgl. der Belichtungszeit auf, welche die Kalibrierung der Spektren erschweren bzw. in Bereichen geringer gemessener Intensität verhindern. Daher ist die Analyse der aufgenommenen Spektren auf den Bereich von 400 nm – 800 nm beschränkt (grau markierter Bereich im kalibrierten Spektrum

- Reflektivität des Gitters im Spektrometer $\qquad R_{\mathrm{Gitter}}(\lambda)$,
- Reflektivität der Fokussierspiegel im Spektrometer $\qquad R_{\mathrm{Spiegel}}(\lambda)$,
- Transmissivität des Ordnungsfilters vor dem Sensor $\qquad T_{\mathrm{Ordnungsfilter}}(\lambda)$,
- Sensitivität (Ansprechverhalten) des CCD-Sensors $\qquad S_{\mathrm{CCD}}(\lambda)$.

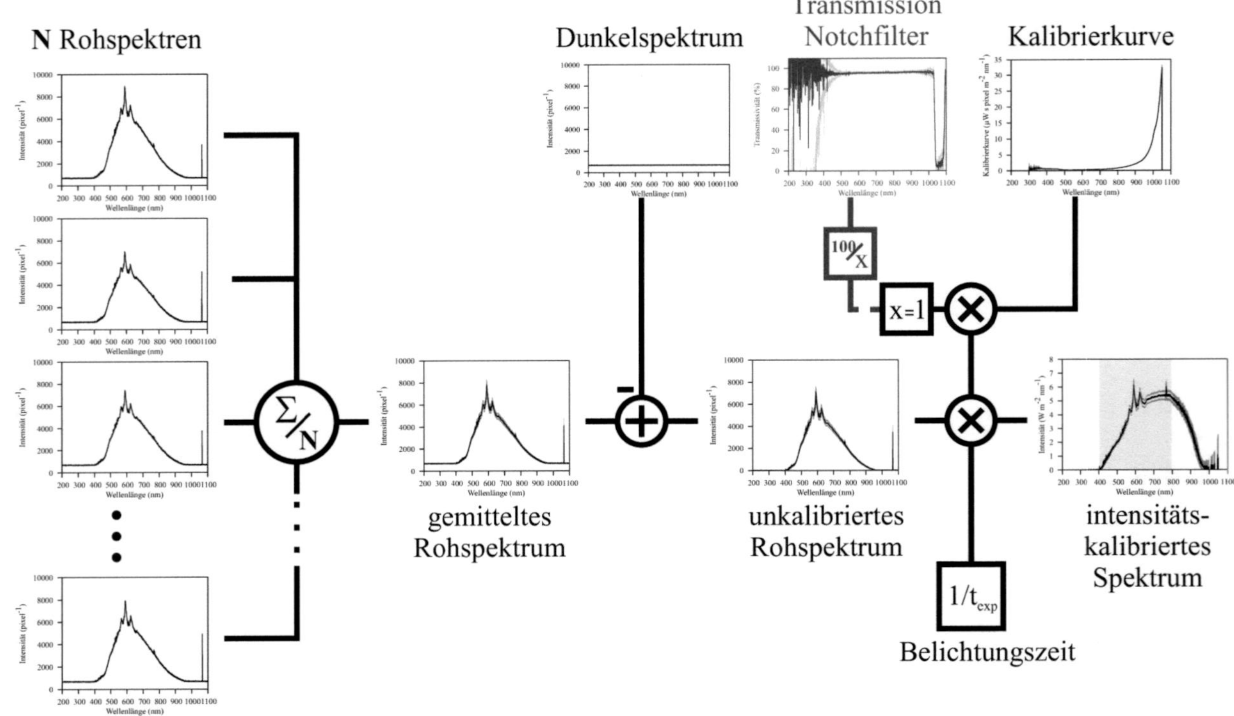

Abbildung 3.10 Schema der Spektrenkalibrierung. Aus N unter gleichen Bedingungen aufgenommenen Spektren wird ein gemitteltes Rohspektrum erzeugt. Von diesem wird das Dunkelspektrum abgezogen. Anschließend erfolgt die Kalibrierung mittels der Kalibrierkurve für die Spektrometer-Faser-Kombination sowie der verwendeten Belichtungszeit.

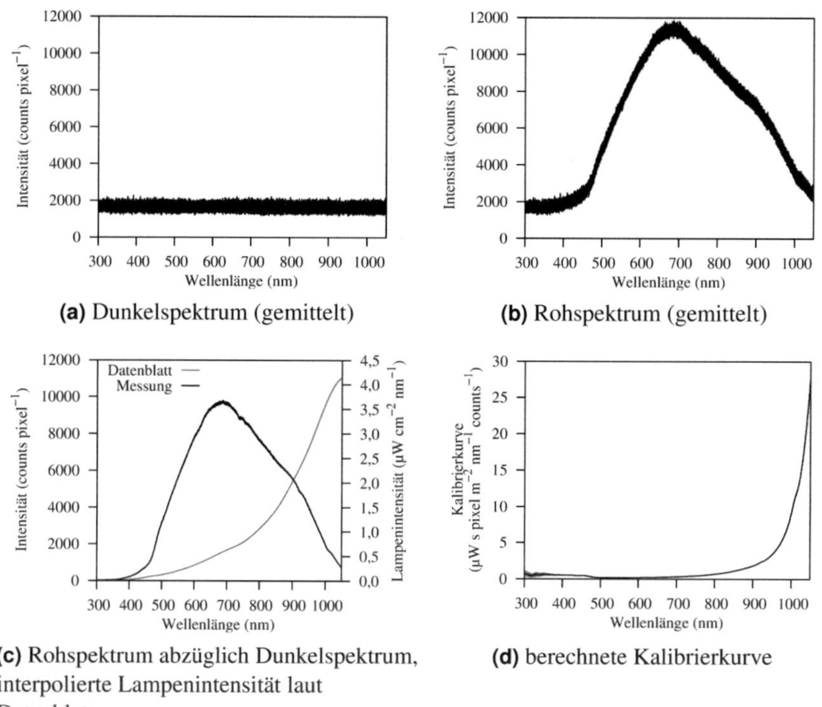

(a) Dunkelspektrum (gemittelt)

(b) Rohspektrum (gemittelt)

(c) Rohspektrum abzüglich Dunkelspektrum, interpolierte Lampenintensität laut Datenblatt

(d) berechnete Kalibrierkurve

Abbildung 3.11   Erzeugung der Kalibrierkurve für Spektrometer und angeschlossene Faser.

in Abb. 3.10). Je nach Intensität der ursprünglich gemessenen Rohspektren kann es aber auch hier bei einzelnen Messungen zu Verfälschungen (abfallende Flanke) im Randbereich kommen.

Nichtlinearität der CCD-Zeile

Die der im Spektrometer verbauten CCD-Zeile anhaftende Nichtlinearität in Bezug auf die gemessene Intensität (d. h. doppelte Belichtungszeit ergibt nicht den doppelten Messwert) wird spektrometerintern rechnerisch korrigiert. Abb. 3.12 zeigt die Messung eines Lampenspektrums bei unterschiedlichen Belichtungszeiten. Die Abweichung von den Sollwerten liegt im unteren Prozentbereich, so dass

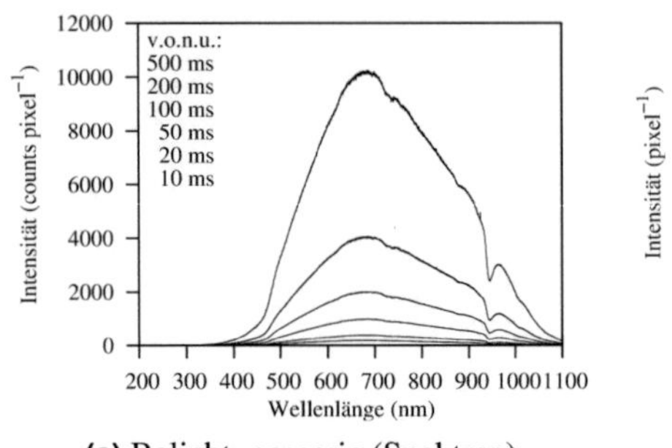

(a) Belichtungsserie (Spektren)

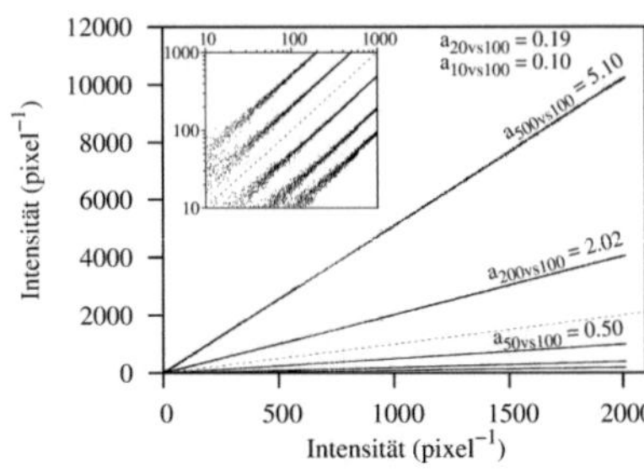

(b) Nichtlinearität (Intensitäten)

Abbildung 3.12 Spektrum einer Wolfram-Halogenlampe bei unterschiedlichen Belichtungszeiten mit abgezogenem Dunkelspektrum. Die spektrometerinterne Linearitätskorrektur begrenzt die Abweichungen auf wenige Prozent.

sich der Zusammenhang zwischen gemessener Intensität und Belichtungszeit

$$I(t_2) = f(t_2, t_1, I(t_1)), \qquad f : \mathbb{R}^3 \mapsto \mathbb{R} \tag{3.4}$$

darstellen lässt als

$$I(t_2) = a \cdot I(t_1) + b \quad \text{mit} \quad a = \frac{t_2}{t_1} \quad , \quad b \approx 0 \quad . \tag{3.5}$$

Elektronischer Shutter

Die CCD-Zeile im Spektrometer besitzt einen elektronischen Shutter. Damit ist es möglich, auch Belichtungszeiten unterhalb der Auslesezeit der Zeile ($t_{\text{readout}} = 3{,}8\,\text{ms}$) zu realisieren [56]. Allerdings führt dies zu einem nichtlinearen Verhalten bzgl. der gemessenen Intensität bei schwacher Belichtung. Wie in Abb. 3.13 zu erkennen ist, zeigt sich unterhalb von 500 Messwerten über dem Dunkelrauschen zunächst ein eher exponentieller Zusammenhang. Erst oberhalb dieser Intensität ergibt sich ein linearer Zusammenhang, allerdings mit einem nicht zu vernachlässigenden Offset versehen.

Alle spektroskopischen Messungen des Schweißprozesses wurden im Zeitbereich des elektronischen Shutters gemacht ($10\,\mu\text{s}$–$250\,\mu\text{s}$), die Messung der Kalibrierkurve jedoch mit $500\,\text{ms}$. Eine rechnerische Korrektur dieses nichtlinearen Effektes bei geringen Intensitäten konnte im Rahmen dieser Arbeit nicht durchgeführt werden. Dies muss bei der Analyse und Interpretation der Spektren

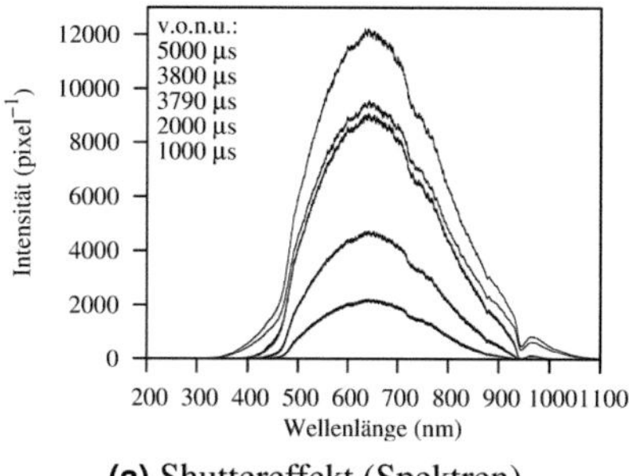

(a) Shuttereffekt (Spektren)

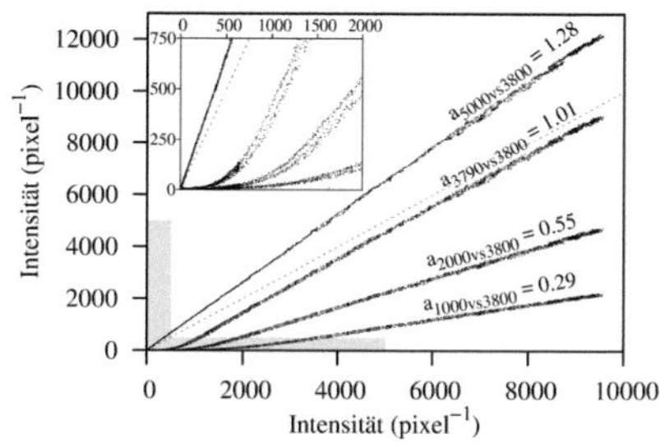

(b) Shuttereffekt (Intensitäten)

Abbildung 3.13   Spektrum einer zweiten Wolfram-Halogenlampe bei Belichtungszeiten im unteren ms-Bereich (ebenfalls ohne Dunkelspektrum). Unterhalb von 3800 μs (CCD-Auslesezeit) dient ein elektronischer Shutter zur Begrenzung der Belichtungszeit. Der elektronische Shutter der CCD-Zeile verändert den linearen Zusammenhang zwischen Belichtungszeit und gemessener Intensität unterhalb von etwa 500 Intensitätswerten (grauer Bereich).

in den folgenden Abschnitten berücksichtigt werden. Wellenlängen, deren gemessene Intensität während der Messung in den unteren Bereich fallen, erscheinen relativ gesehen zu schwach. Dadurch kommt es in den Spektren zu dem Effekt, dass das gemessene, spektrale Kontinuum entgegen den Erwartungen – Spektrum eines Grauen Körpers mit Maximum im μm-Bereich – oberhalb von 800 nm abfällt. Die durchgeführte Intensitätskalibrierung (Kap. 3.3.3) berücksichtigt zudem nicht den Offset im linearen Zusammenhang, so dass die kalibrierten Werte auch insgesamt zu gering dargestellt werden.

Absolute, quantitative Intensitätsaussagen können also anhand der dargestellten Daten nicht getroffen werden. Sehr wohl möglich sind aber relative Intensitätsbetrachtungen zwischen einzelnen Spektrallinien, da diese von der Nichtberücksichtigung des Offsets nicht betroffen sind.

3.4 Ergebnisse

Der erste Schritt in der Analyse der Spektren besteht in der Betrachtung der spektralen Strukturen, d. h. des kontinuierlichen Untergrundes sowie der auftretenden Linien und Banden.

3.4.1 Identifikation der Spektrallinien und -banden

Die Linien und Banden in den aufgenommenen Stahlwerkstoffspektren weisen Emissionscharakter (Anh. B.1.3) auf (Abb. 3.14). Eine Zuordnung der Linien zu ihren erzeugenden Elementen wurde mittels der *Atomic Spectra Database* [122] des *NIST*[16] durchgeführt. Anhand der bekannten Werkstoffzusammensetzung (Anh. I) und aus der Datenbank stammenden Informationen über Lage, d. h. Wellenlänge, und relative Intensität der Linien lassen sich den Peaks im Spektrum die wahrscheinlichsten Erzeugerelemente zuordnen. In Abb. 3.15 ist dies exemplarisch dargestellt.

Linien

Ein Vergleich der beiden Spektren in Abb. 3.14 zeigt, dass im Fall des hochlegierten V2A-Stahls (1.4301) zu den auch im 1.0037er Spektrum auftretenden Eisenlinien erwartungsgemäß die Linien des Chroms hinzukommen. Das ebenfalls laut Werkstoffzusammensetzung zu erwartende Nickel lässt sich im Spektrum nicht identifizieren. Aufgrund der gegenüber Eisen und Chrom höheren Siedetemperatur des Nickels (Tbl. I.2) verdampft nur ein geringer Teil des Elements aus dem Schmelzbad in die Fackel. Gut bemerkbar macht sich hingegen der höhere Anteil des Mangans in Form der intensiveren Linie bei 400 nm.

Neben den Linien der Hauptbestandteile der Werkstoffe sind auch starke Peaks bei 590 nm sowie 766 nm und 770 nm in den Spektren sichtbar. Diese lassen sich den Alkalimetallen Natrium (588,995 nm und 589,592 nm) und Kalium (766,490 nm und 769,896 nm) zuordnen, welche in Form von Oberflächenverunreingungen (Salzablagerungen) in die Prozesszone gelangen und durch die Lasereinstrahlung verdampft werden[17].

Banden

Die im Spektrum des niedrig legierten Baustahls zu findenden Banden zwischen 560 nm und 640 nm entstammen FeO-Molekülen [90]. Die abgedampften Eisenatome werden durch den in der umgebenden Luft vorhandenen Sauerstoff oxidiert. Die erweiterte Bandenstruktur im Edelstahlspektrum dürfte zusätzlichen Chrom-Sauerstoffverbindungen entstammen.

---

[16]NIST ... National Institute of Standards and Technology

[17]Eine Überprüfung mittels auf der Stangenoberfläche eingetrockneter Tote-Meer-Badesalzlösung (erhöhter Anteil an Kaliumsalzen gegenüber normalem Kochsalz) bestätigt die Zuordnung der Linien.

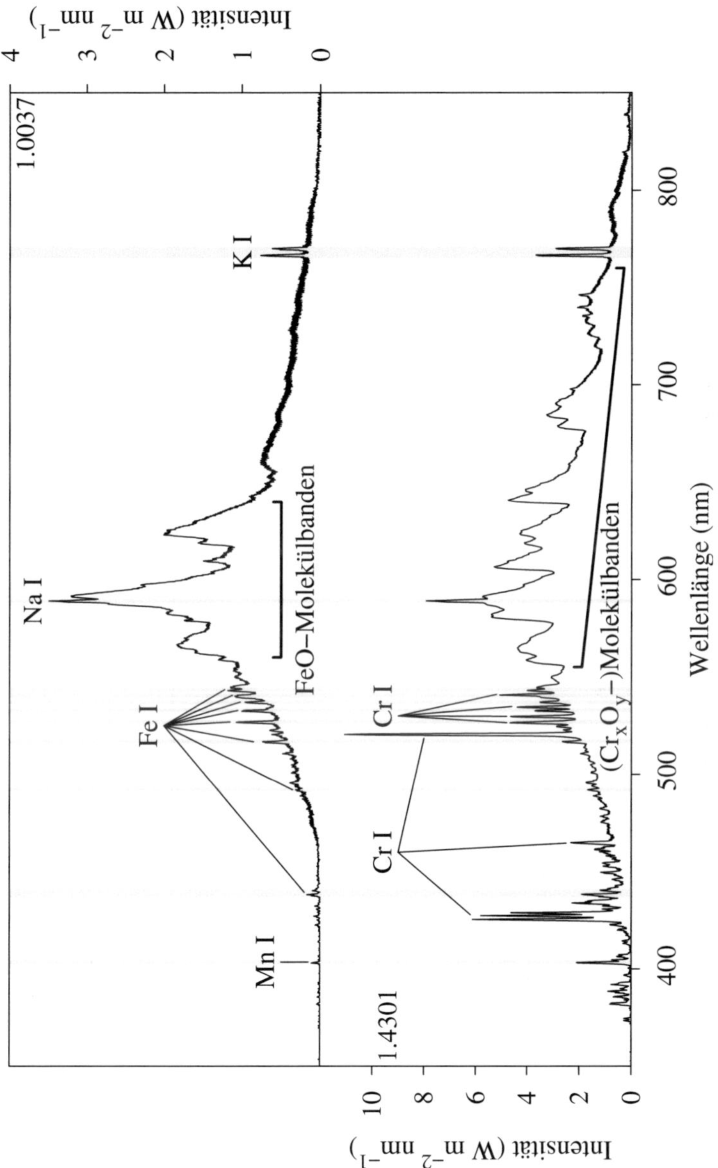

Abbildung 3.14 Identifikation der aufgenommenen Spektrallinien und -banden für die verwendeten Stahlwerkstoffe anhand der Fackelspektren. Beispielhaft gekennzeichnet sind Linien von Eisen, Chrom und Mangan sowie Natrium und Kalium. Grau hinterlegt sind dabei die Linien, die in beiden Spektren zu finden sind.

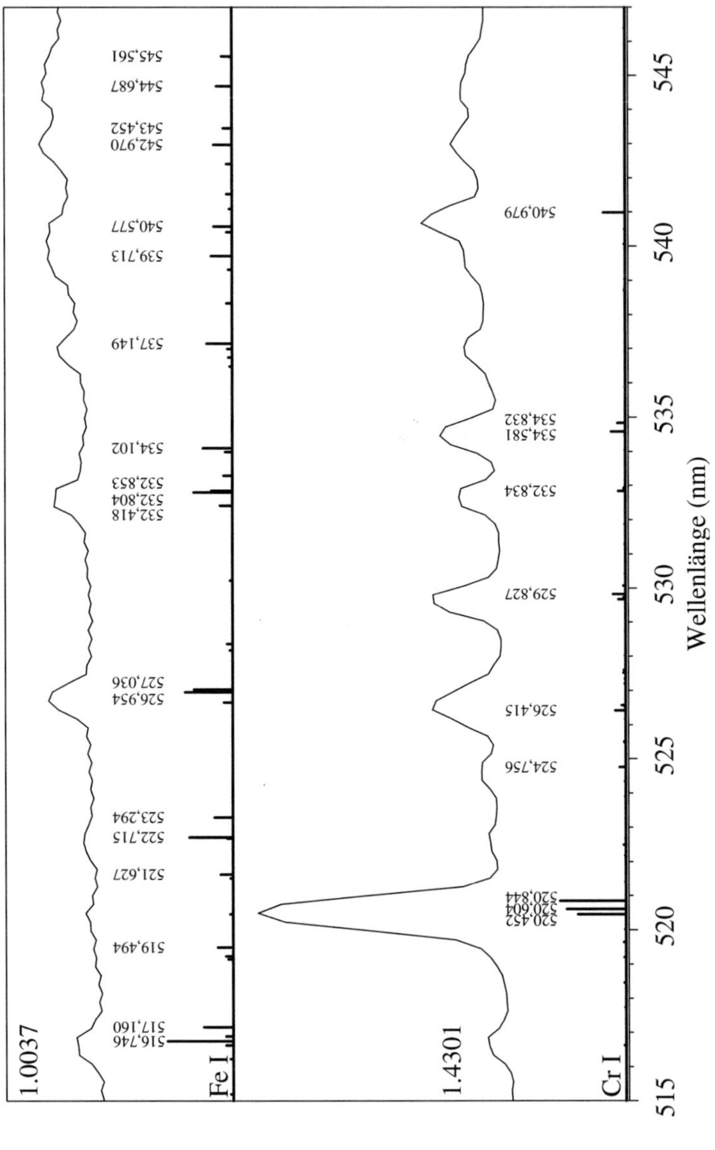

Abbildung 3.15 Exemplarische Darstellung der Linienidentifikation. Die Linienplots unterhalb der Spektren beruhen auf Daten der NIST Atomic Spectra Datenbank [122].

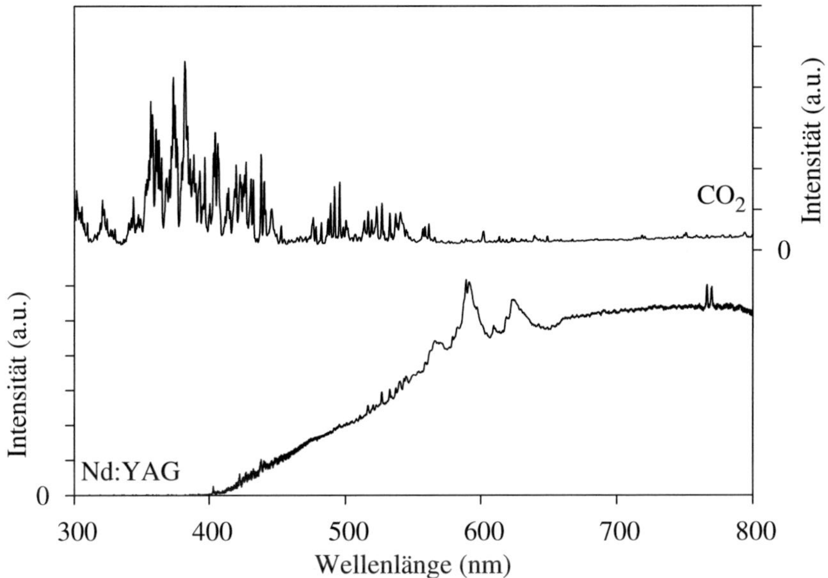

Abbildung 3.16 Auswirkung der Laserwellenlänge auf das Prozessstrahlungsspektrum. Der Anregungs- und Ionisierungsgrad durch den längerwelligen CO$_2$-Laser ist wesentlich höher.

3.4.2 Schweißlaserwellenlänge: CO$_2$ vs. Nd:YAG

Die im Rahmen dieser Arbeit durchgeführten Untersuchungen wurden zum überwiegenden Teil mittels eines Nd:YAG-Lasers durchgeführt. Zur Abschätzung des Einflusses der Laserwellenlänge zeigt Abb. 3.16 die Prozessstrahlungsspektren zweier Schweißungen auf 1.0037-Stahl zum Einen mit einem Nd:YAG-Laser ($\lambda_{\text{Nd:YAG}} = 1064\,\text{nm}$), zum Anderen mit einem CO$_2$-Laser ($\lambda_{\text{CO}_2} = 10{,}6\,\mu\text{m}$). Wie in Anh. B.4 dargestellt, ist der Anregungs- und Ionisierungsgrad durch den längerwelligen CO$_2$-Laserstrahl wesentlich höher als im Fall des Nd:YAG-Lasers. Die sehr intensive Linienstrahlung des teilweise ionisierten Eisens im Ultravioletten und Grünen lässt die, natürlich trotzdem vorhandene, kontinuierliche, thermische Strahlung des Schmelzbades in den Hintergrund treten. Die Aufnahmen wurden mit unterschiedlichen Messgeometrien durchgeführt, so dass hier ein quantitativer Vergleich der Intensitäten zwischen den Spektren nicht sinnvoll möglich ist.

3.4.3 Örtliche Darstellung

Abb. 3.17 zeigt Spektren aus den drei gewählten Beobachtungszonen für beide Werkstoffe. Gut zu erkennen ist der fehlende kontinuierliche Untergrund in den Fackelspektren, welcher durch das Schmelzbad erzeugt wird und daher nur in den Gesamtspektren auftritt. Die Linien und Banden unterscheiden sich zwischen den Beobachtungspositionen nur in ihrer Ausprägung, nicht jedoch in ihrer Struktur.

3.4.4 Zeitliche Veränderungen

Die zeitliche Veränderung des Prozessstrahlungsspektrums ist in Abb. 3.18 exemplarisch für einige Spektrallinien und den jeweiligen Untergrund dargestellt[18].

Gewonnen werden diese Werte aus den Gesamtspektren des Werkstoffes 1.4301 mittels der Approximation eines analytischen Modells $f(\lambda)$, $f : \mathbb{R} \mapsto \mathbb{R}$ an die Datenpunkte der betrachteten Peaks:

$$f(\lambda) = (a \cdot \lambda) + b + \sum_{k=1}^{N} c_k \cdot \exp\left(-\frac{1}{2} \left(\frac{\lambda - \mu_k}{\sigma_k} \right)^2 \right) \tag{3.6}$$

Der Untergrund wird im Bereich der betrachteten Linien als linear angenommen $((a \cdot \lambda) + b)$, das Profil einer Linie wird über eine Gauss-Kurve an der Position μ mit der Amplitude c und der Standardabweichung σ angenähert[19]. N ist die Anzahl der zu approximierenden Peaks. In Abb. 3.20 ist dies grafisch für die zwei Kalium-Linien verdeutlicht[20]. Das Photodiodensignal wird durch eine einfache Mittelung über die entsprechenden Bereiche aus dem Originalsignal (40 kHz) berechnet und entspricht der Gesamtabstrahlung des Prozesses im Sichtbaren und Nahinfraroten. Zur besseren zeitlichen Einordnung in den Puls ist das Leistungssignal des Lasers ebenfalls aufgetragen. Die zugrunde liegenden Originalspektren sind der Übersichtlichkeit wegen in Anh. C aufgeführt.

Anhand dieser Originalspektren in Abb. C.1 ist zu erkennen, dass zunächst die Elemente der Oberflächenverunreinigungen Na und K (in Form von Alkalisalzen vorkommend) abgedampft und durch den Laser angeregt werden. Durch die ersten

---

[18]Die kompletten Spektren-Serien für die beiden verwendeten Werkstoffe sowie die drei Beobachtungspositionen findet sich in Abb. C.1 bis Abb. C.6 (Seiten 160 bis 162) in Anh. C.

[19]Der Fehler, der durch die Annahme eines linearen Untergrundes und einer reinen Gaussform des Peaks gemacht wird, ist im Rahmen der hier vorgenommenen Analysen zu vernachlässigen. Bessere Verfahren zur Elimination des Untergrundes finden sich u. a. in [161].

[20]Die bei 520 nm liegenden drei Linien des Chroms werden vom verwendeten Spektrometer nicht aufgelöst (Abb. 3.15). Im gewählten Fitverfahren wurde der gemessene Gesamtpeak zur Vereinfachung über eine einzelne Gausskurve angenähert.

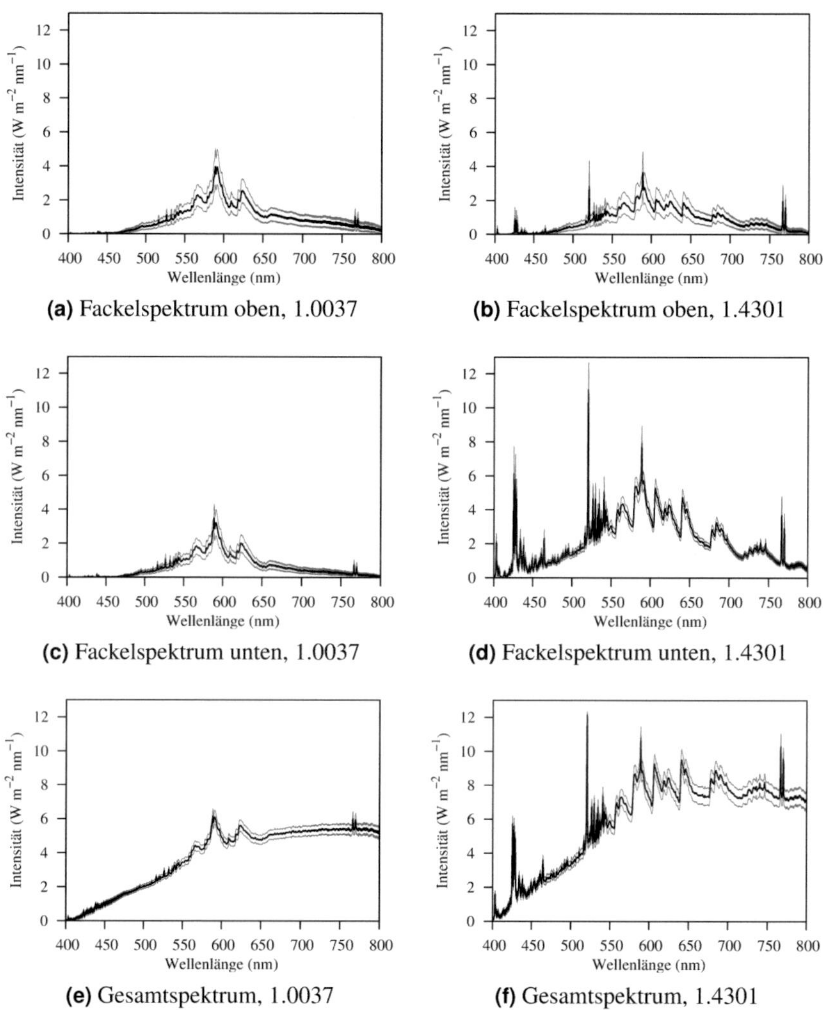

(a) Fackelspektrum oben, 1.0037

(b) Fackelspektrum oben, 1.4301

(c) Fackelspektrum unten, 1.0037

(d) Fackelspektrum unten, 1.4301

(e) Gesamtspektrum, 1.0037

(f) Gesamtspektrum, 1.4301

Abbildung 3.17   Spektren der verschiedenen Prozessbereiche für die Werkstoffe 1.0037 und 1.4301.

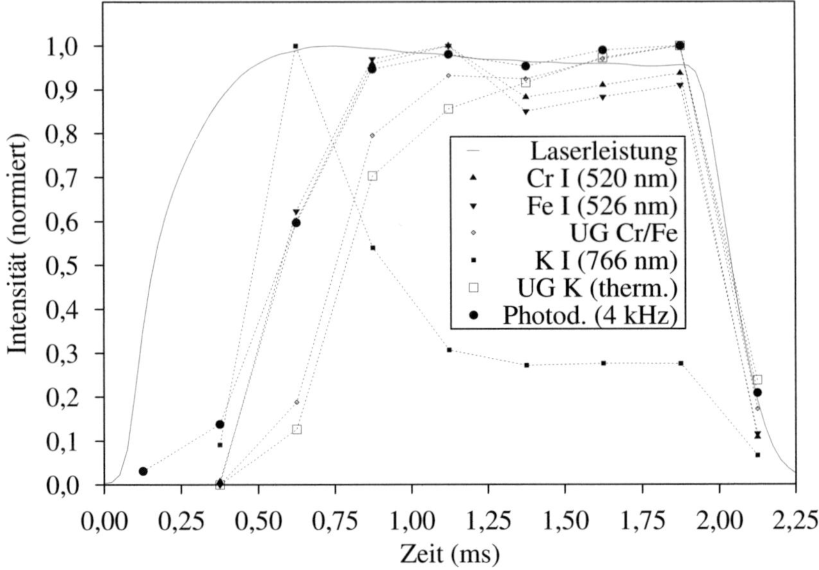

Abbildung 3.18 Zeitlicher, jeweils auf 1 normierter Verlauf der Intensitäten verschiedener Elementlinien (K, Cr, Fe) und der jeweiligen Untergründe (UG) für einen Puls von 2 ms auf 1.4301.

Werkstoffelemente in der entstehenden Fackel bilden sich dann die charakteristischen Banden und Linien (u. a. Cr und Fe). Das thermische Schmelzbadspektrum erreicht erst nach einiger Zeit seine volle Stärke.

Dieser unterschiedliche Intensitätsverlauf über die Zeit für Werkstoffelemente (Cr, Fe) und Oberflächenverunreinigung (K) ist in Abb. 3.18 deutlicher zu erkennen. Während zu Beginn das von der Oberfläche stammende Kalium einen Großteil der Fackelstrahlung erzeugt, erhöht sich der Anteil der Werkstoffelemente mit Aufschmelzen des Werkstückes im Laufe des Pulses.

Der Untergrund der Kalium-Linien sollte die thermische Abstrahlung des Schmelzbades relativ gut widerspiegeln, da sich hier in der näheren Nachbarschaft keine Banden oder weitere Linien befinden. Der Untergrund um die Chrom- und Eisen-Peaks setzt sich dagegen zusätzlich noch aus vielen, aufgrund der Spektrometerauflösung ineinander laufenden Linien zusammen, so dass der Verlauf einer Mischung aus Linienintensität und thermischer Abstrahlung entspricht.

Der Verlauf für die beiden Werkstoffelemente Eisen und Chrom unterscheidet

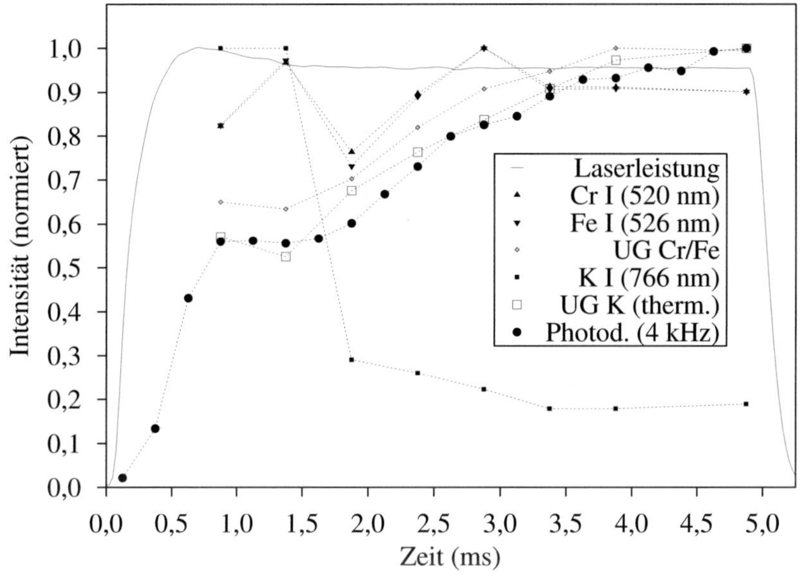

Abbildung 3.19 Zeitlicher, normierter Verlauf, Pulslänge $T_{\text{Puls}} = 5\,\text{ms}$.

sich kaum. Das Intensitätsverhältnis bleibt ungefähr konstant, d. h. die Zusammensetzung der Dampffackel bzgl. dieser Elemente ändert sich über die Zeit nicht wesentlich. Anhand des Intensitätsverlaufs der verschiedenen Linien kann also auf die Herkunft des jeweiligen Elementes geschlossen werden, d. h. ob es von der Oberfläche (Na, K) oder aus dem Werkstoffinneren (Fe, Cr) stammt.

Abb. 3.19 zeigt die Abtastung eines 5 ms-Pulses[21]. Bis auf die Pulslänge wurden die gleichen Parameter wie für die 2 ms-Pulse verwendet. Zu erkennen ist, dass mit längerer Pulsdauer die thermische Strahlung des Untergrundes weiter zunimmt, während die Linienintensitäten von Cr und Fe gleich zu Beginn, abgesehen von einigen Schwankungen, ihren endgültigen Wert annehmen. Das etwas längere Bestehen der K-Linien dürfte in diesem Fall einer stärkeren Verunreinigung der Oberfläche geschuldet sein.

Anzumerken ist hier noch, dass die absolute, gemessene Intensität einer Linie nur zum Teil mit der Konzentration der emittierenden Elemente zu tun hat.

---

[21] Komplettspektren in Abb. C.7

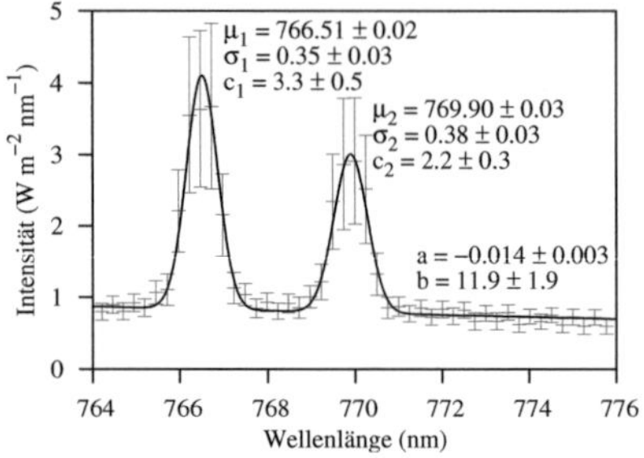
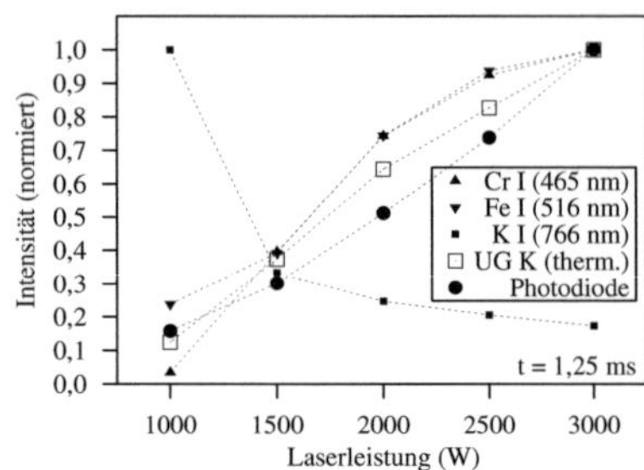

Abbildung 3.20 Bestimmung der Linienintensität und -breite sowie des Untergrundes mittels Approximation am Beispiel der Kalium-Doppellinien (766,490 nm und 769,896 nm).

Abbildung 3.21 Intensität der Spektrallinien und des Untergrundes bei verschiedenen Laserpulsleistungen.

Vielmehr spielen hier auch der Aufbau der Elektronenhülle – sprich die Übergangswahrscheinlichkeiten und Anzahl der möglichen Besetzungszustände – eine entscheidende Rolle [8][73]. Es lassen sich daher ohne einen tieferen Einstieg in die Atomphysik resp. Quantenmechanik keine Aussagen über die Elementkonzentrationen in der Fackel machen. Auch Intensitätsveränderungen einer einzelnen Linie müssen nicht zwangsläufig mit einer sich ändernden Gesamtkonzentration verknüpft sein, sondern bilden nur die Konzentrationsänderung der angeregten Elemente ab.

3.4.5 Einfluss der Laserleistung

Wie man aus Abb. 3.21 und Abb. C.8 (Seite 163) ersehen kann, beeinflusst die Laserpulsleistung alle Komponenten des Spektrums gleichermaßen. Die Spektren wurden während eines 2 ms-Pulses nach 1,25 ms aufgenommen. Die Intensität der Kaliumlinie zu diesem Zeitpunkt nimmt mit steigender Pulsleistung ab, da die Startphase des Pulses durch den erhöhten Energieeintrag schneller abläuft.

3.4.6 Schwarzkörper Schmelzbad

Wie im vorigen Kapitel schon angedeutet, lässt sich das Spektrum des Schmelzbades aus dem Gesamtspektrum und dem Fackelspektrum annähernd rekonstruieren. In Abb. 3.22 ist dies exemplarisch für beide Werkstoffe dargestellt.

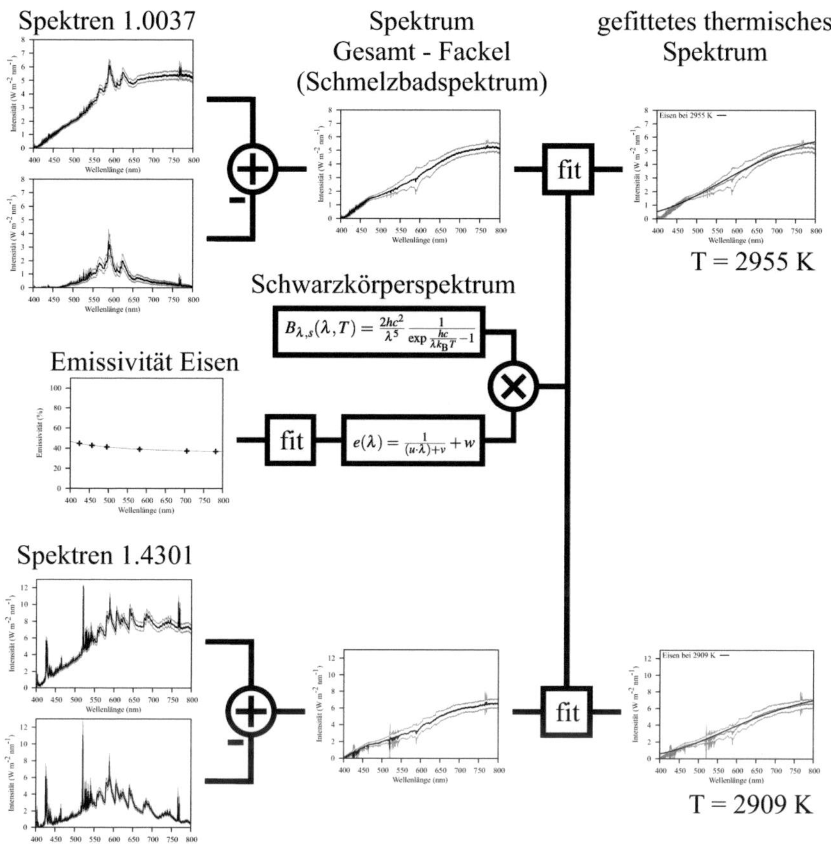

Abbildung 3.22 Extraktion der Schmelzbadspektren und Bestimmung der Temperatur anhand des thermischen Spektrums. Die Emissivität des flüssigen Eisens liegt nur punktuell vor ([106]) und wird durch eine vorab approximierte, reziproke Funktion $e(\lambda)$ für die Approximation des grauen Spektrums dargestellt.

Das reine Fackelspektrum wird vom Gesamtspektrum abgezogen. Zurück bleibt in erster Näherung die Abstrahlung des Schmelzbades. Zu beachten ist hierbei jedoch, dass die Fackelanteile in den beiden Spektren nicht zwangsläufig identisch sind. Bei der Fackel handelt es sich um einen sehr inhomogenen Strahler, durch die Messanordnung (Abb. 3.5) werden zudem etwas unterschiedliche Bereiche gemessen. Trotzdem bleibt ein relativ glattes, kontinuierliches Spektrum nach der Subtraktion zurück.

Schmelzbadtemperatur

Anhand des Schmelzbadspektrums lässt sich die Temperatur des Schmelzbades abschätzen. Unter Berücksichtigung der Emissivität von flüssigem Eisen wird das Spektrum eines annähernd Grauen (Schwarzen) Körpers an das extrahierte Schmelzbadspektrum approximiert (Abb. 3.22). Hierbei treten die Probleme, welche die Nichtlinearität der Spektrometer-CCD-Zeile erzeugt, deutlich zu Tage. Sowohl der Knick bei 470 nm und der darunter liegende steilere Abfall in den Subtraktionsspektren wie auch die abfallende Flanke im Infraroten sind auf das nicht-proportionalen Verhalten der CCD-Zeile im elektrischen Shutter-Modus zurückzuführen.

Die durch die Approximation erhaltenen Temperaturwerte oberhalb von 2900 K liegen in einem realistischen Bereich innerhalb der Temperaturgrenzen von flüssigem Eisen. Ein Vergleich mit gemessenen und simulierten Werten für die Schmelzbadtemperatur aus der Literatur ([22], [88], [82], [95]) bestätigt dies.

Das Experiment zeigt, dass mittels zweier Spektrometer, welche zum Einen das Fackelspektrum und zum Anderen das Gesamtspektrum aufnehmen, prinzipiell eine in-situ Messung der Schmelzbadtemperatur über die Strahlung im sichtbaren Bereich möglich ist.

3.4.7 Schutzgasüberwachung

Der Einsatz von Schutzgas beim Laserstrahlschweißen dient zum Einen dazu, eine Oxidation der heißen Metalloberfläche im Prozessbereich zu verhindern, indem diese durch das Schutzgas vom Luftsauerstoff abgeschirmt wird. Zum Anderen kann damit die Plasmabildung verringert – die Ionisationskaskade des inversen Bremsstrahlungsprozesses wird unterbrochen – bzw. entstehendes Plasma aus der Prozesszone geblasen werden. Notwendig ist dies, da das Plasma insbesondere beim CO_2-Schweißen den Schweißlaserstrahl absorbieren bzw. streuen (defokussieren) kann und somit zu einer geringeren Energieeinkopplung auf dem Werkstück führt. Als Schutzgase kommen inerte Gase wie Helium, Argon oder Stickstoff zum Einsatz [54].

Ein Ausfallen des Schutzgasstromes kann somit im harmlosesten Fall zu einer unansehnlichen Schweißnaht führen, allerdings auch die Entstehung einer festen Schweißverbindung komplett verhindern. Daher ist eine Überwachung der Schutzgasatmosphäre im Prozessbereich sinnvoll bzw. notwendig.

Neben einer einfachen Durchflussregelung in der Gaszuführung, welche einen – vorher experimentell zu ermittelnden – Gasfluss beibehält, existieren auch optische Überwachungssysteme, welche direkt auf die Situation in der Prozesszone reagieren können. In [59] wird beispielsweise die Entstehung bestimmter Spektrallinien[22] im Dampffackelspektrum beobachtet (siehe auch Abb. 3.23 (b) und (d)). Wie in Kap. 3.2.1 beschrieben, entstehen diese Linien, wenn sich der durch den Schweißlaser erzeugte inverse Bremsstrahlungsprozess im abgedampften Material über der Prozesszone lawinenartig ausbreitet. Gemessen wird hier also nicht das Vorhandensein von Sauerstoff in der Prozesszone, sondern die Existenz abgedampfter, angeregter Werkstoffelemente.

Ein Vergleich der Luftspektren mit den unter Argonatmosphäre gewonnen Spektren in Abb. 3.23 zeigt, dass neben den Spektrallinien auch die Bandenstruktur durch das Schutzgas beeinflusst bzw. verhindert wird. Solange kein Sauerstoff an der Prozesszone vorhanden ist, können sich keine Metalloxide in der Dampffackel bilden. Eine Detektion dieser Banden ermöglicht es also, direkt auf das Vorhandensein von Sauerstoff zu schließen. In Abb. 3.24 ist der Spektralbereich einer der FeO-Banden für eine Schweißung ohne und mit Argon-Schutzgas dargestellt.

Mittels einer schmalbandigen Beobachtung des vorderen ($\overline{\lambda}_1$) und hinteren Bereichs ($\overline{\lambda}_2$) der Bande – z. B. mittels zweier spektral gefilterter Photodioden – lässt sich auf die Existenz der Bande und damit von Sauerstoff in der Prozesszone schließen. Dies geschieht im einfachsten Fall über die Bildung eines Differenzsignals ΔI der beiden gemessenen Intensitäten

$$\Delta I = I_{\lambda_1} - I_{\lambda_2} \quad . \tag{3.7}$$

Ist dieses Signal $\Delta I \leq 0$, so ist keine Spektralbande vorhanden und man misst das thermische Spektrum des Schmelzbades. Hier gilt nach dem Planckschen Strahlungsgesetz, dass die Abstrahlung (bei der gegebenen Temperatur und dem betrachteten Wellenlängenbereich) mit kleinerer Wellenlänge abnimmt. Gelangt Sauerstoff in den Prozessbereich, so bilden sich Metalloxide und die entsprechenden Banden entstehen zusätzlich zum thermischen Spektrum, so dass nun der kurzwelligere Spektralbereich intensiver strahlt als der längerwellige ($\Delta I > 0$).

Ein Vorteil dieser Messmethode ist auch die spektrale Nähe der beiden Messbereiche. Dadurch kommt es nur zu einer geringen Beeinflussung durch die spektralen Eigenschaften der Schweiß- und Messapparatur, z. B. der Transmissivität der Linsen.

---

[22] In diesem Artikel [59] werden (unbekannterweise) die Titan-Linien 425,604 nm, 426,313 nm und zwischen 427 nm bis 429 nm herangezogen, sowie für rostfreien Stahl die Chrom-Linien 425,435 nm, 427,480 nm und 428,972 nm.

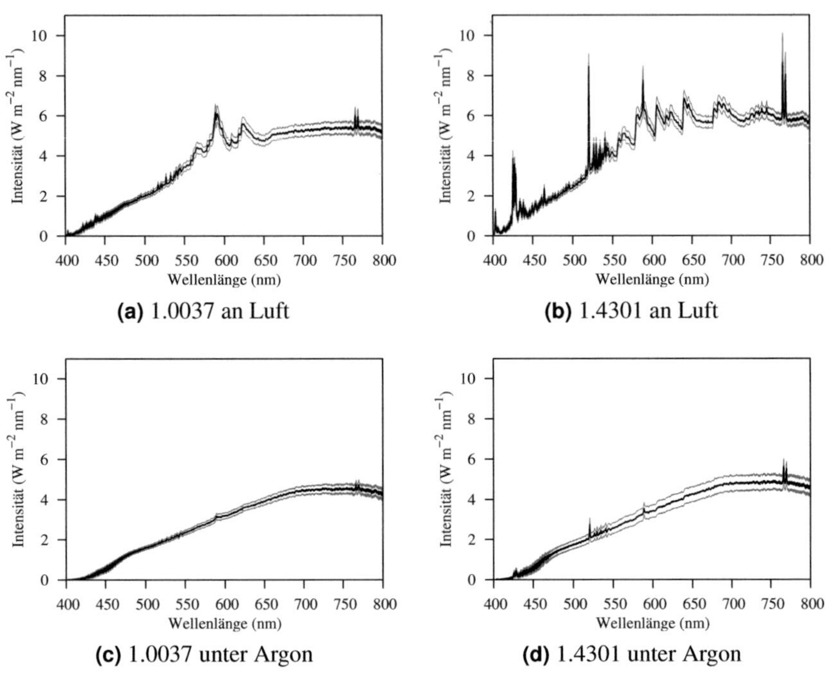

(a) 1.0037 an Luft

(b) 1.4301 an Luft

(c) 1.0037 unter Argon

(d) 1.4301 unter Argon

Abbildung 3.23 Spektren, aufgenommen während Nd:YAG-Schweißungen an Luft und unter Argon-Atmosphäre.

3.4.8 Verunreinigungen

Defekte, welche durch Verunreinigungen im Material hervorgerufen werden, z. B. Blowholes, lassen sich teilweise im Spektrum der Prozessstrahlung nachweisen. In Abb. 3.25 ist dies exemplarisch dargestellt.

Eine gezielt in das Material eingebrachte Graphitverunreinigung führt zu der Entstehung eines Blowholes in der Naht (siehe Kap. 4.3.1). Das während dieses Laserpulses aufgenommene Spektrum weist eine zusätzliche Emissionslinie bei 670 nm auf. Diese Linie findet sich – als Absorptionslinie – ebenso im lasergenerierten Graphitspektrum[23]. Die Linie, wie auch die Natrium- und Kaliumlinien,

---

[23]Eine Zuordnung der Linie zu einem Element oder Molekül war leider nicht eindeutig möglich. Eventuell könnte es sich um das Alkalimetall Lithium (Li) handeln.

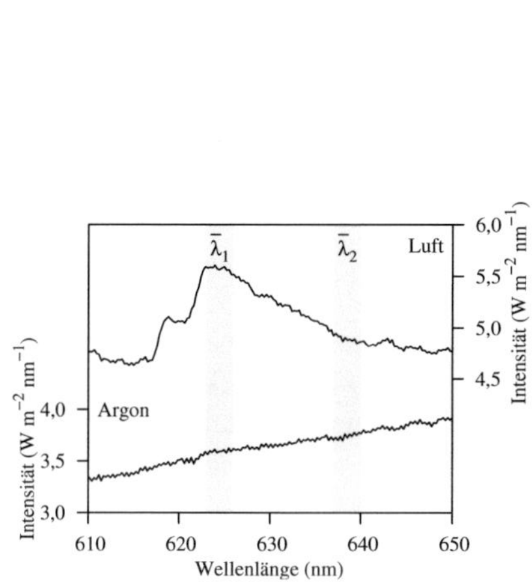

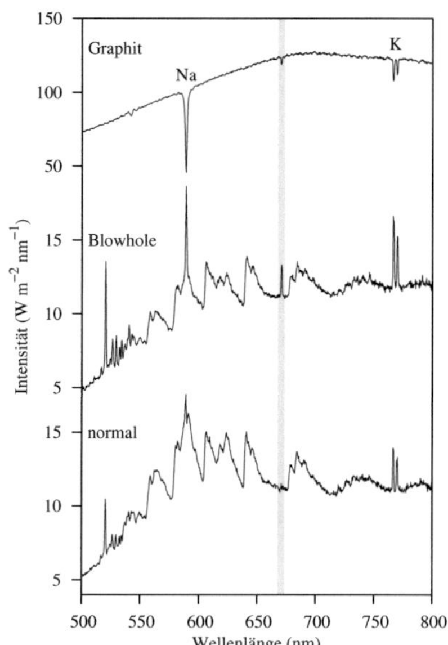

Abbildung 3.24 Ausschnitt der Spektren einer Schweißung auf 1.0037 mit und ohne Argon-Schutzgas im Bereich einer FeO-Bande. Ein Vergleich der Intensitäten in den Bereichen $\overline{\lambda}_1$ und $\overline{\lambda}_2$ kann zur Detektion der Bande herangezogen werden.

Abbildung 3.25 Eine Verunreinigung aus Graphit im Werkstück führt zu einem Blowhole (siehe Kap. 4.3.1). Die dabei erzeugte Spektrallinie bei 670 nm findet sich als Absorptionslinie auch im reinen Graphitspektrum.

tauchen im Graphitspektrum als Absorptionslinie auf, da das kontinuierliche Spektrum wesentlich intensiver als die Linie selbst strahlt (Anh. B.1.3). Gewonnen wurde das Spektrum durch den Beschuss eines Graphitstabes[24] (mit dem auch die Verunreinigung ins Werkstück eingebracht wurde) durch den Schweißlaser unter normaler Luftatmosphäre.

Verunreinigungselemente im Inneren des Werkstoffes können also, genauso wie Oberflächenverunreinigungen, anhand des Prozessstrahlungsspektrums detektiert werden. Allerdings weist die Detektion einer Verunreinigung nicht zwangsläufig auf einen entstandenen Schweißdefekt hin.

---

[24] Verwendet wurde dazu ein handelsüblicher Graphitstift aus dem Künstlerbedarf.

3.5 Zusammenfassung und Ausblick

Die spektrale Analyse der unter verschiedenen Bedingungen aufgenommenen Prozessstrahlung zeigt, dass diese stark durch die Prozessparameter, d. h. Werkstückmaterial, Schweißlaser, Pulsleistung, Schutzgas usw. beeinflusst wird. Ein optisches Prozessüberwachungssystem muss daher jeweils an den gegebenen Prozess angepasst werden. Dies betrifft sowohl den messtechnischen Bereich, d. h. beispielsweise die spektrale Filterung, als auch die nachfolgende Analyse der gemessenen Daten. In den folgenden zwei Kapiteln werden zwei unterschiedliche Ansätze zur optischen Prozessüberwachung bzgl. der Messung wie auch der Auswertung vorgestellt. Ziel ist es, möglichst flexible und allgemeingültige, d. h. einfach an die gegebene Schweißaufgabe anpassbare Methoden zu entwickeln.

Ebenfalls deutlich wird, dass sich die spektrale Zusammensetzung der Prozessstrahlung über die Zeit ändert, d. h. das Verhältnis von Fackelstrahlung zu thermischer Schmelzbadstrahlung. Insbesondere bei gepulsten Schweißungen ist hier also bei der Analyse der Daten auf den Zeitpunkt der Aufnahme innerhalb eines Pulses zu achten.

Daneben zeigen die vorherigen Abschnitte, dass sich mittels einer zeitlich-spektralen Analyse der Prozessstrahlung auch direkt Prozessüberwachungsfunktionen realisieren lassen, z. B. die Schutzgasüberwachung.

4 Passive Prozessüberwachung

Die optische Beobachtung der Prozessstrahlung im sichtbaren und nahinfraroten
Bereich – in dieser Arbeit zur Abgrenzung gegenüber der beleuchteten Observation als *passive* Beobachtung bezeichnet – stellt prinzipiell ein Standardverfahren
der Laserstrahlschweißüberwachung dar. In diesem Kapitel sollen einige neue
Aspekte hinsichtlich der Defekterkennung mittels Hochgeschwindigkeitsbildauf-
nahmen – insbesondere für gepulste Schweißungen – dargestellt werden. Resultat
ist ein neues, auf der Klassifikation der Einzelpulse basierendes System zur
Blowhole-Detektion (Kap. 2.6) für hochdynamische, gepulste Laserstrahlschweißprozesse.

Aufbau dieses Kapitels

Im Folgenden soll zunächst in aller Kürze der Stand der Technik bezüglich der
passiven, optischen Prozessüberwachung dargestellt werden (Kap. 4.1). Aus einer Analyse der Limitierungen der aktuell produktiv eingesetzten Systeme ergeben sich weiterführende Fragestellungen, deren experimentelle Untersuchung
sowohl im Labor- wie auch im Produktionsumfeld vorgestellt werden (Kap. 4.3 –
Kap. 4.5). Anhand der daraus gewonnenen Resultate wird das im Rahmen dieser
Arbeit entwickelte, klassifikationsbasierte Schweißüberwachungssystem vorgestellt und seine Leistungsfähigkeit überprüft (Kap. 4.6).

4.1 Stand der Technik

Passive optische Prozessüberwachungssysteme werden üblicherweise über Photodioden und/oder in den letzten Jahren auch vermehrt mittels Kameras realisiert.
Es werden dabei Veränderungen in der optischen Prozessabstrahlung (hierzu zählt
auch das gestreute oder rückreflektierte Schweißlaserlicht) mit der Entstehung
von Schweißfehlern korreliert.

Photodiodenbasierte Systeme arbeiten zumeist mit mehreren, unterschiedlich spektral und/oder räumlich gefilterten Detektoren, abgetastet im mittleren kHz-Bereich. Die Auswertung basiert bei einem Großteil der Systeme auf einem Vergleich mit vorab generierten Gut-Signalen, d. h. den Signalverläufen einer oder mehrerer als gut definierter Schweißungen [29, 72, 93, 165]. Aber auch Frequenzanalysen und darauf aufbauende Auswertungen [75] sowie merkmalsbasierte Klassifikationen [84] kommen zum Einsatz oder wurden erprobt.

Die in einigen Prozessüberwachungssystemen mittlerweile zur Aufnahme der Prozessabstrahlung eingesetzten Kameras werden, vereinfacht gesagt, vielfach als räumlich aufgelöste Photodioden genutzt. Die Aufnahme- und Analyserate der Systeme liegt zumeist bei einigen 100 Hz, die Größe der aufgenommenen Bilder zwischen 64 und 256 Pixel Kantenlänge. Aufgrund der höheren erzielbaren Intensitätsdynamik finden üblicherweise $CMOS^1$-Kameras Verwendung [116]. Ausgewertet wird in der Regel der zeitliche Verlauf der Gesamtintensität oder des Intensitätsprofils verschiedener Bildbereiche[2] [105], aber auch Histogrammverläufe oder Grauwertgeometrien werden teilweise analysiert [12]. Der komplette Bildvergleich mit einer Gutschweißung wurde ebenfalls erprobt [104].

Die niedrige Aufnahmerate (im Verhältnis zur Photodiode), geringe Bildgröße und einfache Bildauswertungsalgorithmik sind hauptsächlich der bei der Aufnahme erzeugten hohen Datenmenge geschuldet[3]. Zur Steigerung der Aufnahmegeschwindigkeit werden u. a. intelligente Kameras erprobt, die eine Vor- bzw. Komplettverarbeitung der anfallenden Bilddaten in Hardware direkt in der Kamera ermöglichen [19]. Erste Erfolge sind hier im Bereich der Regelung von Durchschweißprozessen erzielt worden [2].

Gebräuchlich ist eine koaxiale Beobachtung der Prozessabstrahlung entweder durch eine Installation der Beobachtungsoptik am Schweißkopf selbst [9] oder die Einkopplung des Prozesslichts in eine Lichtleitfaser [79, 80], wodurch eine von der Prozesszone örtlich getrennte Aufnahme ermöglicht wird.

---

[1]CMOS ... Complementary Metal Oxide Semiconductor, Halbleitertechnologie, hauptsächlich für integrierte Schaltungen genutzt.

[2]Das ebenfalls vielfach mit diesen Kameras eingesetzte Lichtschnittverfahren wird in Kap. 5 kurz erläutert.

[3]Ein kurzer Vergleich zeigt: Bei einem Bild mit 128 x 128 Pixel, einer Bit-Tiefe von 8 bit und einer Aufnahmerate von 1 kHz entsteht eine Datenmenge von 16 MB s^{-1}. Ein System bestehend aus 4 Photodioden, abgetastet mit jeweils 100 kHz und 16 bit erzeugt einen Datenstrom von 800 kB s^{-1}.

4.2 Problembeschreibung

Die marktverfügbaren Systeme arbeiten, nachdem sie an das jeweilige Schweiß-problem adaptiert wurden, erfahrungsgemäß recht zuverlässig. Allerdings gelingt diese Adaption bei Weitem nicht für alle Prozesskonfigurationen. Auch kleinere Änderungen, wie sie insbesondere während der Anlaufphase eines neuen Produktes immer wieder vorkommen (z. B. die Wahl einer anderen Materialzusammensetzung der verwendeten Bleche) können entweder eine komplette Neuadaption erforderlich oder eine Prozessüberwachung durch das eingesetzte System unmöglich machen.

Ein Grund dafür dürfte in der mangelnden räumlichen bzw. zeitlichen Auflösung von Photodioden- bzw. Kamerasystemen zu suchen sein. Eigene Experimente (Kap. 4.4) bestätigen dies. Insbesondere bei gepulsten Schweißungen handelt es sich um Prozesse mit hoher Dynamik, deren zuverlässige Überwachung sowohl eine hohe zeitliche wie auch räumliche Auflösung benötigen.

Des Weiteren zeigt sich, dass auch im Fall einer schnellen zweidimensionalen Prozessaufnahme mittels einer Hochgeschwindigkeitskamera einfache, intensitätsbasierte Analysen nur teilweise eine zuverlässige Fehlerdetektion ermöglichen. Dies kann insbesondere dann der Fall sein, wenn die Nahtgeometrie keine scharfe Abbildung der gesamten Prozesszone erlaubt. Eine geringe Schärfentiefe der koaxialen Schweißkopf-Abbildungsoptik verhindert dies z. B. bei einer Kehlnaht. Die Bereiche der Prozesszone können dann im aufgenommenen Bild nicht mehr sauber voneinander getrennt und somit auch nicht analysiert werden.

Lösungsskizze Aufgrund der geschilderten Instabilität der existierenden Überwachungssysteme gegenüber Material- oder Geometrieveränderungen und dem damit verbundenen Aufwand einer erneuten Parameteradaption ist der Einsatz eines selbstlernenden Systems wünschenswert. Im Rahmen dieser Arbeit wurde ein solches, sich selbst optimierendes, schwach-überwacht lernendes Bildfolgen-Klassifikationssystem zur Defekterkennung entwickelt und soll in den folgenden Abschnitten vorgestellt werden.

4.3 Experimenteller Laboraufbau

Vor diesem Hintergrund wurden Experimente und Analysen zur passiven Beobachtung der Prozesszone mittels einer Hochgeschwindigkeitskamera durchgeführt. Wie im Fall der spektroskopischen Analysen wurden Schweißungen auf rotierenden Werkstücken mit einem gepulsten Nd:YAG-Laser durchgeführt (Abb. 3.2).

Anders als bei den spektroskopischen Messungen werden jedoch keine Blind-nähte aus separierten Einzelpunkten gesetzt, sondern quasikontinuierliche[4] Nähte (Abb. 4.1) zwischen zwei Ringen erzeugt. Dabei werden nur etwa 80 % des Werk-stückumfanges verschweißt, um einen eindeutigen Beginn und Ende der Schweiß-naht zu erhalten und somit eine Zuordnung der einzelnen Schweißpunkte während der späteren Auswertung zu ermöglichen. Die Pulsrate liegt bei $f_{\mathrm{Puls}} = 100\,\mathrm{Hz}$, die Pulslänge bei $t_{\mathrm{Puls}} = 2\,\mathrm{ms}$. Mit jeder Schweißung werden 130 Pulse gesetzt, jeweils versetzt um $150\,\mu\mathrm{m}$, was etwa 80% Überlapp der einzelnen Punkte ent-spricht. Die Pulsleistung liegt auch hier bei $P_{\mathrm{Puls}} = 1500\,\mathrm{W}$ resp. einer Pulsenergie von $E_{\mathrm{Puls}} = 3\,\mathrm{J}$.

4.3.1 Probenpräparation

Um gezielt Defekte während der Schweißung zu erzeugen, werden in die sich berührenden Seitenflächen der Ringe mittels eines Bohr-Lasers an mehreren Positionen dicht unterhalb der späteren Naht feine Vertiefungen (Tiefe $h = 1\,\mathrm{mm}$, Durchmesser $D = 200\,\mu\mathrm{m}$) eingebracht (Abb. 4.2). Diese werden mit Öl oder Kohlenstoff gefüllt, um Materialverunreinigungen, welche zu Blowholes führen können, zu induzieren[5].

4.3.2 Beobachtungsgeometrie

In Abb. 4.3 ist der Messaufbau skizziert. Die CMOS-Kamera[6] beobachtet die Pro-zesszone koaxial zum Schweißlaser über einen Einkoppelspiegel im Schweißkopf. Typische Kameraparameter sind eine Bildaufnahmerate von $f_{\mathrm{Kamera}} = 8\,\mathrm{kHz}$, eine Belichtungszeit von $t_{\mathrm{exp}} = 40\,\mu\mathrm{s}$ und eine Bildgröße von 128×80 Pixel. Parallel dazu wird die Intensität der Prozessstrahlung des Schmelzbades und des unteren Fackelbereiches mittels einer seitlich die Prozesszone beobachtenden Photodiode gemessen. Wie bei den spektroskopischen Experimenten wird hierbei die reflek-tierte Laserstrahlung mittels eines Notchfilters ausgeblendet. Abgetastet wird die Photodiode mit $f_{\mathrm{Photodiode}} = 40\,\mathrm{kHz}$.

Die zeitliche Synchronisation bei der Auswertung zwischen Photodiodensig-nal und Kamerabildern wird über eine Aufzeichnung der Kamera-Triggersignale sichergestellt. Damit ist eine eindeutige zeitliche Zuordnung der Signale möglich.

---

[4]Die einzelnen Schweißpunkte überlappen sich stark, so dass eine kontinuierliche Naht entsteht.

[5]Eine weitere Methode zur reproduzierbaren Erzeugung von Blowholes findet sich in [99]. Durch eine Modulation der Laserleistung werden hier Oszillationen im Schmelzbad erzeugt, welche zu Auswürfen führen.

[6]Photonfocus MV-D1024-160

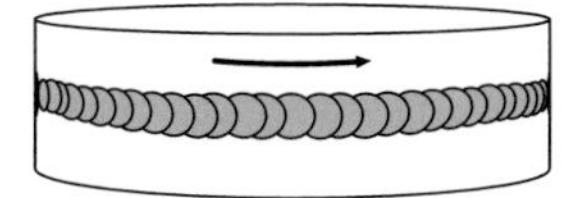

Abbildung   4.1   Quasikontinuierliche
Nahtgeometrie

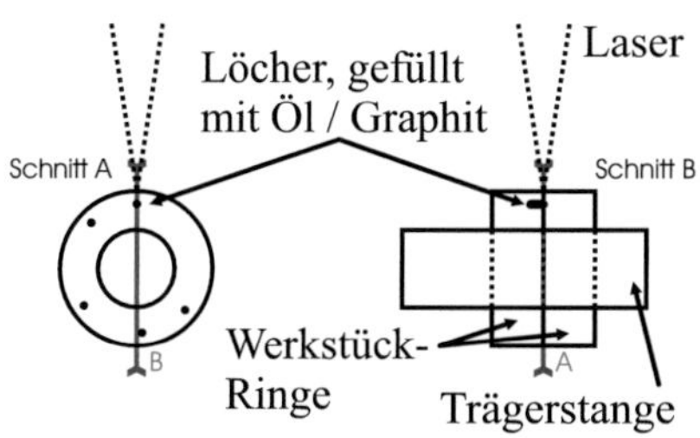

Abbildung   4.2   Schnittdarstellung   der
Ringprobe.

Abbildung 4.3   Skizze des Messaufbaus
zur Beobachtung der Prozessabstrahlung.

4.3.3 Wellenlängenselektion

Ein optisches Filter im kollimierten Abschnitt des Kamerastrahlenganges bestimmt den Wellenlängenbereich des aufgenommenen Prozesslichtes. Durch entsprechende Auswahl dieses Filters lässt sich zumindest schwerpunktmäßig die zu
beobachtende Prozesszone (Fackel oder Schmelzbad) bestimmen.

Die Wahl des Wellenlängenbereiches erfolgt mit Hilfe der in Kap. 3 vorgestellten spektralen Messungen. Bildaufnahmen der Prozesszone mit schmalbandigen
Filtern über den sichtbaren Wellenlängenbereich hinweg (Abb. 4.4) unterstützen
die Interpretation der Spektren hinsichtlich der Fackel- und Schmelzbadabstrah-
lung. Gegenüber dem Schmelzbad macht sich die Fackel vor allem im grünen bis
roten Bereich bemerkbar (Abb. 3.17).

Ein entstehendes Blowhole sollte sich u. a. durch eine Erwärmung der Schmelzbadoberfläche bzw. das Austreten heißer Schmelze an der Oberfläche ankündigen.
Daher wird in den hier durchgeführten Experimenten der Ansatz verfolgt, diesen
entstehenden Hotspot an der Oberfläche zu detektieren.

Wie in Kap. B.3.2 dargestellt, wirkt sich eine Temperaturerhöhung eines heißen Körpers auf die Abstrahlung bei kleineren Wellenlängen relativ gesehen
stärker aus. Daher sollten sich Oberflächen-Hotspots im kurzwelligen Bereich
relativ zur Umgebung deutlicher bemerkbar machen als im längerwelligen. Des

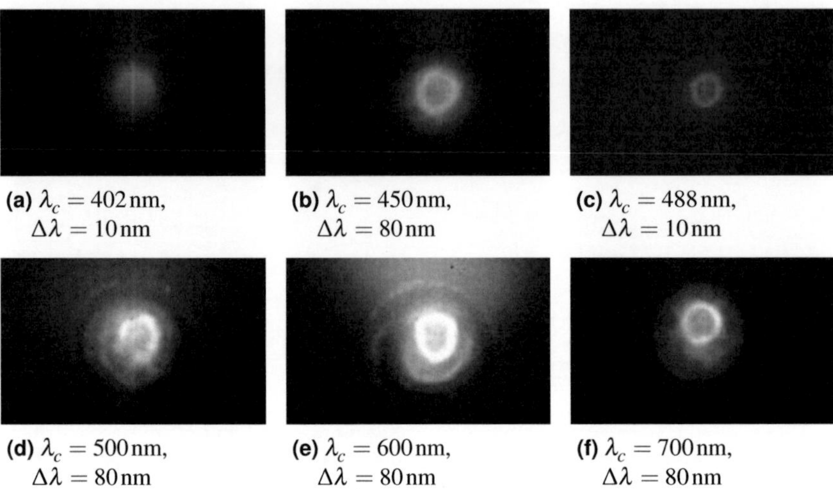

(a) $\lambda_c = 402\,\text{nm}$, $\Delta\lambda = 10\,\text{nm}$

(b) $\lambda_c = 450\,\text{nm}$, $\Delta\lambda = 80\,\text{nm}$

(c) $\lambda_c = 488\,\text{nm}$, $\Delta\lambda = 10\,\text{nm}$

(d) $\lambda_c = 500\,\text{nm}$, $\Delta\lambda = 80\,\text{nm}$

(e) $\lambda_c = 600\,\text{nm}$, $\Delta\lambda = 80\,\text{nm}$

(f) $\lambda_c = 700\,\text{nm}$, $\Delta\lambda = 80\,\text{nm}$

Abbildung 4.4 Koaxiale Beobachtung der Prozessabstrahlung bei unterschiedlichen Wellenlängen ($t_{\text{exp}} = 40\,\mu\text{s}$, λ_c bezeichnet die Mittenwellenlänge des verwendeten Filters, $\Delta\lambda$ die spektrale Halbwertsbreite, Bildgröße 120x80 Pixel). Die Filterung in (a) (402 nm) und (c) (488 nm) entspricht den in Kap. 5 verwendeten Beleuchtungswellenlängen.

Gut zu erkennen ist die geringere Überlagerung des Schmelzbadbildes durch die Fackelstrahlung bei kürzeren (b) bzw. längeren (f) Wellenlängen, im Gegensatz zum mittleren Wellenlängenbereich ((d),(e)), wie dies nach den aufgenommenen Fackelspektren (Abb. 3.17) zu erwarten ist.

Weiteren können Fluktuationen in der überlagernden Fackelstrahlung die Abbildungsqualität des Schmelzbades mindern. Daher sollte der Beobachtungsbereich außerhalb der intensiven Fackelbereiche liegen. Daneben ist auch die Sensitivität des verwendeten Kamerasensors zu berücksichtigen.

Letztendlich wurde für die hier vorgestellten Experimente (Nd:YAG auf Stahl) der Bereich um 450 nm ausgewählt, der einen Kompromiss zwischen Fackelintensität, Detektorsensitivität und relativer Helligkeitsänderung darstellt.

4.3.4 Koaxiale Prozessabbildung

In den bei verschiedenen Wellenlängen aufgenommenen Bildern in Abb. 4.4 lässt sich, neben dem Einfluss der optischen Filterung auf die Aufnahme, auch die

Prozessgeometrie, d. h. die geometrische Ausprägung der Prozesszone, nachvollziehen.

Im Zentrum des kreisrunden Schmelzbades trifft der Laser auf das Werkstückmaterial – das Keyhole entsteht. Die heißen Randbereiche des Keyholes erscheinen als heller Ring im Bild. Von der Mitte zum Rand hin nimmt die Oberflächentemperatur des Schmelzbades ab, was sich in der radial sinkenden Abstrahlungsintensität und damit abnehmenden Helligkeit im Bild niederschlägt. Der Übergang zwischen flüssiger und fester Phase macht sich als reflektierende Kante bemerkbar, welche das Schmelzbad umschließt. Gut zu erkennen ist auch das diffuse Leuchten der Dampffackel oberhalb der Prozesszone.

4.4 Vergleich Photodiode – Kamera

Zunächst sollen kurz die im Stand der Technik (Kap. 4.1) angesprochenen Limitierungen photodioden- und kamerabasierter Systeme experimentell untermauert werden.

4.4.1 Zeitliche Auflösung

Die Bildsequenz in Abb. 4.5 zeigt die Bildung eines Blowholes während eines 2 ms-Pulses. Bemerkbar macht sich die Entstehung durch einen starken, lokalen Intensitätsanstieg (Abb. 4.5 (k) und (l)). Unter Berücksichtigung der Bildfrequenz von $f_{\mathrm{Kamera}} = 8\,\mathrm{kHz}$ und der Belichtungszeit $t_{\mathrm{Kamera}} = 40\,\mu\mathrm{s}$ sieht man, dass der Intensitätsausbruch maximal $335\,\mu\mathrm{s}$ angedauert haben kann. Daraus ergibt sich wiederum, dass dieser Ausbruch erst ab einer Abtastfrequenz von etwa $3\,\mathrm{kHz}$ sicher detektiert werden kann – eine Aufnahmefrequenz, die von marktverfügbaren, kamerabasierten Überwachungssystemen zum überwiegenden Teil nicht erreicht wird.

4.4.2 Räumliche Auflösung

Abb. 4.6 vergleicht den Signalverlauf einer Photodiode und einer Kamera während einer Defekt-Schweißung. Insgesamt fünf Blowholes wurden in dieser Naht künstlich durch den oben beschriebenen Einschluss von Fremdmaterial im Bereich der späteren Schweißung erzeugt. Wie zu erkennen ist, besitzt das örtlich integrierte Intensitätssignal der Photodiode keine einfach verwertbaren Informationen (Intensitätsschwellwert o. ä.) hinsichtlich der auftretenden Schweißdefekte. Ähnliches gilt für den mittleren Grauwert der aufgenommenen Kamerabilder. Zwar treten hier einige der Defekte klar als Helligkeitsausbrüche in Erscheinung,

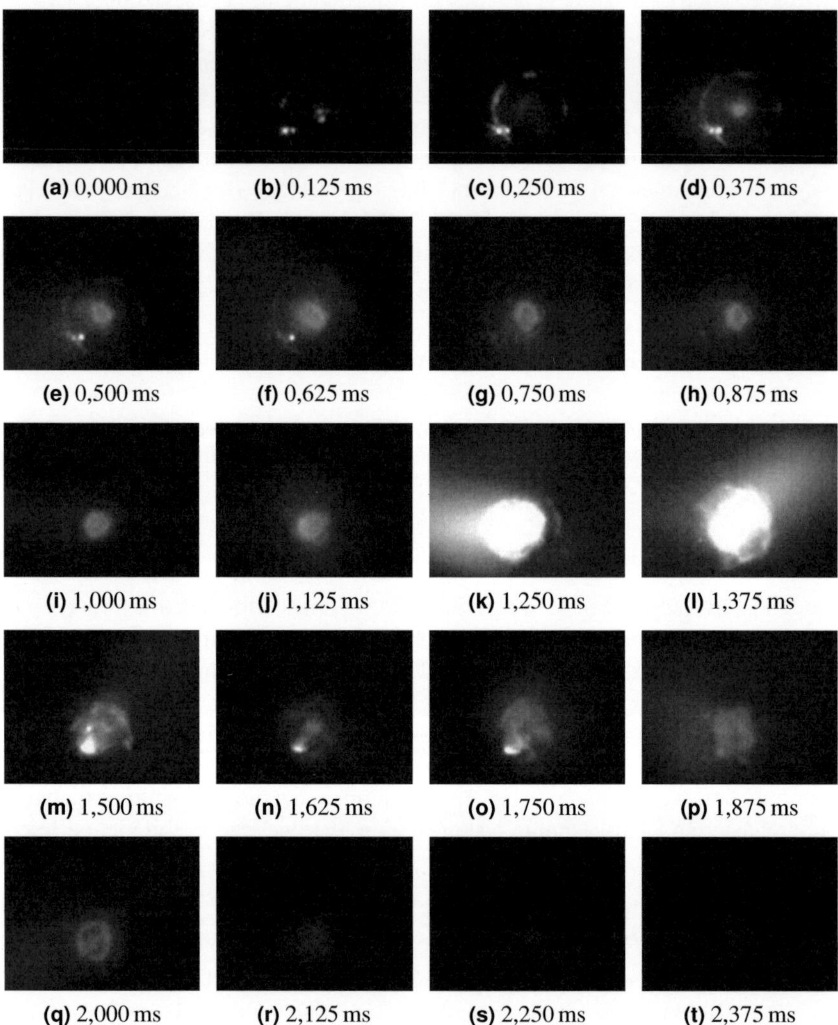

Abbildung 4.5 Koaxiale Aufnahme der Prozessstrahlung während der Entstehung eines Blowholes ($T_{\text{Puls}} = 2\,\text{ms}$, $\lambda_c = 450\,\text{nm}$, $f_{\text{Kamera}} = 8\,\text{kHz}$, $t_{\text{exp}} = 40\,\mu\text{s}$, Bildgröße: 128×100 Pixel). Die Zeitdauer des mit der Blowhole-Entstehung verknüpften Helligkeitsausbruches liegt zwischen 165 und 335 ms. Die Bilder entstammen dem zweiten Fehlerpuls in Abb. 4.6.

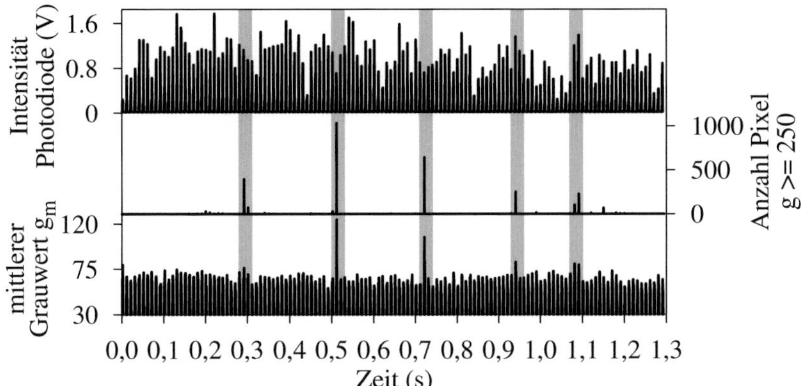

Abbildung 4.6   Vergleich zwischen photodioden- und kamerageneriertem Signalverlauf. 130 Pulse, $f_{\mathrm{Puls}} = 100\,\mathrm{Hz}$, $t_{\mathrm{Puls}} = 2\,\mathrm{ms}$.
Der mittlere Kameragrauwert (unten) entspricht dem Signal einer anstelle der Kamera positionierten Photodiode. Alle örtlich aufgelösten Informationen gehen hierbei verloren. Der obere Datenplot zeigt den Signalverlauf einer diagonal das Prozessgeschehen beobachtenden Photodiode. In der Mitte ist das Ergebnis eines einfachen Pixelgrauwert-Schwellenfilters dargestellt, in diesem Fall die Bestimmung der Größe der hellen Bereiche im Bild. Grau hinterlegt sind die Positionen der während der Schweißung entstandenen Blowholes.

es fällt aber schwer, eine allgemein gültige Schwelle zu definieren. Die lokalen Intensitätsausbrüche im Schmelzbad verwischen im gemittelten Signal[7].

Ein wesentlich besseres Detektionsergebnis erhält man bei Nutzung der räumlichen Auflösung des Kamerabildes. Schon eine einfache Zählung aller Pixel oberhalb eines Grauwert-Schwellwertes im Bild liefert ein in diesem Fall eindeutiges Signal.

Die hier beispielhaft aufgeführte Messung zeigt also, dass sowohl ein zeitlich wie auch räumlich hoch aufgelöstes Signal der Prozessabstrahlung nötig ist, um die Entstehung von Blowholes zuverlässig detektieren zu können.

Diese, wie exemplarisch in Abb. 4.6 beschrieben, einfache Art der Nutzung

---

[7]Das Photodiodensignal und der mittlere Grauwertverlauf unterscheiden sich in ihrem Verlauf, da die Aufnahmewinkel, wie oben beschrieben, unterschiedlich waren. Insbesondere die hohe Dynamik der Fackel dürfte sich hier in richtungsabhängiger Weise in den aufgenommenen Intensitäten bemerkbar machen.

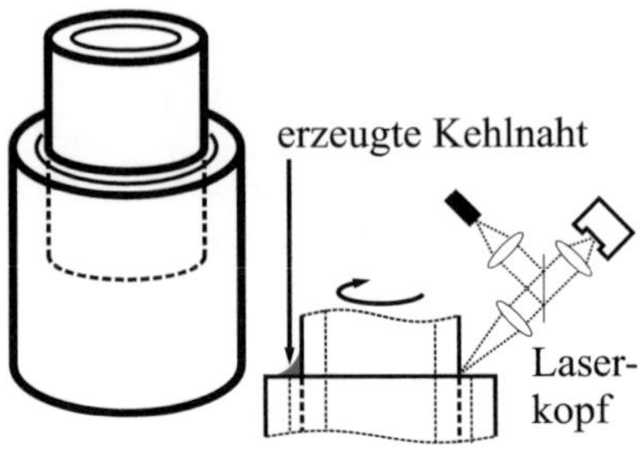

Abbildung 4.7 Schweiß- und Beobachtungsgeometrie der Produktions-Laserstrahlschweißanlage.

der Ortsinformation ist leider nur in den wenigsten Fällen erfolgreich, wie im nächsten Abschnitt deutlich wird.

4.5 Prozessüberwachung im produktiven Umfeld

Neben Messungen am Laborschweißlaser wurden auch Tests im produktiven Umfeld durchgeführt. Die Bilderserien Abb. 4.8 und Abb. 4.14 entstammen einer Reihe von Versuchen an einer Produktions-Laserschweißanlage.

4.5.1 Prozessgeometrie

Die zu schweißende Geometrie besteht hier aus zwei ineinander gesteckten Rohren, welche durch eine unter $45°$ geschweißte Kehlnaht (Kap. 2.3.5) gasdicht miteinander verbunden werden (Abb. 4.7).

4.5.2 Prozessparameter

Die grundsätzlichen Laserparameter unterscheiden sich dabei nicht von denen der vorherigen Experimente. Es handelt sich auch hier um einen gepulsten Nd:YAG-Laser[8] ($\lambda_{\text{Laser}} = 1064\,\text{nm}$), das geschweißte Rundmaterial besteht aus Edelstahl. Mittels einer Pulsrate $f_{\text{Puls}} = 250\,\text{Hz}$ und einer Pulslänge $t_{\text{Puls}} = 1{,}8\,\text{ms}$ werden durch Rotation des Werkstückes unter dem Laserkopf quasi-kontinuierliche Nähte erzeugt. Die Pulsenergie beträgt $E_{\text{Puls}} = 3{,}8\,\text{J}$. Insgesamt wird das Werkstück

---

[8]Rofin Sinar RSY 1000P

während der Schweißung um 480° rotiert, um eine gasdichte Naht sicher zu stellen. Dabei wird im Überlappbereich die Laserpulsenergie rampenförmig erhöht bzw. erniedrigt. Bei einer Prozessdauer von 1 s ergibt sich eine Rotation von Puls zu Puls um 1,92°.

4.5.3 Messgeometrie und -parameter

Beobachtet wird der Prozess auch in diesem Fall koaxial durch den Schweißkopf, wobei hier, anders als in den Laborexperimenten im vorherigen Abschnitt, der kollimierte Schweißlaserstrahl im Schweißkopf um 90° abgelenkt wird und die Kamera direkt durch den im sichtbaren Bereich durchlässigen Umlenkspiegel schaut (Abb. 4.7). Die Brennweite des Schweißkopfes beträgt $l_{\text{Brennweite}} = 120\,\text{mm}$. Parallel zum Kamerasystem kommt auch hier eine den gesamten Prozess seitlich von oben beobachtende Photodiode zum Einsatz.

Triggerung

Die Triggerung der Kamera für jeden Puls sowie auch des gesamten Messsystems zu Beginn einer jeden Schweißung erfolgt über ein Photodioden-Schmitt-Trigger-System, welches auf das am Werkstück reflektierte Laserlicht reagiert[9]. Durch diese indirekte Art der Triggerung ist allerdings nicht gewährleistet, dass auch die energieschwächeren ersten Pulse einer Schweißung zuverlässig detektiert werden. Die Anzahl der verlorenen Pulse lässt sich aber aus den aufgenommenen Daten rekonstruieren. Relevant ist diese Information insbesondere für die Umrechnung der Pulsposition in eine reale Position (hier als Winkel angegeben, siehe Tbl. 4.1, Seite 72) auf der Schweißnaht.

Die Bildaufnahme erfolgt mit 8 kHz, es werden jeweils 20 Bilder pro Puls aufgenommen[10]. Um einen Trigger-Time-out zu vermeiden, wird die Anzahl der mit der Kamera aufgezeichneten Pulse pro Schweißung auf 220 begrenzt, d. h. die letzten Pulse der Schweißung werden vom Kamerasystem nicht erfasst, wodurch sich 4400 Bilder pro Schweißung ergeben.

Anhand der Bilder wird deutlich, dass, trotz einer vorab durchgeführten Fokussierung der Kamera auf die Prozesszone, diese aufgrund ihrer Form (die Mitte der Kehlnaht liegt wesentlich tiefer als die beiden Seiten) nur schemenhaft abgebildet wird. Eine eindeutige Zuordnung der aufgenommenen Strukturen zur

---

[9]Der Einsatz dieses externen Triggersystems ist notwendig, da der verwendete Produktions-Schweiß-laser keinen eindeutigen Pulstrigger liefert.

[10]Dies entspricht einer Aufnahmezeit von 2 ms bei 1,8 ms Pulsdauer.

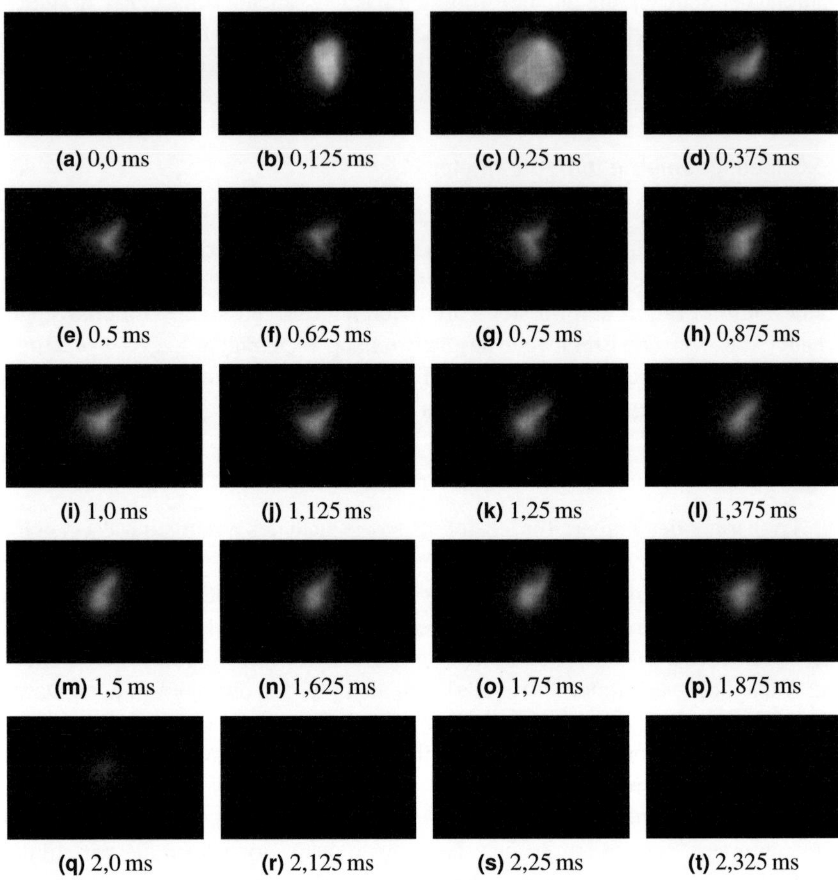

Abbildung 4.8 Koaxiale Aufnahme der Prozessstrahlung während eines normalen Pulses im produktiven Umfeld ($t_{\text{Puls}} = 1{,}8\,\text{ms}$, $\lambda_c = 450\,\text{nm}$, $f_{\text{Kamera}} = 8\,\text{kHz}$, $t_{\text{exp}} = 40\,\mu\text{s}$, Bildgröße: 128×80 Pixel).

Zonengeometrie ist dadurch nicht möglich. Dies bedingt, dass die üblichen Verfahren wie Linien- oder Regions-Intensitätsbetrachtungen an in der Einrichtphase festgelegten Punkten der Bilder nur unzureichende Ergebnisse liefern.

4.6 Bildanalyse und Defektdetektion

Flexiblere Analyse- und Detektionsstrategien sind erforderlich, um unter obigen Voraussetzungen eine zuverlässige Erkennung der Blowhole-Entstehung zu gewährleisten. Zu berücksichtigen sind insbesondere

- die unscharfe örtliche Abbildung (abhängig von der Schweißgeometrie),
- die hohe Dynamik der Prozessstrahlungsintensität durch Pulsung sowie
- das große Datenaufkommen durch die hohe Bildaufnahmerate.

Die Dynamik bedingt, dass sich Gut-Pulse hinsichtlich ihres zeitlichen Prozessstrahlungsverlaufes stark voneinander unterscheiden können. Es existiert also nicht *der* Gut-Puls. Gleiches gilt für die Schlecht-Pulse. Hier macht sich die Defektentstehung innerhalb eines Pulses sowohl zeitlich wie auch örtlich sehr individuell in der Prozessstrahlung bemerkbar. Die unscharfe örtliche Abbildung in Folge der Prozesszonengeometrie führt des Weiteren zu einer Verschmierung bzw. Unschärfe der vorhandenen Informationen. Eine einfache Helligkeitsanalyse der Einzelbilder und der Vergleich mit einem oder mehreren Schwellwerten, wie es bei den Laborexperimenten (Kap. 4.4) möglich gewesen wäre, scheidet daher aus. Alternative Methoden müssen allerdings der hohen Datenrate gerecht werden.

4.6.1 Analyseansatz

Der im Rahmen dieser Arbeit entwickelte Analyseansatz basiert auf der *Klassifikation* der einzelnen Pulse einer Schweißung. Die Generierung der dafür benötigten *Merkmale* ist mehrstufig. Sie arbeitet zunächst auf den einzelnen Bildern. Der dadurch entstehende Bild-Merkmalsraum wird mittels statistischer Kennzahlen (z. B. der Mittelwert eines Bildmerkmales über einen Puls hinweg) auf den Puls-Merkmalsraum abgebildet resp. reduziert. In diesem Puls-Merkmalsraum findet dann die Klassifikation des betrachteten Pulses in eine der beiden Klassen *iO* (in Ordnung) und *niO* (nicht in Ordnung) statt. Grafisch veranschaulicht ist dies in Abb. 4.9.

Die für die Klassifizierung herangezogenen Merkmale werden während der Einrichtphase des Systems (automatisch) ausgewählt. Eine prinzipielle Darstellung von Merkmalsextraktion und Klassifikation findet sich in Anh. D.

Wie bei jedem Klassifikationssystem ist auch hier zunächst eine Einricht- und Trainingsphase notwendig. In der Einrichtphase müssen zunächst die später für die Klassifikation verwendeten Merkmale generiert und selektiert werden. Anschließend wird der Klassifikator anhand der ausgewählten Merkmale trainiert. Zur Verbesserung des Klassifikationsergebnisses kann es hierbei teilweise sinnvoll sein, die Merkmalsselektion nochmals zu verändern, also iterativ vorzugehen.

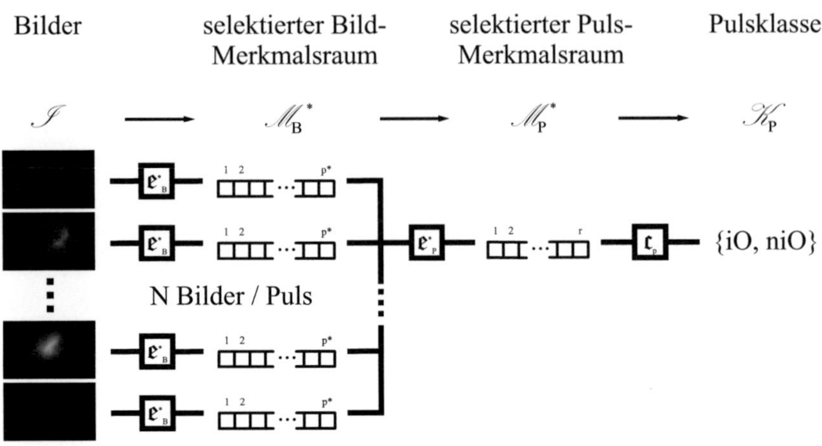

Abbildung 4.9 Bild-Puls-basierte Analysestrategie. Ausgewählte, für jedes Bild durch $\mathfrak{e}_B^*$ berechnete Merkmale ($\mathcal{M}_B^*$) werden mittels statistischer Kennzahlen (z. B. Mittelwert, …) je Puls zusammengefasst ($\mathfrak{e}_P^*$). In dem sich daraus formenden Puls-Merkmalsraum $\mathcal{M}_P^*$ wird eine Klassifikation $\mathfrak{c}_P$ des Pulses in eine der beiden Klassen *iO* bzw. *niO* durchgeführt.

Während des produktiven Einsatzes werden dann nur noch die selektierten Merkmale berechnet und dem Klassifikator zugeführt.

Im Folgenden sollen nun diese einzelnen Analyseschritte näher betrachtet werden.

4.6.2 Merkmalsgewinnung

Merkmalsextraktion Bild

Zunächst werden für jedes Einzelbild Merkmale berechnet. Das Bild I ($I \equiv \mathbb{R}^{w \times h \times c}$, w die Breite, h die Höhe des Bildes, c die Anzahl der Farbkanäle)[11] aus der Bildmenge $\mathcal{I}$ wird durch die Funktion $\mathfrak{e}_B$ auf den Merkmalsvektor $\vec{m}_B \in \mathcal{M}_B$ abgebildet:

$$\mathfrak{e}_B : \mathcal{I} \mapsto \mathcal{M}_B \qquad , \mathcal{M}_B = \mathbb{R}^p$$

p ist die Anzahl der berechneten Merkmale.

---

[11] Formal lässt sich das Bild darstellen als Funktion $I(x,y) : \mathbb{N}_0^2 \mapsto \mathbb{R}^c$, d. h. $(x,y) \in \{\mathbb{N}_0^2 | 0 \leq x < w, 0 \leq y < h\}$

Während der Einrichtphase des Systems werden zunächst alle möglichen definierten Merkmale berechnet, unabhängig von ihrer potentiellen Tauglichkeit für das konkrete Schweißproblem. Die verwendeten Merkmale sind in Tbl. D.2 in Anh. D.2.2 aufgeführt.

Bei den im Rahmen dieser Arbeit verwendeten Bildmerkmalen handelt es sich – im Hinblick auf den industriellen Einsatz mit monochromen Hochgeschwindigkeitskameras – größtenteils um einfach und schnell zu berechnende statistische Kennzahlen für Grauwert-Einzelbilder I_g ($I_g \in \mathbb{N}_0^{w \times h}$, w die Breite, h die Höhe des Bildes), z. B. den mittleren Bildgrauwert oder die Anzahl der Pixel mit maximaler Helligkeit.

Daneben werden auch der horizontale und vertikale Schnitt durch den Grauwert-Schwerpunkt des Bildes analysiert, um weiterführende geometrische Informationen über die Helligkeitsverteilung im Bild zu gewinnen (Abb. 4.10). Durch die Beschränkung dieser Geometrie-Analyse auf die beiden Linienschnitte reduziert sich die benötigte Rechenleistung gegenüber der Analyse aller Bildpixel beträchtlich[12]. Durch die Positionierung im Grauwert-Schwerpunkt des Bildes wird die Wahrscheinlichkeit erhöht, die deutlichsten geometrischen Merkmale mittels der Linienschnitte zu erfassen.

Im Rahmen der Berechnungen findet, soweit sinnvoll möglich, eine Vorabskalierung der Merkmale bzgl. ihres Definitionsbereiches auf die Intervalle $[0, 1]$ bzw. $[-1, 1]$ statt (Tbl. D.2).

Merkmalsextraktion Puls

In einem nächsten Schritt werden die Merkmalsräume aller N zu einem Puls gehörenden Bilder zu einem Puls-Merkmalsraum $\mathcal{M}_\text{P}$ zusammengefasst.

$$\mathcal{M}_{\text{B}_1} \times \mathcal{M}_{\text{B}_2} \times \cdots \times \mathcal{M}_{\text{B}_\text{N}} = \mathcal{M}_\text{P} \qquad , \mathcal{M}_\text{P} = \mathbb{R}^{N \times p}$$

Der Merkmalsraum $\mathcal{M}_\text{P}$ enthält alle Bildmerkmale in geordneter Form. Dies bedingt, dass ein Schlechtpuls mit Defektentstehung zu Beginn des Pulses einen komplett anderen Merkmalsvektor erzeugt als ein Puls mit Defektentstehung erst gegen Ende des Pulses.

Aus diesem Grund ist es sinnvoll, zeitinvariante Merkmale für den Puls zu berechnen. Dies können z. B. der Mittelwert oder die Standardabweichung der einzelnen Bildmerkmale über den Puls hinweg sein.

---

[12]Pixelanzahl Gesamtbild: $N_\text{gesBild} = w \times h$, Pixelanzahl Linienschnitte: $N_\text{Schnitte} = w + h$, d. h. Reduktion um den Faktor $\frac{N_\text{Schnitte}}{N_\text{gesBild}} = \frac{1}{w} + \frac{1}{h}$

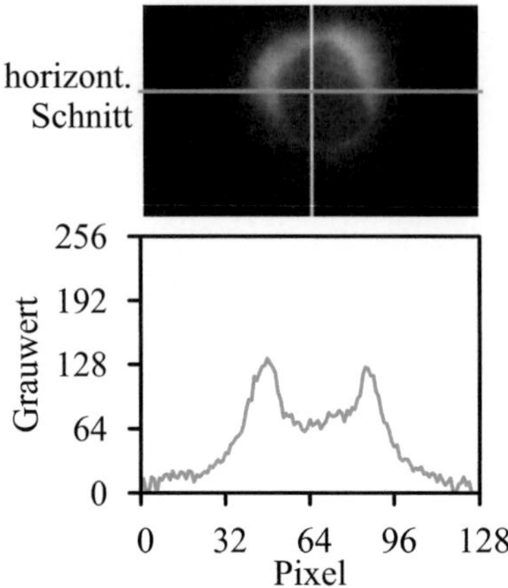

Abbildung 4.10 Lage horizontaler und vertikaler Linienschnitt sowie zugehöriges horizontales Grauwert-Linienprofil.

Um dennoch die Zeitinformation innerhalb des Pulses zu erhalten, werden außerdem statistische Informationen über den Zeitverlauf jedes Merkmales generiert, z. B. der Zeitpunkt des Maximalwertes eines Bildmerkmales über den Puls.

Es entsteht der statistische Puls-Merkmalsraum $\overline{\mathscr{M}}_P$:

$$\mathfrak{e}_P : \mathscr{M}_P \mapsto \overline{\mathscr{M}}_P \qquad , \overline{\mathscr{M}}_P = \mathbb{R}^{S \times p}$$

S ist die Anzahl der angewendeten statistischen Berechnungen. Die hier verwendeten Pulsmerkmale sind in Anh. D.2.2 aufgelistet.

Automatische Merkmalsselektion

Der dritte Schritt besteht in einer Reduktion des $S \times p$-dimensionalen statistischen Puls-Merkmalsraumes auf r selektierte Dimensionen:

$$\mathfrak{f}_P : \overline{\mathscr{M}}_P \mapsto \mathscr{M}_P^* \qquad , \mathscr{M}_P^* = \mathbb{R}^r$$

Die optimale Anzahl r der Merkmale ist dabei abhängig von der sich anschließenden Klassifikationsmethode sowie der Qualität der vorhandenen Merkmale, also jeweils schweißproblemspezifisch[13].

---

[13]Teilweise kann es sich hier als hilfreich erweisen, die automatische Selektion nicht nur im statistischen Puls-Merkmalsraum $\overline{\mathscr{M}}_P$ durchzuführen, sondern auch den gesamten ursprünglichen Puls-

Im Rahmen dieser Arbeit erfolgt die Selektion nach folgendem Muster:

- Zunächst werden alle konstanten Merkmale aus dem Merkmalsraum entfernt.

- In einem zweiten Schritt werden alle Merkmale, die untereinander zu 100 % korrelieren, bis auf eines entfernt.

- Bei den verbleibenden Merkmalen wird unter Einbeziehung der (manuell erstellten) Klassifikationsinformation des Trainingsdatensatzes mittels der *Kolmogorov-Smirnov-Distanz* (siehe Abb. 4.11 sowie Glg. F.31 in Kap. F.4.2) eine Unterschiedlichkeitsbewertung von (kumulativer) iO-Verteilung zu niO-Verteilung vorgenommen. Merkmale unterhalb einer einstellbaren Distanzschwelle werden entfernt.

- Die verbleibenden Merkmale werden bzgl. des tatsächlich im Trainingsdatensatz vorhandenen Wertebereichs normalisiert. Diese Normalisierung geschieht abhängig von der Art der Verteilung des jeweiligen Merkmals. Mittels des *Lilliefors-Tests* [112], einer speziellen Version des *Kolmogorov-Smirnov-Tests*, wird die Verteilung der Merkmale auf eine Normalverteilung hin überprüft.

$$T_{\mathrm{KS,L}} = \max_{1 \leq k \leq N} \left\{ \left| \Phi\left(\frac{x_k - \mu}{\sigma}\right) - \frac{k-1}{N} \right|, \left| \frac{k}{N} - \Phi\left(\frac{x_k - \mu}{\sigma}\right) \right| \right\}$$

x_k repräsentiert dabei die auftretenden Werte des Merkmales in sortierter Reihenfolge ($x_{k-1} \leq x_k \quad \forall k$), μ den Mittelwert dieser Werte und σ die Standardabweichung. Die kumulative Verteilungsfunktion Φ einer Normalverteilung mit dem Mittelwert μ und der Standardabweichung σ ist definiert als

$$\Phi(x) = \frac{1}{2}\left(1 + \mathrm{erf}\left(\frac{x-\mu}{\sqrt{2}\sigma}\right)\right)$$

mit der Fehlerfunktion

$$\mathrm{erf}(x) = \frac{2}{\sqrt{\pi}} \int_{-\infty}^{x} \exp\left(t^2\right) \mathrm{d}t \qquad .$$

Merkmalsraum $\mathscr{M}_{\mathrm{P}}$ mit einzubeziehen, die Selektion $\mathfrak{f}_{\mathrm{P}}$ also auf $\mathscr{M}_{\mathrm{P}} \times \overline{\mathscr{M}}_{\mathrm{P}}$ anzuwenden. Hierbei besteht allerdings – insbesondere bei einem kleinen Trainingsdatensatz, der nicht alle möglichen Ausprägungen einer Fehlschweißung beinhaltet – die Gefahr einer späteren Überspezialisierung des Klassifikators hinsichtlich der Auftrittsposition von Fehlern innerhalb eines Pulses.

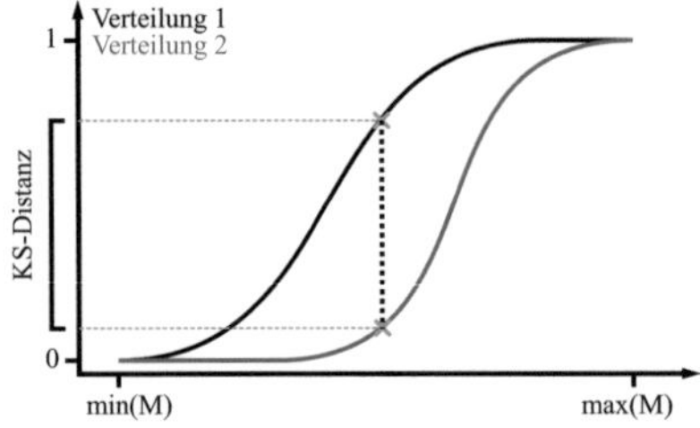

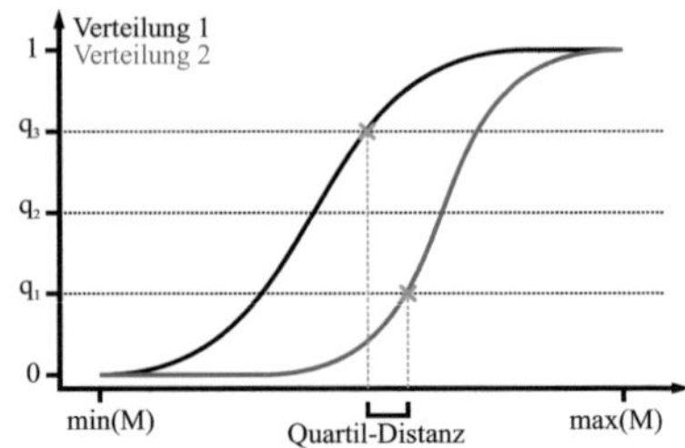

Abbildung 4.11 Visualisierung der Kolmogorov-Smirnov-Distanz (KS-Distanz).

Abbildung 4.12 Visualisierung der Quartil-Distanz.

Letztendlich berechnet der Lilliefors-Test die Kolmogorov-Smirnov-Distanz (Glg. F.31) zwischen der Verteilungsfunktion der gegebenen Daten und einer Normalverteilung mit gleichem Mittelwert und Standardabweichung. Dieser Distanzwert wird anschließend noch in Abhängigkeit der Anzahl der Datenpunkte gewichtet, um dann zu einer Ähnlichkeitsaussage zu kommen.

Liegt für das Merkmal eine Normalverteilung annähernd vor, wird dieses mittels seines Mittelwertes und Standardabweichung skaliert ($j \cdot \pm\sigma \equiv \pm 1$, j ein einstellbarer Gewichtungsparameter). Alle anderen Merkmale werden entsprechend ihrer tatsächlich auftretenden Minima und Maxima auf das Intervall $[0, 1]$ skaliert. Diese Normalisierung ist sowohl für den abschließenden Selektionsschritt wie auch für die spätere Klassifizierung notwendig.

- Der letzte Schritt besteht in der Bewertung von iO- und niO-Verteilung mittels der Quartilpositionen (siehe Abb. 4.12). Je nach Lage der beiden Mediane (q_2) wird die Differenz Δ_{q3q1} zwischen q_3-Wert der einen und q_1-Wert der anderen Verteilung gebildet[14]. Da die Merkmale zuvor normalisiert wurden, kann nun anhand der Δ_{q3q1}-Abstandswerte eine Reihenfolge der Merkmale aufgestellt werden, die ein gewisses Maß für die Trennbarkeit der Klassen durch das jeweilige Merkmal widerspiegelt.

Aus der so gewonnen Liste werden nun die ersten r Merkmale ausgewählt. Der gesamte Ablauf ist in Abb. 4.13 zusammenhängend veranschaulicht.

Im späteren Einsatz des Systems werden dann nur noch die tatsächlich für die Klassifikation benötigten Bild- und Pulsmerkmale berechnet.

---

[14] $q_2^a < q_2^b : \Delta_{q3q1} = q_1^b - q_3^a, \; q_2^a > q_2^b : \Delta_{q3q1} = q_1^a - q_3^b$

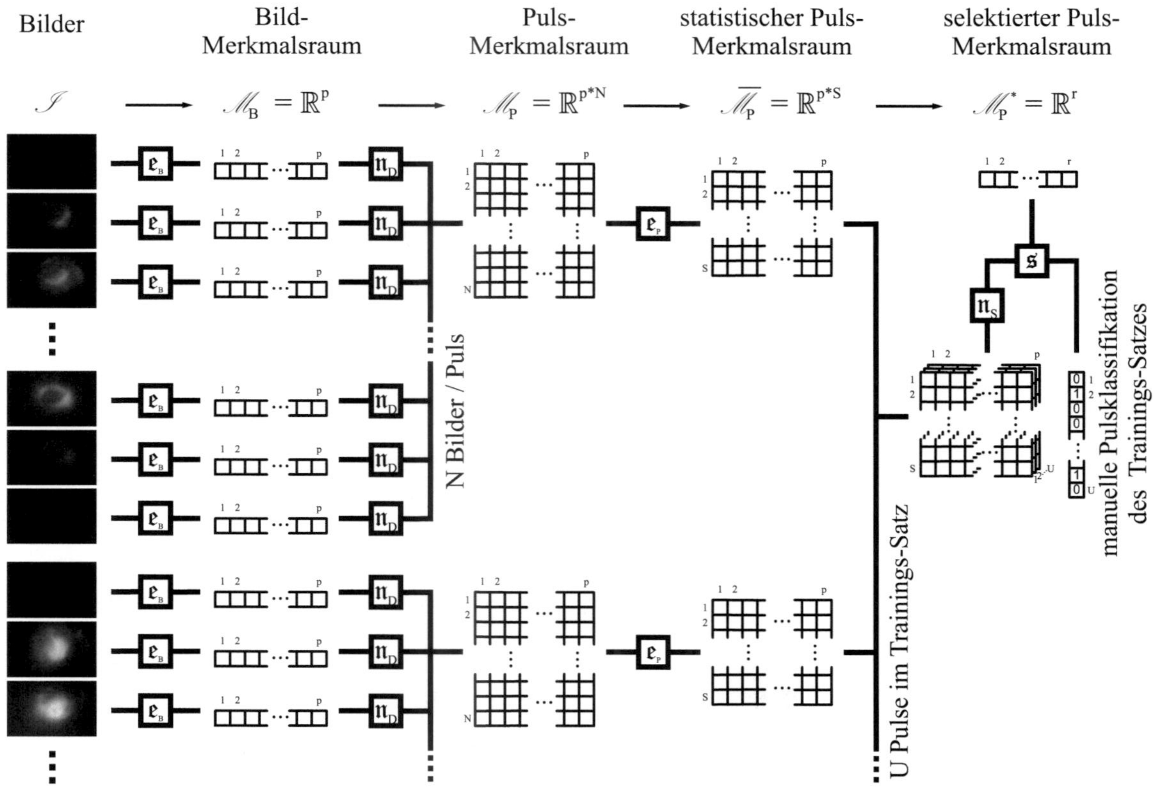

Abbildung 4.13   Generierung und Selektion des für die Klassifikation benötigten Puls-Merkmalsraumes.

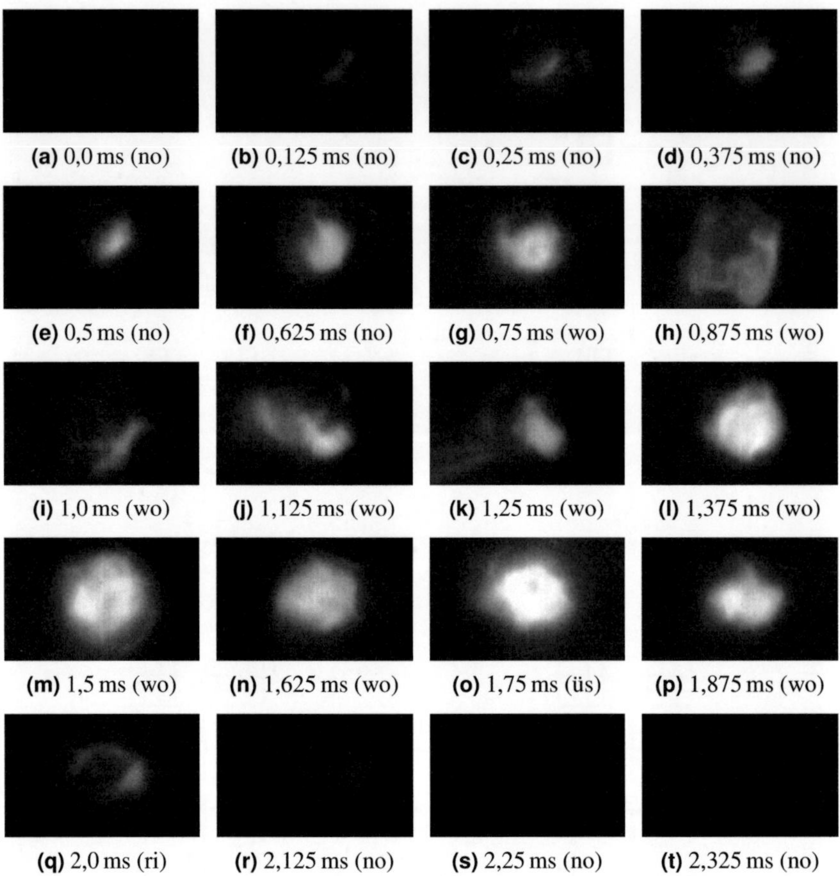

Abbildung 4.14 Koaxiale Aufnahme der Prozessstrahlung während der Entstehung eines Blowholes ($t_{\mathrm{Puls}} = 1{,}8$ ms, $\lambda_c = 450$ nm, $f_{\mathrm{Kamera}} = 8$ kHz, $t_{\exp} = 40\,\mu$s, Bildgröße: 128×80 Pixel). In Klammern ist die im Text erläuterte Bildstruktur angegeben.

Manuelle Merkmalsselektion

Neben der automatischen Selektion wird zu Vergleichszwecken auch eine manuelle Merkmalsauswahl durchgeführt.

Bei einer manuellen Durchsicht der Trainingsdaten (ein Schlechtpuls ist in

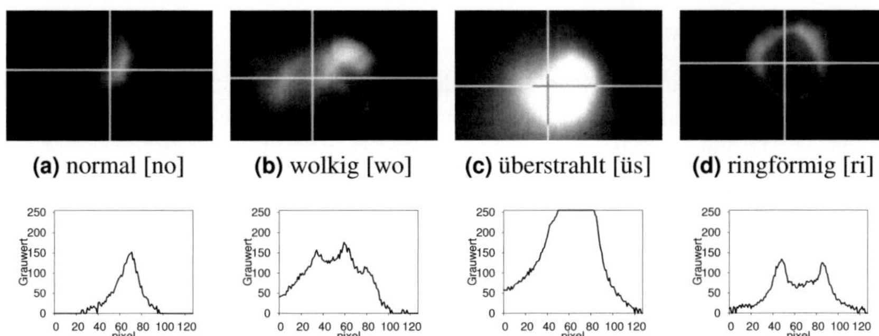

(a) normal [no]   **(b)** wolkig [wo]   **(c)** überstrahlt [üs]   **(d)** ringförmig [ri]

Abbildung 4.15   Beispielbilder der vier zu unterscheidenden Bildstrukturen sowie das zugehörige, horizontale Helligkeitsprofil durch den Bildschwerpunkt.

Abb. 4.14 dargestellt) lassen sich hier drei Bildstrukturen mit dem Auftreten von Schweißfehlern in Verbindung bringen:

- wolkig (wo), Abb. 4.15b: Die Prozessstrahlung bildet, im Gegensatz zur lokalen Begrenztheit im Normalfall, eine diffuse Wolke über einem Großteil des Bildes. Als Merkmale hierfür sollen dienen[15]: *mean:lin_formStd_ver*, *mean:lin_formStd_hor*, *median:lin_formStd_ver*, *median:lin_formStd_hor*, *max:lin_formStd_ver* und *max:lin_formStd_hor*.

- überstrahlt (üs), Abb. 4.15c: Es bildet sich ein überstrahlter Fleck im Bild. Die gewählten Merkmale sind *mean:flare* und *max:flare*

- ringförmig (ri), Abb. 4.15d: Teilweise bilden sich auf einzelnen Schlecht-puls-Bildern ringförmige Strukturen aus[16]. Diese werden mittels des speziellen, im Anh. D dargestellten (Abb. D.1) Ringdetektion-Algorithmus detektiert. Daraus ergeben sich die Merkmale *mean:cor_track* und *max:cor_-track*.

Die drei Fehler-Bildstrukturen sind in Abb. 4.15 gemeinsam mit einer als normal eingestuften Bildstruktur exemplarisch dargestellt.

Insgesamt ergeben sich damit zehn manuell selektierte Merkmale.

---

[15]Merkmalsbezeichnung: *Pulsmerkmal:Bildmerkmal*

[16]Der physikalische Hintergrund dieser Ringstrukturen konnte im Rahmen dieser Arbeit nicht ermittelt werden.

4.6.3 Klassifikation

Nach der Berechnung bzw. Selektion der Merkmale besteht der nachfolgende Schritt in der Einteilung resp. Klassifikation der Pulse anhand der selektierten Merkmale. In diesem Fall geht es um eine reine Gut-/Schlecht-Puls-Entscheidung, also eine binäre Klassifikation.

Für das hier vorgestellte System wird primär ein *„Support vector machine"-Klassifikator* (SVM) eingesetzt. Zu Vergleichszwecken werden daneben ein *k-NN-Klassifikator* sowie ein rein schwellwertbasierter Klassifikator herangezogen. Die prinzipielle Arbeitsweise dieser Klassifikatoren ist in Anh. D.4 dargestellt.

SVM-Klassifikator

Zum Einsatz kommt die Implementation der Bibliothek *libsvm* [28]. Als *Kernel* wird die *radiale Basisfunktion* (RBF) Glg. D.17 verwendet. Damit hat der Klassifikator die beiden freien Parameter

- C, welcher den Anteil falsch klassifizierter Elemente gewichtet, und
- g, welcher die RBF parametriert.

Die optimale Wahl dieser Parameter ist problemspezifisch. Zur Findung dieser Werte wird daher der Parameterraum abgerastert. Ziel ist es, den Parametersatz (C, g) zu bestimmen, der das beste Klassifikationsergebnis liefert. Für diese Bewertung kommt eine n-fache *Kreuzvalidierung* zum Einsatz. Der Trainingsdatensatz wird dabei zufällig in n Untermengen aufgeteilt. Für jeden Parametersatz (C, g) werden jetzt n Trainings- und Testläufe durchgeführt, bei denen jeweils $n - 1$ Untermengen dem Training dienen und die übrige Untermenge für den Test des trainierten Klassifikators verwendet wird. Als Bewertung wird dann der Mittelwert der *Korrektklassifikationsraten* (Glg. D.21) dieser n Durchläufe betrachtet. Im Rahmen dieser Untersuchungen wurde $n = 5$ gewählt. Teilweise kann es sinnvoll sein, die Abrasterung des Parameterraumes mehrstufig, d. h. mit einem lokal engmaschigeren Raster, durchzuführen.

Der SVM-Klassifikator wird final, nach Abrasterung des (C, g)-Parameterraumes, mit dem gefundenen, optimalen Parametersatz trainiert und ist dann einsatzbereit.

k-NN-Klassifikator

Wie in Anh. D.4.4 beschrieben, benötigt der k-NN-Klassifikator kein Training im engeren Sinne. Sämtliche Elemente des Trainingsdatensatzes werden direkt übernommen und später für die Nachbarschaftsbestimmung verwendet.

Auch hier ist die Wahl des Parameters k, die Anzahl der zur Entscheidung herangezogenen nächsten Nachbarn, problemspezifisch. Getestet werden $k = 3$, $k = 5$ und $k = 7$.

Schwellwert-Klassifikator

Für den Schwellwert-Klassifikator ist für jedes Merkmal im Rahmen des Trainings die Schwelle zu definieren. Je nach dem, ob die niO-Verteilung oberhalb oder unterhalb der iO-Verteilung liegt, wird in diesem Fall jeweils das Maximum resp. Minimum der iO-Verteilung für das jeweilige Merkmal als Schwellwert definiert.

4.6.4 Datensatz

Der für die vorgestellten Analysen verwendete Datensatz besteht aus 19 Schweißungen (Prozessparameter und -geometrie siehe Kap. 4.5.2). Es sei hier noch einmal auf die Bilderserien in Abb. 4.8 und Abb. 4.14 verwiesen, welche einen visuellen Eindruck des Datensatzes geben.

Um für den Test des Systems eine ausreichende Anzahl von Defekt-Schweißungen zu erzeugen, wurden die Werkstücke vor dem Verschweißen gezielt verschmutzt. Damit ließ sich eine Fehlerteilquote von knapp über 40 % erzeugen (iO: 11, niO: 8).

Der gesamte Datensatz wurde anhand auffälliger Bilder pulsweise manuell klassifiziert. Diese manuelle Klassifikation der Pulse stimmt sehr gut mit den realen Auftrittsorten der Defekte auf den Schweißnähten überein. Je nach Defekt kann sich die Entstehung in ein bis zwei niO-Pulsen pro Schweißung, aber auch in einer längeren Serie von niO-Pulsen niederschlagen. In Tbl. 4.1 sind die Ergebnisse der manuellen Pulsklassifikation und die realen Fehler in der Schweißnaht aufgeführt.

Der Datensatz wird, wie in Anh. D.5 beschrieben, in einen Trainings- und einen Testdatensatz unterteilt. Für den Trainingsdatensatz werden drei repräsentative iO- und drei niO-Schweißungen ausgewählt. Damit besteht der Testdatensatz aus den restlichen acht iO- und fünf niO-Schweißungen.

Die ersten 20 Pulse jeder Schweißung werden vor den Tests aus dem Datensatz entfernt. Da diese Pulse noch im Anstiegsbereich der Laserpulsleistung liegen, unterscheiden sich die Bildstrukturen hier zum Teil deutlich vom Rest der Schweißung und führen vermehrt zu Fehlklassifikationen. Diese Nichtbeachtung ist in diesem Fall für die Schweißnahtklassifizierung unkritisch, da dieser Bereich der Naht später sowieso überschweißt wird.

Rec.-Nr.	Trigger Shift (°)	man. niO-Puls-Nr.	niO-Puls-winkel (°) (± 5°)	WS-Nr.	Defekt-winkel(°) (± 10°)	Sub-Set
0	38					trn
1	15					trn
2	11					trn
3	40					tst
4	46					tst
5	11	197–198	390	10	405–420	trn
		204	405			
6	33					tst
7	40					tst
8	8					tst
9	4	167–168	325	14	330–390	tst
		170–172	335			
		174–180	340–350			
		182–190	355–365			
		198–200	386			
10	13	177	353	15	350–380	trn
		184–192	367–380			
		195–201	387–400			
11	13	207	410	16	415	tst
12	38					tst
13	4					tst
14	36	180	382	19	370, 415	tst
		184	390			
		205–206	430			
15	44	177	384	20	380–400	tst
		185–186	400			
16	13					tst
17	10	204–208	390–400	22	410	tst
18	38	166	357	23	340–390	trn
		176,178	378			
		180-182	386			
		184–185	390			

Tabelle 4.1 Produktionsdatensatz: Manuelle Pulsklassifikation (niO-Pulswinkel) und reale Defekte (Defektwinkel) stimmen sehr gut überein. In der letzten Spalte vermerkt ist die Unterteilung des Datensatzes in Testdaten (tst) und Trainingsdaten (trn) für das Training des Klassifikators.

Damit besteht der Trainingsdatensatz aus 1200 Pulsen, davon 28 manuell als niO-Pulse eingestuft (2,3 %). Der Testdatensatz beinhaltet insgesamt 2600 Pulse mit 37 niO-Pulsen (1,4 %).

4.6.5 Ergebnisse

Tbl. 4.2 fasst die Klassifikationsergebnisse der interessantesten Kombinationen aus Merkmalsselektion und Klassifikator zusammen. Die Ergebnisse sind in Form der Konfusionsmatrix zum einen nach Pulsen aufgeschlüsselt dargestellt, zum anderen auf die Werkstücke bezogen. Letztendlich kommt es im Rahmen der Schweißnahtüberwachung auf eine Selektion auf Werkstückebene an, allerdings gibt die Pulsbetrachtung tieferen Aufschluss über die Allgemeingültigkeit der Testergebnisse. Zusätzlich ist, ebenfalls im Hinblick auf eine industrielle Qualitätskontrolle, der Segregationswert Q_{NPV} (siehe Anh. D.22), besser gesagt der Schlupf $1 - Q_{\mathrm{NPV}}$ angegeben, d. h. die Rate der fehlerhaften Teile, die dennoch als gut eingestuft werden, und somit einer Null-Fehler-Vorgabe in der Produktion entgegenstehen.

Die zugehörigen Merkmalssätze sind in Tbl. 4.3 aufgeführt. Anhand der automatisch selektierten Merkmalssätze lässt sich u. a. der Einfluss der Skalierung (hier exemplarisch 1σ und 4σ) bei der Auswahl der Merkmale beobachten.

Betrachtet man Tbl. 4.2, so wird deutlich, dass je nach Wahl der Merkmale sowie der Klassifikator-Parameter eine zuverlässige niO-Detektion mit jedem der drei betrachteten Klassifikatoren möglich ist.

Am zuverlässigsten arbeitet der k-NN-Klassifikator, unabhängig von den verwendeten Merkmalen. Allerdings ist dieser in der Klassifikation auch der rechenintensivste. Anhand des SVM-Klassifikators lässt sich der Effekt einer Überspezialisierung durch ein unausgewogenes Merkmals- zu Trainingsdaten-Verhältnis beobachten. Bei 10 selektierten Merkmalen für 28 niO-Trainingselemente findet der SVM-Trainingsalgorithmus keine allgemeingültige Trennebene. Sind die Merkmale passend gewählt, führt sogar die einfache Schwellwertbetrachtung zu einem zufriedenstellenden Ergebnis.

Klassifikator	Pulse				Werkstücke			
	Klassifik.	Realität niO: 37	iO: 2563	1-NPV [%]	Klassifik.	Realität niO: 5	iO: 8	1-NPV [%]
Merkmalssatz A.1 (5 Merkmale automatisch, 1σ-Skalierung)								
SVM ($C = 1, g = 0{,}25$)	niO: 34	29	5	0,3	niO: 5	5	0	0
	iO: 2566	8	2558		iO: 8	0	8	
5-NN	niO: 33	28	5	0,4	niO: 5	5	0	0
	iO: 2567	9	2558		iO: 8	0	8	
Threshold	niO: 20	20	0	0,7	niO: 4	4	0	11
	iO: 2580	17	2563		iO: 9	1	8	
Merkmalssatz A.2 (5 Merkmale automatisch, 4σ-Skalierung)								
SVM ($C = 256, g = 0{,}25$)	niO: 47	22	25	0,6	niO: 11	5	6	0
	iO: 2553	15	2538		iO: 2	0	2	
5-NN	niO: 29	27	2	0,4	niO: 5	5	0	0
	iO: 2571	10	2561		iO: 8	0	8	
Threshold	niO: 28	27	1	0,4	niO: 5	5	0	0
	iO: 2572	10	2562		iO: 8	0	8	
Merkmalssatz B.1 (10 Merkmale automatisch, 1σ-Skalierung)								
SVM ($C = 16, g = 0{,}25$)	niO: 20	9	11	1,1	niO: 6	4	2	14
	iO: 2580	28	2552		iO: 7	1	6	
5-NN	niO: 31	28	3	0,4	niO: 5	5	0	0
	iO: 2569	9	2560		iO: 8	0	8	
Threshold	niO: 31	26	5	0,4	niO: 8	5	3	0
	iO: 2569	11	2558		iO: 5	0	5	

Merkmalssatz B.2 (10 automatisch, 4σ-Skalierung)

SVM ($C = 1, g = 4$)	niO: 5 iO: 2595	4 33	1 2562	1,3	niO: 3 iO: 10	3 2	0 8	20
5-NN	niO: 29 iO: 2571	27 10	2 2561	0,4	niO: 4 iO: 9	4 1	0 8	11
3-NN	niO: 30 iO: 2570	27 10	3 2560	0,4	niO: 5 iO: 8	5 0	0 8	0
Threshold	niO: 29 iO: 2571	28 9	1 2562	0,4	niO: 5 iO: 8	5 0	0 8	0

Merkmalssatz C.1 (10 Merkmale manuell, Ringdetektion)

SVM ($C = 1, g = 0{,}25$)	niO: 16 iO: 2584	12 25	4 2559	1,0	niO: 5 iO: 8	4 1	1 7	13
5-NN	niO: 32 iO: 2568	30 7	2 2561	0,3	niO: 5 iO: 8	5 0	0 8	0
Threshold	niO: 35 iO: 2565	27 10	8 2555	0,4	niO: 10 iO: 3	5 0	5 3	0

Merkmalssatz C.2 (10 Merkmale manuell, Linienextrema)

SVM ($C = 4, g = 0{,}25$)	niO: 17 iO: 2583	13 24	4 2559	0,9	niO: 6 iO: 7	5 0	1 7	0
5-NN	niO: 31 iO: 2569	29 8	2 2561	0,3	niO: 5 iO: 8	5 0	0 8	0
Threshold	niO: 39 iO: 2561	27 10	12 2551	0,4	niO: 13 iO: 0	13 0	0 0	-

Tabelle 4.2   Zusammenstellung Klassifikationsergebnisse (NPV ... negative prediction value, Anh. D.6).

4.7 Zusammenfassung und Ausblick

Die vorgestellten Experimente und Ergebnisse zeigen, dass die Kombination aus ortsaufgelöster Beobachtung und hoher Beobachtungsfrequenz die Einsatzmöglichkeiten optischer, passiver Laserstrahlschweißüberwachungssysteme erheblich erweitern – dies gilt insbesondere für hochdynamische, gepulste Laserschweißprozesse.

Der Klassifikationsansatz über allgemeine, zunächst unspezifische Bildmerkmale und deren gemeinsame Betrachtung über einen gewissen Zeitbereich (z. B. einen Puls) ermöglicht eine Loslösung der Analysealgorithmen und Fehlerdetektion von der konkreten Schweißgeometrie und Schweißart. Deutlich wird aber auch, dass es sich hierbei um einen Baukasten-Ansatz handelt, aus dem Merkmale und Klassifikator sowie deren Parametrierung dem konkreten Schweißproblem anzupassen sind. Der Vorteil gegenüber herkömmlichen, ebenfalls manuell anzupassenden Systemen liegt hier in der automatischen Adaptierung. Gekoppelt mit der schnellen Bildaufnahme ermöglicht das System, aufgrund seines mehrschichtigen Ansatzes auf Bild- und Pulsebene, auch hochdynamische Prozesse zu überwachen.

Eine erhebliche Vereinfachung des Trainingsprozesses würde eine automatische Merkmalsselektion anhand der reinen Werkstückinformation (iO/niO) bringen, also der Verzicht auf eine manuelle Klassifikation des Trainingsdatensatzes auf Pulsebene. Ein solches System müsste in der Lage sein, selbstständig aus insgesamt als niO gekennzeichneten Pulsserien die tatsächlichen niO-Pulse zu extrahieren und für das Training zu kennzeichnen.

Automatische Merkmalsselektion: 5 Merkmale

A.1: 1σ-Skalierung

- *mean:lin_formStd_ver*
- *median:kurt*
- *median:skew*
- *median:lin_formStd_ver*
- *mean:quant*

A.2: 4σ-Skalierung

- *dist_max:lin_std_ver*
- *mean:lin_formStd_ver*
- *median:mincount*
- *median:kurt*
- *mean:extrema*

Automatische Merkmalsselektion: 10 Merkmale

B.1: 1σ-Skalierung

- *mean:lin_formStd_ver*
- *median:kurt*
- *median:skew*
- *median:lin_formStd_ver*
- *mean:quant*
- *mean:lin_mean_ver*
- *std:lin_mean_ver*
- *median:lin_formSkew_ver*
- *mean:spot*
- *mean:mincount*

B.2: 4σ-Skalierung

- *dist_max:lin_std_ver*
- *mean:lin_formStd_ver*
- *median:mincount*
- *median:kurt*
- *mean:extrema*
- *mean:mean*
- *median:skew*
- *median:lin_formStd_ver*
- *median:mean*
- *mean:quant*

Manuelle Merkmalsselektion

C.1: Ringdetektion

- *mean:lin_formStd_ver*
- *mean:lin_formStd_hor*
- *median:lin_formStd_ver*
- *median:lin_formStd_hor*
- *max:lin_formStd_ver*
- *max:lin_formStd_hor*
- *mean:flare*
- *max:flare*
- *mean:cor_track*
- *max:cor_track*

C.2: Linienextrema

- *mean:lin_formStd_ver*
- *mean:lin_formStd_hor*
- *median:lin_formStd_ver*
- *median:lin_formStd_hor*
- *max:lin_formStd_ver*
- *max:lin_formStd_hor*
- *mean:flare*
- *max:flare*
- *mean:extrema*
- *max:extrema*

Tabelle 4.3 Selektierte Merkmale. Die Bezeichnung ist zusammengesetzt in der Form *Pulsmerkmal:Bildmerkmal*, siehe Anh. D.2.2, Tbl. D.2.

5 Aktive Prozessbeobachtung

Die Beobachtung der optischen Prozessemissionen ermöglicht, wie im vorherigen Kapitel als *passive Prozessüberwachung* beschrieben, die Detektion bestimmter Abweichungen im Prozessverlauf. Hinsichtlich der Geometrie des Schmelzbades und der entstehenden Naht sind Aussagen anhand der Prozessstrahlung jedoch sehr schwierig bis unmöglich – zum Einen aufgrund der *lambertschen* Strahlungseigenschaften des flüssigen Schmelzbades, zum Anderen aufgrund der Überlagerung dieser thermischen Schmelzbadstrahlung durch die Fackelstrahlung. Die Eigenschaften eines *Lambert-Strahlers* und die sich daraus ergebenden Konsequenzen – das Verschwinden von geometrisch bedingten Konturen im Bild – sind in Anh. A ausführlich dargelegt.

Des Weiteren erhält das *passive* Überwachungssystem nach Absinken der Oberflächentemperatur des Schmelzbades unter eine gewisse Schwelle – aufgrund der damit verbundenen Verschiebung des Strahlungsmaximums zu längeren Wellenlängen hin (Anh. B.3.3) – keinerlei Informationen mehr aus der Prozesszone. Teilweise können Fehler und Defekte jedoch gerade in diesem Zeitraum in Erscheinung treten, z. B. in Form von aufsteigender, heißer Schmelze aus dem Inneren des Schmelzbades.

Mittels einer zusätzlichen Beleuchtung der Prozesszone und der Beobachtung des reflektierten Beleuchtungslichtes lässt sich die Oberflächengeometrie der Prozesszone während des Schweißprozesses sichtbar machen. Zur Abgrenzung gegenüber der reinen Beobachtung der Prozessemissionen ist dies hier als *aktive* Prozessüberwachung bezeichnet.

Abhängig von der Qualität der aufgenommenen Bilder sind unterschiedliche Verarbeitungsalgorithmen notwendig, um die gewünschten Informationen zu generieren. Das Hauptaugenmerk liegt dabei in dieser Arbeit auf der Extraktion der geometrischen Kanten in der Prozesszone – also des Überganges von festem Werkstück zu flüssigem Schmelzbad – sowie auf den durch die variable Oberflächengeometrie des Schmelzbades hervorgerufenen Reflexionsmustern. Die

Fehlererkennung tritt hierbei zunächst in den Hintergrund. Insbesondere die Extraktion der Schmelzbadkante erfordert – aufgrund der teilweise sehr verrauschten Natur der Bilder – spezielle Bildverarbeitungsalgorithmen. *Divergenz*basierte Kantendetektionsalgorithmen sind hier ein vielversprechender Ansatz, welcher umfassend untersucht wird.

Aufbau dieses Kapitels

Nach einer kurzen Darstellung des aktuellen Stands der Technik bezüglich beleuchtender Prozessbeobachtungssysteme (Kap. 5.1) und einer Analyse der bestehender Unzulänglichkeiten (Kap. 5.2) wird der im Rahmen dieser Arbeit entwickelte experimentelle Aufbau vorgestellt (Kap. 5.3). Der Schwerpunkt dabei liegt auf der Erzeugung möglichst klarer und kontrastreicher Bilder der Prozesszone, um die sich anschließende Analyse der aufgenommenen Bilder zu vereinfachen. Die erzielten Bildergebnisse werden vorgestellt und hinsichtlich des Ablaufes des Schweißprozesses analysiert (Kap. 5.4). Für eine automatische Analyse der Bilder wird ein divergenzbasierter Kantendetektionsansatz eingeführt und untersucht sowie mit Standard-Kantendetektionsalgorithmen verglichen (Kap. 5.5).

5.1 Stand der Technik

Aufgrund des hohen Realisierungsaufwandes existieren aktive Prozessüberwachungssysteme im Sinne der oben beschriebenen Technik bis heute hauptsächlich als Laborsysteme.

Eine der ersten Anwendungen eines zusätzlichen Beleuchtungslasers auf einen Laserschweißprozess findet sich in [163]. Mittels eines Argon-Ionen-Lasers bei 488 nm wird hier das Schmelzbad einer CO_2-Schweißung mit einer Videokamera beobachtet. Die Videokamera ist dazu mit einem schmalbandigen Bandpassfilter, passend zur Beleuchtungswellenlänge, versehen. Zur Verbesserung der Bildqualität wird das Schmelzbad mit einer Mischung aus fokussiertem und diffusem Licht beleuchtet.

[144] und [120] beobachten mittels der zusätzlichen Beleuchtung – ebenfalls basierend auf Argon-Ionen-Laserlicht – Oberflächenwellen auf dem Schmelzbad. Die theoretischen Betrachtungen zur Oberflächengeometrie des Schmelzbades

basierend auf Kapillar-Schwerewellen[1] [14] werden u. a. in [150], [131] und [132] vertieft.

[1] nutzt das Kupfer-Gas-Medium des Beleuchtungslasers selbst zur Verstärkung des reflektierten Lichts. Die Prozesszone wird koaxial beleuchtet und beobachtet. Das Kamerabild wird am hinteren Ende der Laserkavität ausgekoppelt, nachdem die reflektierte Beleuchtungsstrahlung beim Durchgang durch das Lasermedium verstärkt wurde. [125] beleuchtet parallel zu einer spektroskopischen Analyse im NIR-Bereich. Auch [136] verwendet einen Beleuchtungslaser im nahen Infrarot. Hier wird die – nun abgebildete – raue Werkstückoberfläche zur Bestimmung der Vorschubgeschwindigkeit mittels Kreuzkorrelation genutzt. [61] extrahiert das Schmelzbad aus den aufgenommenen Bildern über Grauwert-Schwellwerte und verwendet Referenzbilder, um Abweichungen von der angestrebten Schmelzbadform zu erkennen. Eine Spritzerdetektion erfolgt zusätzlich über lokale Kontrastanalysen innerhalb des Bildes.

[153] nutzt eine zusätzliche Beleuchtung für die Bestimmung der Schmelzbadgeometrie beim WIG-Schweißen[2]. Hier kommt eine strukturierte Beleuchtung zum Einsatz, d. h. es wird ein definiertes Streifen-, Gitter- oder Punktemuster auf die Prozesszone projiziert und aufgenommen. Anhand der Veränderungen zwischen aufgenommener und projizierter Struktur wird hier die Oberflächengeometrie des Schmelzbades geschätzt.

Lichtschnittverfahren zur vor- oder nachlaufenden Vermessung der Nahtgeometrie lassen sich natürlich ebenso zur aktiven Prozessüberwachung zählen, sollen hier aber nicht näher betrachtet werden.

5.2 Problembeschreibung

Das Hauptaugenmerk der oben aufgeführten Beispiele sowie der mittlerweile auch zum Teil kommerziell erhältlichen, aktiven Beobachtungssysteme liegt zunächst auf der augenscheinlichen Bildqualität, d. h. der (Zeitlupen-)Darstellung am Monitor für das menschliche Auge zur manuellen Analyse der Bildsequenz. Primäres Ziel ist es, die Fackelstrahlung auszublenden. Daher kommen vielfach Beleuchtungslaser im NIR-Bereich ab 800 nm zum Einsatz. Dies ist auch der guten Verfügbarkeit entsprechender Laserdioden mit ausreichender Leistung geschuldet.

---

[1] Kapillar-Schwerewellen in Flüssigkeiten werden in ihrer Form und ihrem Verhalten sowohl von der Oberflächenspannung wie auch der Schwerkraft maßgeblich beeinflusst. Dieser Übergangsbereich zwischen Kapillarwelle (oberflächenspannung-dominiert) und Schwerewelle (schwerkraftdominiert) liegt bei Wasserwellen im Wellenlängenbereich von 1 cm–2 cm.

[2] WIG ... **W**olfram-**I**nertgas-Schweißen, im Englischen GTAW (**G**as **T**ungsten **A**rc **W**elding) oder TIG-welding (**T**ungsten **I**nertgas).

Unbeachtet bleibt dabei oft die thermische Strahlung des Schmelzbades. Diese weist bei einer Temperatur der Schmelze von 3000 K bei 966 nm ihre maximale Abstrahlung auf, so dass hier zumeist auch Anteile der Prozessabstrahlung das aufgenommene Reflexionsbild überlagern ([136], dort Fig. 6). Daneben werden in den in Kap. 5.1 aufgeführten Beispielen auch verschiedene Ansätze zur automatischen Auswertung der aufgenommenen Bilder dargestellt. Dabei handelt es sich überwiegend um relativ einfache Algorithmen (z. B. Schwellwertfilterungen), die der Komplexität der Bilder nur bedingt gerecht werden.

Lösungsskizze   Vor diesem Hintergrund wird zunächst eine wellenlängen-optimierte Beleuchtung entwickelt mit dem Ziel, neben der Fackelstrahlung auch die thermische Prozessstrahlung in den Aufnahmen zu reduzieren. Für eine tiefergehende Analyse der trotz verbesserter Bildaufnahme teilweise stark verrauschten bzw. verspeckelten Schweißbilder kommen divergenzbasierte Algorithmen zur Kantendetektion zum Einsatz. Im Gegensatz zu den üblichen Kantendetektionsalgorithmen beruhen diese Filter nicht auf einem Vergleich der (mittleren) Helligkeit, sondern der Helligkeitsverteilung.

5.3 Experimenteller Aufbau

5.3.1 Beobachtungsgeometrie

Bei der aktiven Beobachtung kam in Grundzügen der Aufbau aus Kap. 4.3.2 zum Einsatz. Die zusätzliche Beleuchtung strahlt seitlich am Schweißkopf vorbei von oben in die Prozesszone (Abb. 5.1) und wird über eine Linse auf die Prozesszone fokussiert. Der Winkel zur Werkstücknormalen liegt dabei zwischen $30°$ und $40°$. Auch hier wird koaxial zum Schweißlaserstrahl beobachtet. Das optische Filter ist auf den jeweiligen Beleuchtungswellenlängenbereich abgestimmt.

5.3.2 Beleuchtungsauswahl

Die Beleuchtungswellenlänge wurde auf Basis der in Kap. 3 vorgestellten Prozessstrahlungsspektren festgelegt. Idealerweise sollte diese in einem Wellenlängenbereich geringer Prozessabstrahlung liegen, um einen möglichst hohen Kontrast zwischen dem interessierenden, reflektierten Beleuchtungslicht und der in diesem Fall unerwünschten Prozessstrahlung zu erhalten.

Betrachtet man die Spektren in Abb. 3.16 sowie Abb. 3.17, so wird deutlich, dass die Lage dieses geeigneten Beleuchtungsbereiches sowohl vom Schweißlaser wie auch vom zu schweißenden Werkstoff abhängt. Während beim Einsatz des

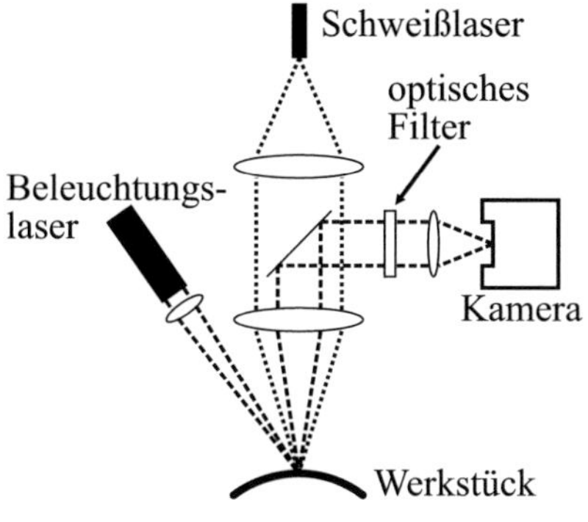

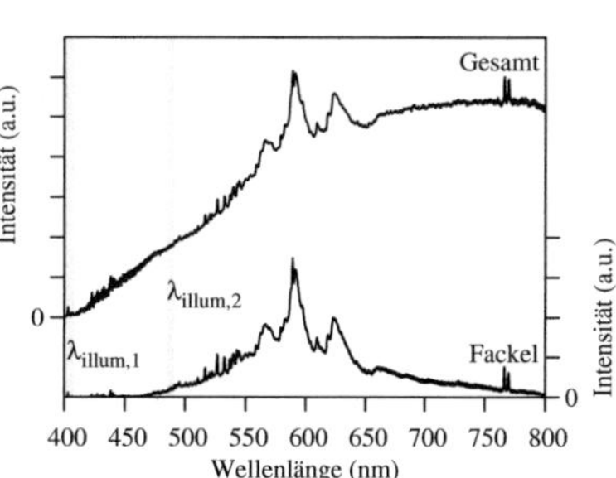

Abbildung 5.1 Skizze des Messaufbaus zur Beobachtung des reflektierten Beleuchtungslichtes.

Abbildung 5.2 Beleuchtungswellenlängen $\lambda_{illum,1} = 405\,nm$ und $\lambda_{illum,2} = 488\,nm$, Werkstoff 1.0037.

Nd:YAG-Lasers der Bereich unterhalb von 410 nm kaum Prozessabstrahlung aufweist, sieht dies beim CO_2-Laser aufgrund des höheren Ionisierungsgrades der Dampffackel genau gegenteilig aus. Vergleicht man die Spektren der beiden unterschiedlich legierten Stahl-Werkstoffe, so ist auch hier erkennbar, dass im Fall des Edelstahls 1.4301 die Beleuchtungswellenlänge aufgrund der zusätzlichen Elementlinien im Fackelspektrum wesentlich spezifischer gewählt werden muss.

Im Fall des für diese Experimente hauptsächlich verwendeten Stahlwerkstoffes in Kombination mit dem gepulsten Nd:YAG-Schweißlaser (Kap. 3.3.1) ergibt sich die in Abb. 5.2 dargestellte Situation. Für das Ausblenden der Dampffackel eignet sich für den niedrig legierten Stahl sowohl der kurzwellige Bereich unterhalb von 460 nm wie auch der längerwellige Nahinfrarot-Bereich oberhalb von 800 nm. Gut zu erkennen ist, dass hier jedoch die thermische Strahlung des Schmelzbades die Prozessabstrahlung dominiert. Eine NIR-Beleuchtung muss diese Abstrahlung also bei Weitem überstrahlen.

Neben Schweißlaser und Werkstoff ist bei der Auswahl der Beleuchtung natürlich auch die Sensitivität des verwendeten Beobachtungsdetektors zu beachten.

Laserbeleuchtung

Die erforderlichen Lichtleistungen lassen sich relativ einfach über einen Laser realisieren. Der Vorteil einer solchen laserbasierten Beleuchtung ist die hohe Strahlungsleistung in einem schmalen Wellenlängenbereich. Durch ein geeignetes optisches Filter im Beobachtungsstrahlengang kann somit die aufgenommene

Prozessstrahlungsleistung reduziert werden, ohne die aufgenommene, reflektierte Beleuchtungsleistung zu verringern. Nachteilig wirkt sich allerdings die gewöhnlich hohe *Kohärenz* des Laserlichtes aus, die zu *Speckle*[3]-Effekten in den aufgenommenen Bildern führen kann. Minimiert werden kann dieser Speckle-Effekt durch Einsatz eines Diffusors [163], jedoch auf Kosten der Einstrahlleistung.

Wellenlängenselektion

Beruhend auf diesen Überlegungen wurden die im Anschluss vorgestellten Experimente mit zwei unterschiedlichen Beleuchtungslasern durchgeführt:

- Doppel-Laserdiode, $\lambda_{\text{illum},1} = 405\,\text{nm}$, $P_{\text{illum},1} = 240\,\text{mW}$, direkt hinter der Fokussieroptik montiert
- Argon-Ionen-Laser, $\lambda_{\text{illum},2} = 488\,\text{nm}$, $P_{\text{illum},2} = 1,9\,\text{W}$, Fasereinkopplung

Die Beleuchtungswellenlängen λ_1 und λ_2 sind in Abb. 5.2 vor dem Hintergrund der Schweißspektren dargestellt. Bei beiden Lasern handelt es sich um Dauerstrich-Laser. Gepulste Varianten, welche während der kurzen Belichtungszeiten der einzelnen Aufnahmen höhere Pulsleistungen erzeugen könnten, standen nicht zur Verfügung.

(a) $\lambda_{\text{illum},1} = 405\,\text{nm}$, $\lambda_c = 400\,\text{nm}$, $t_{\text{inPuls}} = 0,8\,\text{ms}$

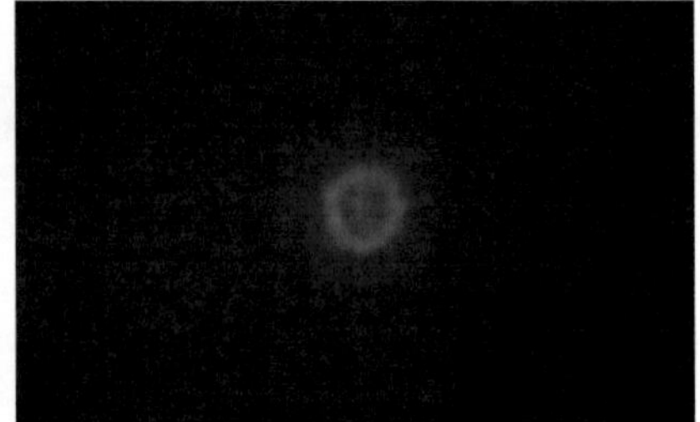

(b) $\lambda_{\text{illum},2} = 488\,\text{nm}$, $\lambda_c = 488\,\text{nm}$, $t_{\text{inPuls}} = 1,5\,\text{ms}$

Abbildung 5.3 Prozessabstrahlung in den Beleuchtungswellenlängenbereichen. In beiden Fällen gilt $\Delta\lambda_c = 10\,\text{nm}$, $t_{\text{exp}} = 50\,\mu\text{s}$.

---

[3]Der Speckle-Effekt kommt durch die Interferenz zwischen an einer rauen Oberfläche reflektierten Lichtstrahlen zustande. Für den Betrachter des reflektierten Lichts entsteht ein stochastisches Muster aus hellen und dunklen Flecken [92]. Der Speckle-Effekt wird u. a. zur Schwingungs- und Formvermessung von Oberflächen im μm-Bereich eingesetzt [134]; [85] nutzt dies zur Vermessung von Laserschweißnähten.

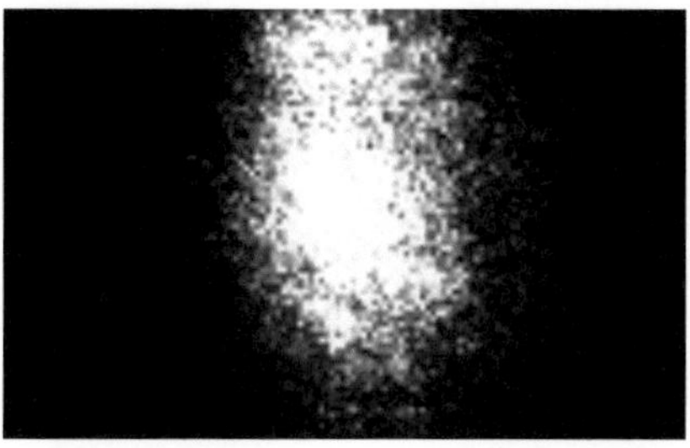 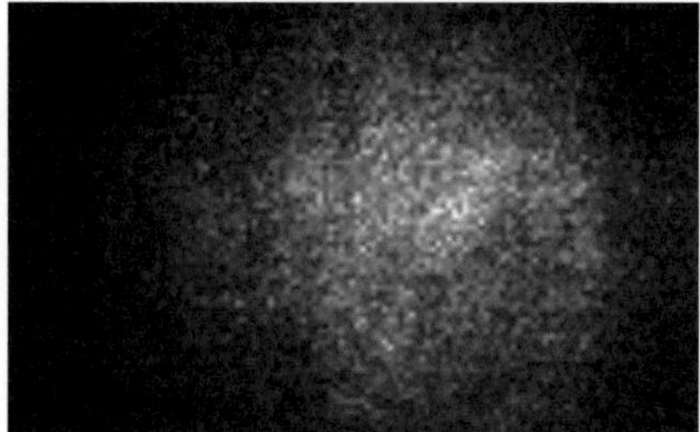

(a) Rundmaterial (oben, in Achsrichtung)   **(b)** Flachmaterial (links)

Abbildung 5.4 Ausleuchtung von Rund- und Flachmaterial, $\lambda_{\text{illum}} = 405\,\text{nm}$. In Klammern angegeben ist die Beleuchtungsrichtung.

Die 405 nm liegen dabei in einem Bereich mit insgesamt geringer Prozessabstrahlung. Wie in Abb. 5.3a zu erkennen ist, ist diese dennoch auch im gefilterten Beobachtungsstrahlengang noch, wenn auch schwach, präsent. Trotzdem ist hier die relativ geringe Bestrahlungsleistung von 240 mW ausreichend, um kontrastreiche Bilder zu erhalten. Bei 488 nm ist sowohl vom Spektrum her wie auch aus Abb. 5.3b erkennbar, dass die Prozessabstrahlung im gefilterten Beobachtungsstrahlengang deutlich erkennbar ist. Daher ist in diesem Wellenlängenbereich eine wesentlich höhere Beleuchtungsleistung notwendig, um den gewünschten Kontrast zwischen Reflexion und Abstrahlung zu erreichen.

5.3.3 Probenpräparation

Neben den präparierten Ringproben aus Kap. 4.3.1 kamen bei den beleuchteten Schweißungen auch einfache Stahlplatten als Werkstücke zum Einsatz, auf die Blindschweißpunkte gesetzt wurden. Aufgrund der Oberflächenkrümmung des Rundmaterials wird in den Randbereichen ein großer Teil der Beleuchtungsstrahlung nicht in den Beobachtungsstrahlengang reflektiert, so dass hier Abschattungen auftreten können (siehe Abb. 5.4a). Diese Abschattungen erweisen sich als zusätzliche Schwierigkeit für die Bildverarbeitung, weshalb für den Test der Algorithmen die Plattenschweißungen verwendet wurden (Abb. 5.4b).

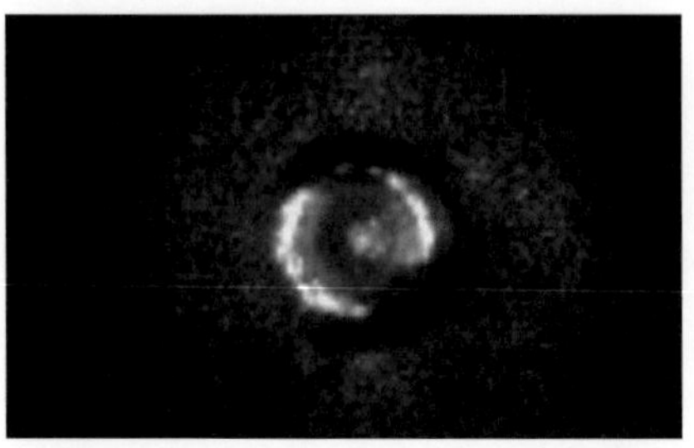

Abbildung 5.5 Aktive Beobachtung ($\lambda_{\text{illum}} = 405\,\text{nm}$, Beleuchtung von linker Bildkante, Material 1.0037). Blindschweißpunkt auf Stahlplatte. Erklärungen siehe Text.

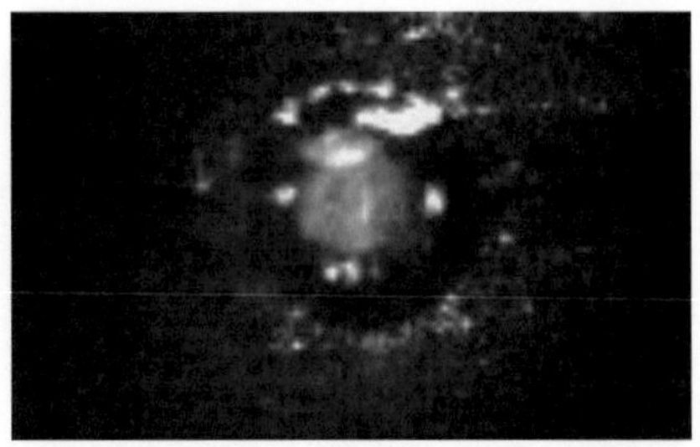

Abbildung 5.6 Aktive Beobachtung ($\lambda_{\text{illum}} = 488\,\text{nm}$, Beleuchtung von oberer Bildkante, Material 1.0043). Schweißpunkt auf Ringprobe (Kap. 4.3.1). Erklärungen siehe Text.

5.4 Ergebnisse der Bildaufnahme

Abb. 5.5 und Abb. 5.6 zeigen beispielhaft Aufnahmen der beleuchteten Werkstücke bei 405 nm und 488 nm.

In Abb. 5.5 ($\lambda_{\text{illum}} = 405\,\text{nm}$) deutlich zu erkennen ist das kreisrunde, flüssige Schmelzbad, welches sich als dunkler Kreis vom restlichen, gesprenkelten Teil des Bildes – der festen Werkstückoberfläche – abhebt. Flächenelemente der Schmelzbadoberfläche, deren Flächennormal winkelhalbierend zwischen Beleuchtungs- und Beobachtungsrichtung steht, erzeugen eine spiegelnde Reflexion der Beleuchtungsleistung in den Beobachtungsstrahlengang, so dass es an diesen Stellen zur Sensorsättigung kommt. Alle anderen Flächenelemente reflektieren das Licht aus dem Beobachtungsstrahlengang heraus, so dass hier dunkle Flächen auf dem Bild entstehen. Der hellgraue Bereich im Inneren des Schmelzbades lässt sich mit einem flüssigen, direkt spiegelnden Schmelzbad nicht erklären. Vergleicht man Abb. 5.5 mit Abb. 5.3a, wird klar, dass es sich hierbei nicht um die Prozessabstrahlung handeln kann. Eventuell hat man es hier mit Mehrfachreflexionen an der Schmelzbadoberfläche oder der Streuung des Beleuchtungslichtes an der Dampffackel zu tun.

Das bei $\lambda_{\text{illum}} = 488\,\text{nm}$ aufgenommene Bild in Abb. 5.6 weist im Vergleich zu Abb. 5.5 aufgrund der überlagernden Prozessabstrahlung (siehe Abb. 5.3b) einen geringeren Kontrast der Schmelzbadstrukturen auf. Der Schweißpunkt wird in diesem Fall in die durch die zwei Fasen der Ringe gebildete Rinne gesetzt. Diese Rinne zeigt sich im rechten Bilddrittel als dunkler, horizontaler Bereich.

5.4.1 Schmelzbadphase

Die Bilderserien Abb. 5.7 und Abb. 5.9 zeigen den Verlauf eines einzelnen Schweißpulses bis kurz nach Beendigung des Energieeintrages durch den Schweißlaser.

Serie Abb. 5.7 zeigt die Aufnahme eines Blindschweißpunktes auf eine Stahlplatte, beobachtet mit 405 nm, Beleuchtungsrichtung von links. Nach 0,133 ms zeigen sich erste, leichte Veränderungen an der Werkstückoberfläche, woraus dann im nächsten Schritt das kreisrunde Schmelzbad hervorgeht. Die direkten Reflexionen des Beleuchtungslichtes auf der Schmelzbadoberfläche weisen eine gewisse Rotationssymmetrie auf. Nach 2 ms (q) endet der Energieeintrag durch den Laser. Mit dem Schließen des Keyholes verschwindet auch die rotationssymmetrische Reflexstruktur an der Oberfläche. Das Schmelzbad beginnt abzukühlen. Das immer noch dunkel abgebildete Schmelzbad weist darauf hin, dass es sich dabei immer noch im flüssigen Zustand befindet (x).

Abb. 5.9 zeigt das Setzen eines Schweißpunktes auf eine der präparierten Ringproben – allerdings abseits eines der künstlichen Defekte. Beobachtet wird hier bei 488 nm, die Beleuchtung kommt von der oberen Bildkante. Der dunkle, horizontale Streifen im Bild entsteht durch die Fasen der beiden aneinander gepressten Ringe der Probe. Zu Beginn des Energieeintrages durch den Schweißlaser wird Material vom Werkstück abgedampft (b), welches sich als überlagernde Wolkenstruktur im Bild bemerkbar macht. Ein Vergleich mit unpräparierten Ringproben zeigt, dass es sich hier wohl um Ölrückstände von der Präparation handelt. In der Folge entsteht das Schmelzbad (d). Die Rotationssymmetrie der Beleuchtungsreflexe ist wesentlich geringer ausgeprägt als in Serie Abb. 5.7. Dies dürfte der Schweißgeometrie und damit der unterschiedlichen Oberflächenstruktur des Schmelzbades geschuldet sein. Hier wird der Schweißpunkt auf eine gekrümmte Oberfläche in die durch die beiden Fasen gebildete Rille gesetzt. Auch hier verändert sich die Reflexstruktur mit Beendigung des Energieeintrages (r).

5.4.2 Erstarrungsphase

Die sich an die Schmelzbadphase anschließende Erstarrungsphase ist in den Bilderserien Abb. 5.8 und Abb. 5.10 dargestellt.

Der größer und kleiner werdende Hauptreflex an der linken Seite des Schmelzbades in der 405 nm-Serie (Abb. 5.8) deutet auf eine immer noch vorhandene Bewegung der flüssigen Schmelze hin.

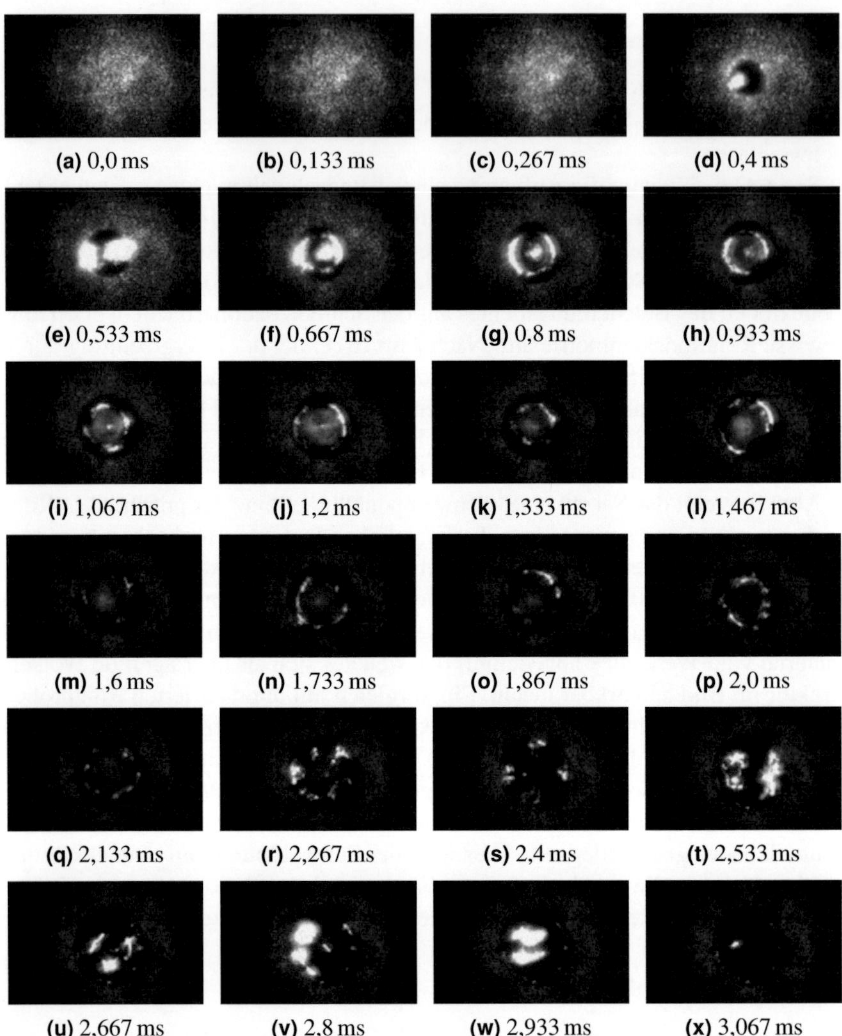

Abbildung 5.7 Beleuchtete, koaxiale Aufnahme während eines einzelnen Schweißpulses ($t_\text{Puls} = 2\,\text{ms}$, $\lambda_{illum} = 405\,\text{nm}$, $f_\text{Kamera} = 7{,}5\,\text{kHz}$, $t_\text{exp} = 50\,\mu\text{s}$, Bildgröße: 128×80 Pixel, Material 1.0037, Beleuchtung von links). Nach 0,133 ms zeigen sich erste, leichte Veränderungen an der Werkstückoberfläche, woraus dann das Schmelzbad hervorgeht. Nach 2 ms endet der Energieeintrag durch den Laser. Mit dem Schließen des Keyholes verschwindet auch die rotationssymmetrische Struktur der Oberfläche. Das Schmelzbad schwappt wild herum.

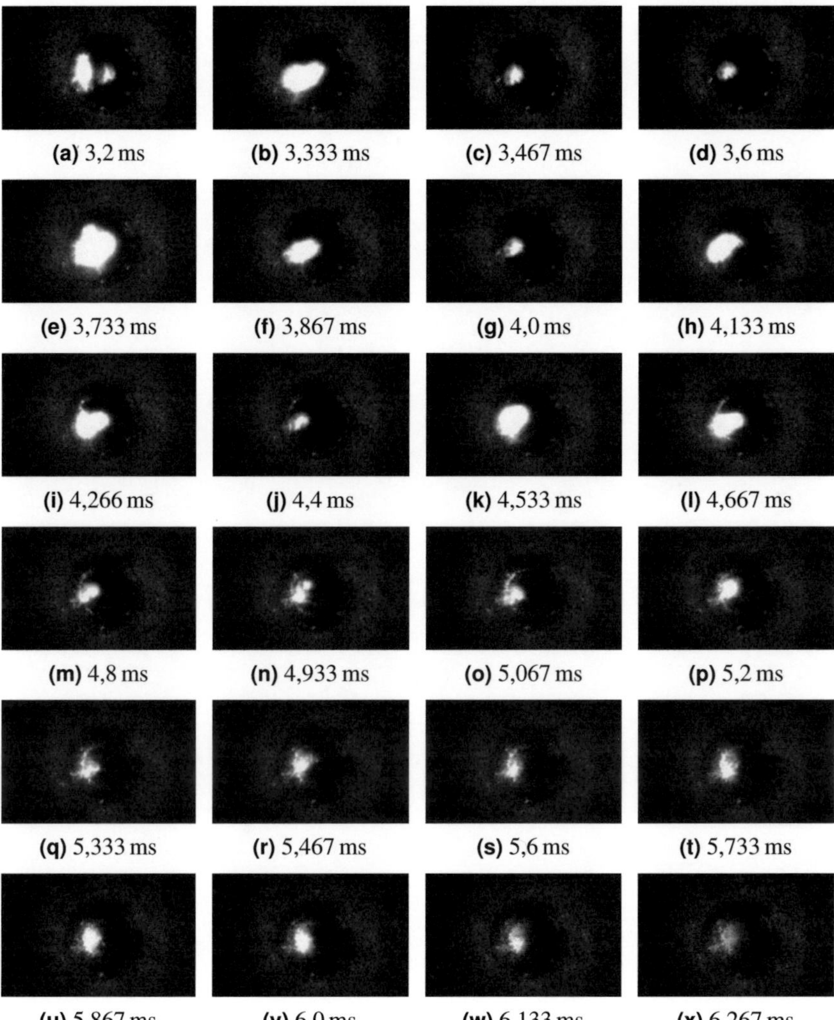

Abbildung 5.8 Aktive Beobachtung des Erstarrungsvorganges ($\lambda_{\text{illum}} = 405\,\text{nm}$): Nachdem die Temperatur gesunken ist, beginnt das Schmelzbad von außen nach innen zu erstarren.

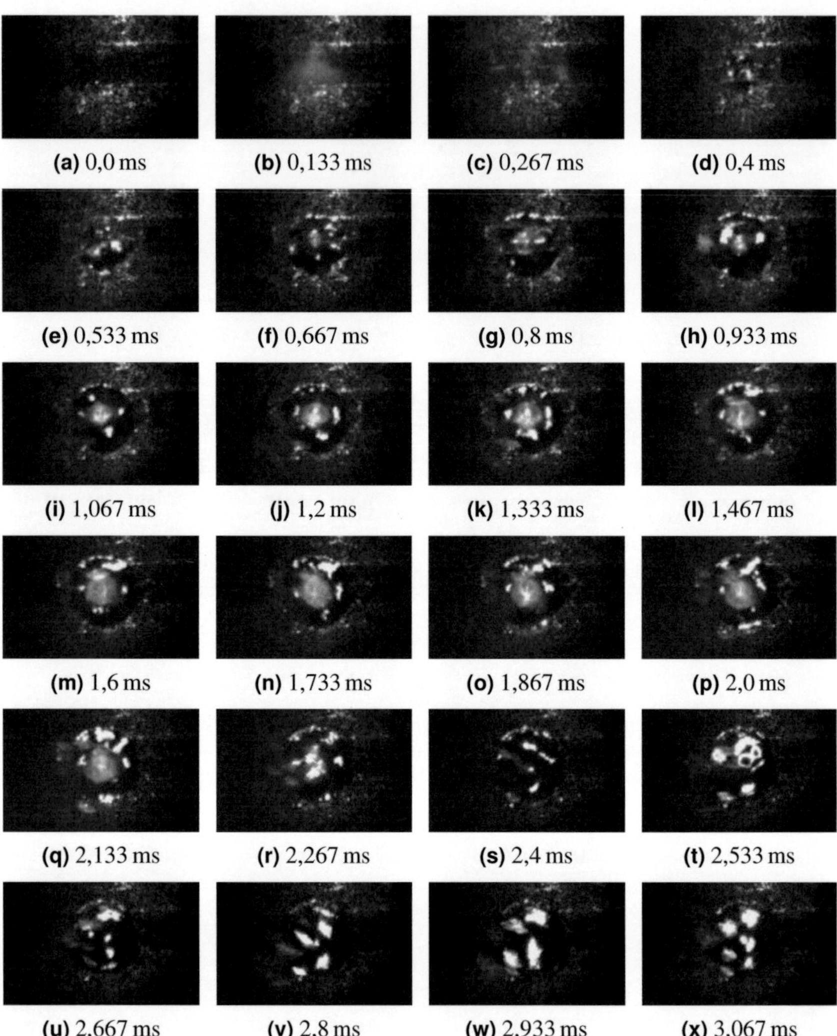

Abbildung 5.9 Beleuchtete, koaxiale Aufnahme während eines einzelnen Schweißpulses auf eine Ringprobe ($t_{\text{Puls}} = 2\,\text{ms}$, $\lambda_{illum} = 488\,\text{nm}$, $f_{\text{Kamera}} = 7{,}5\,\text{kHz}$, $t_{\text{exp}} = 50\,\mu\text{s}$, Bildgröße: 128×80 Pixel, Material 1.0043, Beleuchtung von oben). Zu erkennen als dunkler, horizontaler Streifen in der Bildmitte sind die Fasen der beiden aneinander gepressten Ringe.

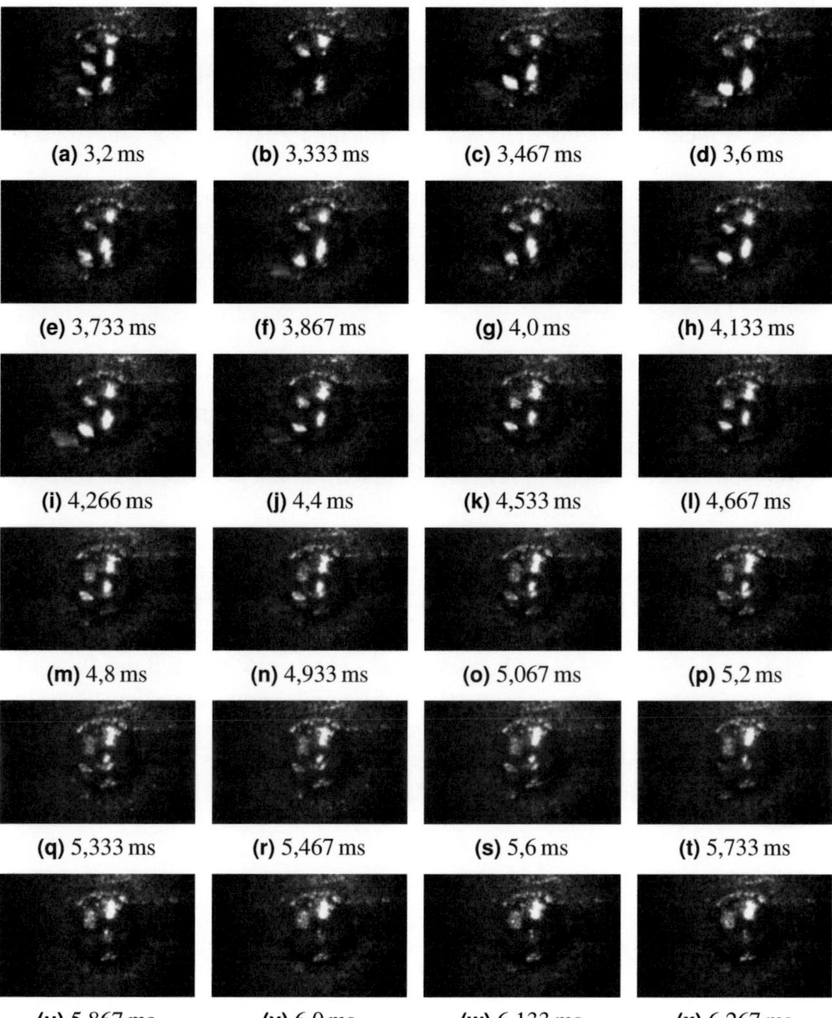

Abbildung 5.10 Aktive Beobachtung des Erstarrungsvorganges ($\lambda_{\text{illum}} = 488\,\text{nm}$, Fortsetzung der Bilderserie Abb. 5.9).

Nach und nach erstarrt das Schmelzbad von außen nach innen. Die rauere Oberfläche des erstarrten Materials zeigt sich als körnige Textur wie der Rest der Werkstückoberfläche. Das Verschwinden des dunklen Kerns sowie der Reflexe nach etwas mehr als 6,2 ms weist auf ein vollständig erstarrtes Schmelzbad hin (x).

Auch im Fall der 488 nm-Beobachtung (Abb. 5.10) lässt sich das Erstarren der Schmelzbadoberfläche gut beobachten. Dieser ebenfalls von außen nach innen verlaufende Phasenübergang scheint jedoch schon früher einzusetzen und ist nach knapp 5,8 ms (u) beendet.

5.4.3 Schmelzbadausdehnung

Anhand der beleuchteten Aufnahmen lässt sich die äußere Form des Schmelzbades und deren Änderung nachvollziehen. Ungewöhnliche Formänderungen können auf Schweißfehler hindeuten, z. B. ein Überschwappen der Schmelze oder eine Veränderung in der Fügegeometrie.

Ein einfaches Merkmal eines kreisförmigen Schmelzbades ist sein Durchmesser. Im Folgenden wurden sechs Pulse, aufgenommen bei den Standardprozessparametern, hinsichtlich dieses Merkmals ausgewertet (Abb. 5.11). Das Schmelzbad wird auch nach dem ersten, schnellen Öffnen zu Beginn des Pulses in den 2 ms Pulszeit tendenziell größer. Es herrscht also zu keinem Zeitpunkt des Pulses im Schmelzbad ein Gleichgewicht zwischen Energieeintrag durch den Laser und Energieabgabe über die feste Umgebung des Schmelzbades. Mit Ende der Energieeinbringung zieht sich das Schmelzbad linear über einen Zeitraum von etwa 3 ms zusammen, d. h. es erstarrt von außen nach innen.

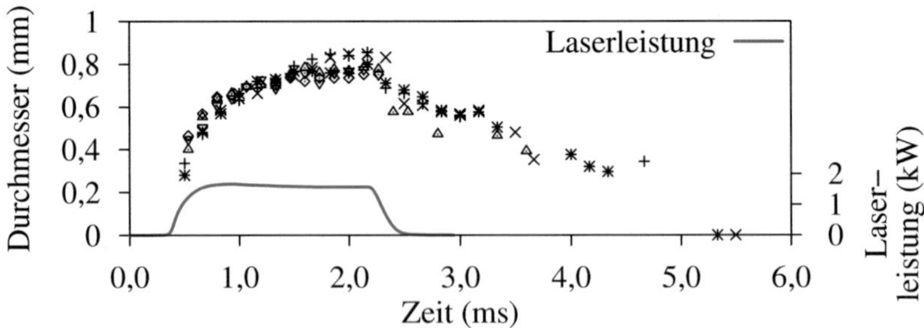

Abbildung 5.11 Durchmesseränderungen des Schmelzbades während sechs verschiedener Schweißpulse bis zur endgültigen Erstarrung.

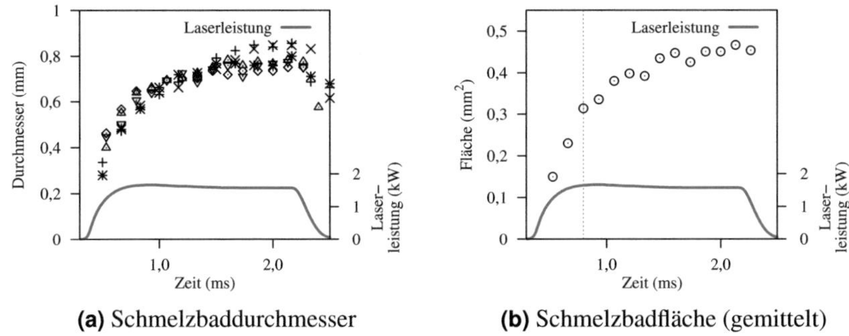

(a) Schmelzbaddurchmesser (b) Schmelzbadfläche (gemittelt)

Abbildung 5.12 Veränderung des Schmelzbades während der Aufschmelzphase.

In Abb. 5.12 ist der Zeitraum des Aufschmelzens nochmals hervorgehoben. Vergleicht man den Verlauf der Schmelzbadfläche $F(d) = \pi \left(\frac{d}{2}\right)^2$ mit dem Intensitätsverlauf des thermischen Schweißspektrums (Abb. 3.18, UG K), so zeigen sich deutliche Parallelen. In beiden Fällen steigt der Wert in den ersten 0,8 ms zunächst stark an, um dann mit geringerer Steigung weiter zu wachsen.Dies deutet qualitativ darauf hin, dass der Grund für die kontinuierliche Intensitätssteigerung des thermischen Spektrums in einem Anwachsen der Schmelzbadoberfläche zu suchen ist und weniger in einer Temperaturänderung der Schmelzbadoberfläche.

5.4.4 Oberflächengeometrie

Anhand der Reflexionen der gerichteten Beleuchtung ist es möglich, Rückschlüsse auf die Oberflächengeometrie des Schmelzbades zu ziehen. Die physikalischen Grundlagen hierfür finden sich in Anh. A.

Im Fall des Bildes Abb. 5.5 kommt die Beleuchtung von der linken Bildkante. Deutlich zu erkennen sind die beiden halbmondförmigen, überstrahlten Bereiche. Diese deuten auf eine rotationssymmetrische Wellengeometrie der flüssigen Oberfläche hin. Abb. 5.13 zeigt die simulierte Lichtreflexion an einer solchen Oberfläche. Diese wird im gewählten Modell mathematisch beschrieben durch

$$z(x,y) = A \cdot \cos\left(\frac{x^2 + y^2}{R} \cdot n \cdot \frac{\pi}{2}\right) \tag{5.1}$$

mit $A = 0{,}6$, $n = 3$ und $R = 4$. Die Beleuchtung hat einen Einstrahlwinkel von $30°$

zur Oberflächennormalen, ebenfalls von der linken Bildseite. Bei dieser Modellierung wurden keinerlei Annahmen zur Tiefe des Keyholes oder zu den physikalischen Stetigkeitsbedingungen am Übergang fest-flüssig gemacht. Ähnlichkeiten der überstrahlten Bereiche zu Abb. 5.5 sind aber trotz des sehr einfachen Modells deutlich zu erkennen.

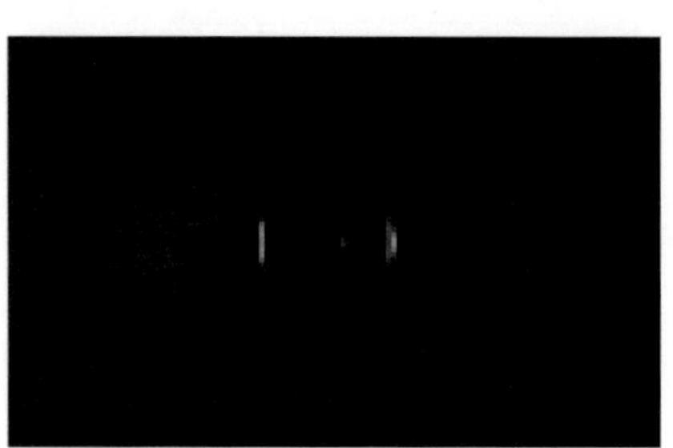

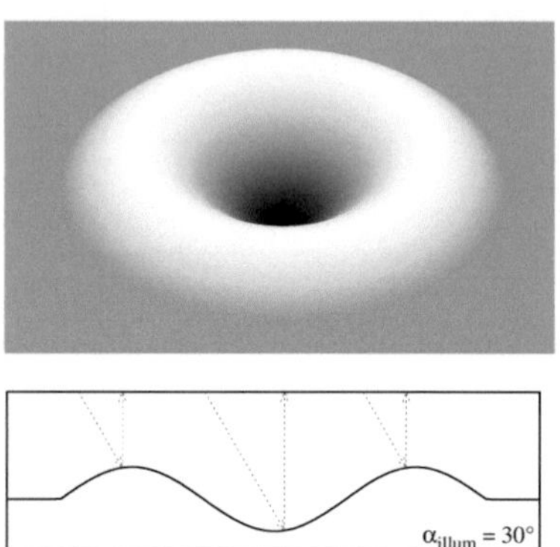

Abbildung 5.13 Simulation der Oberflächenreflexionen eines rotationssymmetrischen Schmelzbades nach Glg. 5.1 mit schräger Beleuchtung (vgl. Abb. 5.5).

Abbildung 5.14 Visualisierung der für die Simulation verwendeten Schmelzbadoberfläche nach Glg. 5.1.

An dieser Stelle soll nur die prinzipielle Machbarkeit einer solchen Oberflächengeometrieschätzung anhand der Beleuchtungsreflexe dargestellt werden, um die nachfolgend dargestellte Bildverarbeitungsalgorithmik zu motivieren. Der erste Schritt für diese Oberflächenschätzung ist die Extraktion der Geometriemerkmale des Schmelzbades, d. h. des Randes sowie die Lage der Reflexe. Darauf konzentrieren sich die im folgenden Kapitel dargestellten Bildanalysealgorithmen.

5.5 Bildanalyse

Für die im vorherigen Kapitel angesprochenen Auswertungen des Laserstrahlschweißprozesses sind insbesondere die äußere Kontur des Schmelzbades sowie die Lage und Form der spiegelnden Reflexe in dessen Inneren interessant. Daher fokussieren sich die im Folgenden vorgestellten und getesteten Algorithmen auf die Separation von fester Werkstückoberfläche und flüssigem Schmelzbad sowie die Detektion der überstrahlten Bereiche.

Diese Segmentierung der aufgenommenen Schweißbilder kann auf verschiedene Arten erfolgen. Betrachtet werden soll hier eine Segmentierung über die

Detektion der Grenzlinien resp. Kanten zwischen den Segmenten. Eine weitere
Möglichkeit der Segmentierung ist eine Zuordnung der Bildpixel zu einer der
Segmentarten anhand der Umgebung des Pixels, also eine Pixelklassifikation.
Daneben ist auch eine Segmentierung mittels Texturklassifikation, z. B. über inva-
riante Merkmale [128, 138], denkbar. Die beiden letzteren Methoden werden im
Rahmen dieser Arbeit jedoch nicht vertieft.

5.5.1 Kantendetektion

In Anh. E findet sich eine kurze Einführung zur Kantendetektion in der Bildverarbeitung. Kanten sind hierbei definiert als plötzliche Helligkeitsänderungen im
Bild.

Kanten können allerdings auch durch eine Änderung der Bildstruktur entstehen. Exemplarisch ist dies in Abb. 5.15 in Form eines Achtecks dargestellt. In
Abb. 5.15a hebt sich das achteckige Gebiet durch eine erhöhte Helligkeit vom
Hintergrund ab. Auch in Abb. 5.15b besitzt das Achteck eine erhöhte Grundhelligkeit, hier allerdings noch mit einem Rauschanteil versehen. In Abb. 5.15c ist
die mittlere Helligkeit sowohl des Hintergrundes wie auch des Oktagons gleich –
einzig die Verteilung des Rauschmusters unterscheidet die beiden Gebiete. Die
beleuchteten Schweißbilder zeigen alle drei dieser Kantencharakteristiken (siehe
Kap. 5.5.4).

Abb. 5.16 zeigt das Ergebnis eines Standard-Kantenfilters, des helligkeitsba-
sierten *Canny-Filters* (siehe auch Anh. E.1). Deutlich zu erkennen ist, dass dieses
Filter für den Fall der rein statistisch basierten Kanten (c) kein verwertbares
Ergebnis zurückliefert.

Alternativ dazu zeigt Abb. 5.17 die Anwendung eines divergenzbasierten Kan-
tenfilters. Dieses Filter nutzt nicht nur den Helligkeitsmittelwert um das jeweils
betrachtete Pixel herum wie die Standard-Algorithmen, sondern die gesamte Helligkeitsverteilung. Damit lassen sich Kanten auch in stark verrauschten Bildern
sowie rein statistisch definierte Kanten detektieren, wie in Abb. 5.17c zu sehen ist.

5.5.2 Divergenzbasierte Kantendetektion

Die *divergenzbasierte Kantendetektion* basiert auf einem Vergleich der regionalen Helligkeitsverteilungen um das jeweils betrachtete Pixel herum. Dabei
stellt die aus der *Wahrscheinlichkeitstheorie* stammende *Divergenz $D(p,q)$* ein
Ähnlichkeits- resp. Abstandsmaß für zwei Wahrscheinlichkeitsverteilungen p und
q dar. Eine vertiefende Darstellung zur Divergenz sowie der Wahrscheinlichkeitstheorie findet sich in Anh. F.

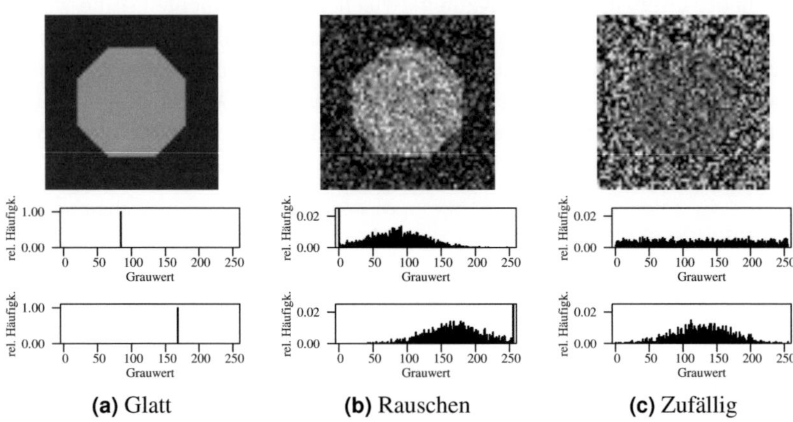

Abbildung 5.15 Statistische Bildstrukturen (Achteck vor Hintergrund) sowie die zugehörigen Grauwertverteilungen des Hintergrundes (oben) und der achteckigen Struktur (unten). Glatt: $\mu_h = 84$, $\mu_v = 168$, $\sigma_h = \sigma_v = 0$, Rauschen: $\mu_h = 84$, $\mu_v = 168$, $\sigma_h = \sigma_v = 42$, Zufällig: $\mu_h = 128$, $\mu_v = 128$, $\sigma_h = \infty$, $\sigma_v = 42$.

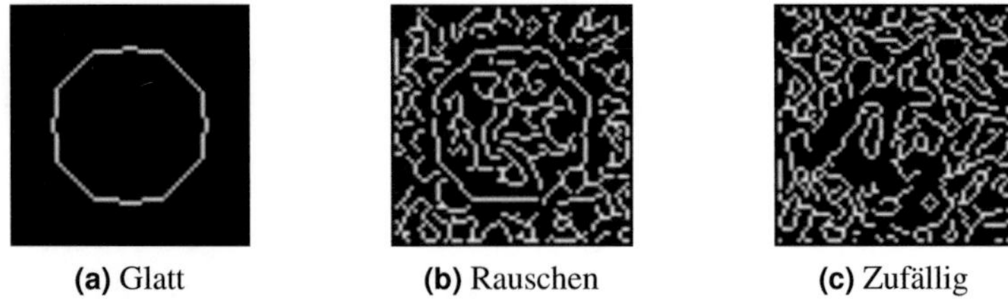

Abbildung 5.16 Canny-Filterung der statistischen Bildstrukturen aus Abb. 5.15 (automatischer Hysteresthreshold).

Basis für den hier vorgestellten Algorithmus zur Kantendetektion bildet [10]. Hierin wird die *Jensen-Shannon-Divergenz* genutzt, um texturierte Grauwertbilder nach ihrer Textur, besser gesagt der regionalen Grauwertverteilung, zu segmentieren. In Erweiterung wurden im Rahmen dieser Arbeit neben der Jensen-Shannon-Divergenz weitere Divergenzen und Distanzen für eine solche Segmentierungsaufgabe experimentell getestet und verglichen.

Die Weiterverarbeitung der über die Divergenzbetrachtung erhaltenen Rohkanten beruht in dieser Arbeit auf bekannten Verfahren wie der *Nichtmaxima-*

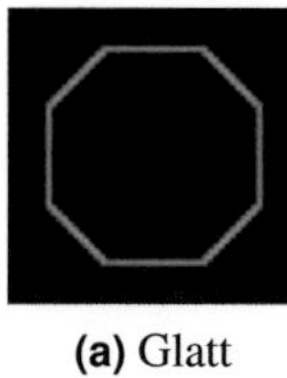

(a) Glatt   **(b)** Rauschen   **(c)** Zufällig

Abbildung 5.17   Divergenz-Filterung der statistischen Bildstrukturen aus Abb. 5.15. (Jensen-Shannon-Divergenz, Kernelgröße 5×5, Histogramm-Bins 6, Erklärungen dazu siehe Kap. 5.5.2).

Unterdrückung und dem *Hysterese-Verfahren* zur Verdünnung und Selektion der Rohkanten. Diese beiden Verfahren folgen dem Vorgehen des *Canny-Filters* und sind in Anh. E.1 näher beschrieben.

Eine durchgehende Betrachtung einer auf der Jensen-Shannon-Divergenz beruhenden Kantendetektion bis hin zur Verlängerung und Verbindung der gefundenen Kantenabschnitte findet sich in [177]. Hierin wird zudem eine Kombination der divergenzbasierten Kantendetektion mit einer pixelbasierten Klassifikation zur Regionensegmentierung von Schweißprozessbildern untersucht.

Divergenzbasiertes Filterverfahren

Das grundsätzliche Verfahren der divergenzbasierten Kantendetektion beruht, ebenso wie die gradientenbasierten Filter, auf einem Vergleich der Regionen um jedes Pixel herum. Wird beim gradientenbasierten Filter, vereinfacht gesprochen, die Differenz der Grauwertmittelwerte der sich jeweils an einem Pixel gegenüberliegenden Regionen zurück gegeben, bildet der divergenzbasierte Filter die Unterschiede der Grauwertverteilungen in diesen Regionen ab. Es werden also wesentlich mehr Informationen zur Unterscheidung der Regionen genutzt.

Im Folgenden soll nun das divergenzbasierte Filterverfahren Schritt für Schritt dargelegt werden. Die einzelnen Schritte sind dabei in Abb. 5.21 und Abb. 5.22 bildlich veranschaulicht.

Betrachtet wird jeweils ein Pixel, für das die potentielle Kantenstärke und der Kantenwinkel, also die Richtung der evtl. vorhandenen Kante, bestimmt werden sollen. Es werden jeweils zwei gegenüberliegende Regionen um das Pixel herum verglichen, aus deren normierten Grauwertverteilungen p und q ein Wert für deren Unterschiedlichkeit berechnet wird – die *Divergenz* $D(p, q)$. In Abb. 5.18 ist dies grafisch veranschaulicht.

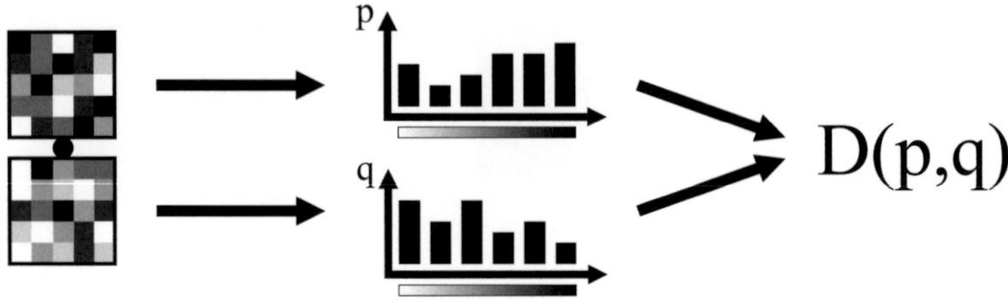

Abbildung 5.18   Divergenzbasierter Regionenvergleich.

Vergleichsfunktion   Die Funktion $D(p,q)$ sollte für die Kantendetektion folgende Eigenschaften aufweisen:

$$D(p,q) \geq 0$$
$$D(p,q) = 0 \Leftrightarrow p = q \qquad \text{(Definitheit)}$$
$$D(p,q) = D(q,p) \qquad \text{(kommutativ)}$$
$$D(p^*,q^*) \leq D(p,q) \qquad \text{(Verhalten unter Rot./Transl.)}$$

Das heißt die potentielle Kantenstärke ist immer positiv und nur dann 0, wenn die beiden Verteilungen aus den Regionen exakt gleich sind. Außerdem sollte die Funktion kommutativ sein, da ansonsten die errechnete Kantenstärke abhängig von der Betrachtungsrichtung ist. Bei p^* und q^* handelt es sich um die vermischten Verteilungen Glg. F.11 und Glg. F.12 resp. Glg. F.13 und Glg. F.14, d. h. die Divergenz erreicht jeweils an der Kante mit dem richtigen Kantenwinkel ihren maximalen Wert. Grafisch veranschaulicht ist dies in Abb. 5.19a und Abb. 5.19b, die mathematische Darstellung findet sich in Anh. F.4.

Eine obere Grenze der Funktion, also $D(p,q) < \infty \; \forall \; (p,q)$, ist vorteilhaft, aber für diesen ersten Schritt der Kantendetektion nicht zwingend erforderlich, da hier kein Absolutvergleich zwischen den Divergenzwerten stattfindet. Erst im Zuge der Kantenselektion über das Hysterese-Verfahren erleichtert eine obere Grenze die Definition der erforderlichen Schwellwerte.

Normierte Grauwertverteilung   Die Erstellung der Grauwertverteilungen p und q ist in Anh. F.3 kurz mathematisch beschrieben. Die gewählte Regionengröße beeinflusst dabei über die Anzahl der darin enthaltenen Grauwerte auch die sinnvolle Anzahl der Grauwertabschnitte der Verteilung. Für die Experimente

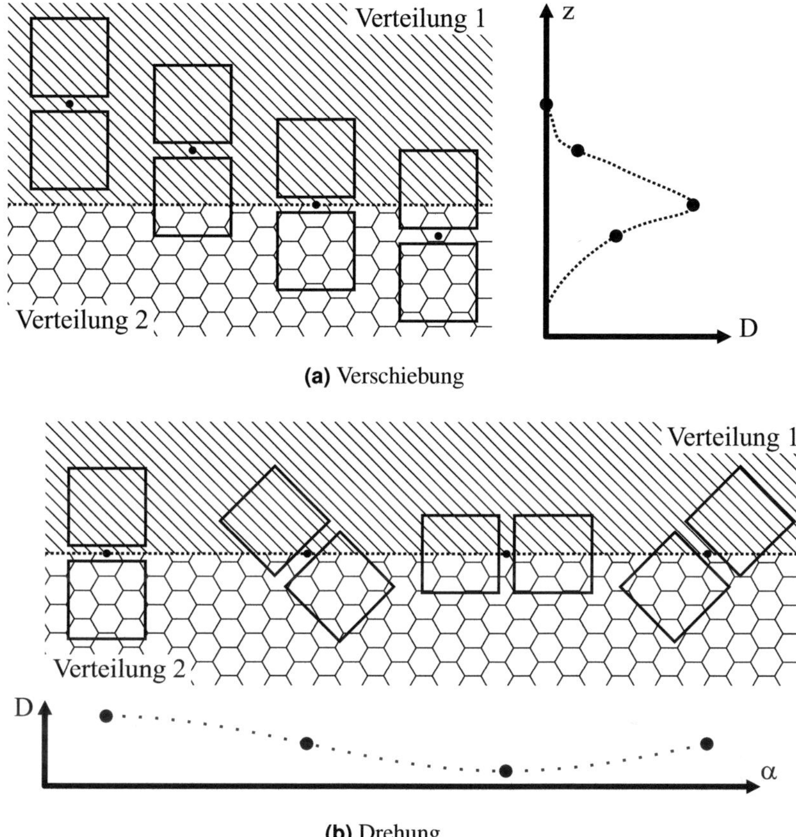

(a) Verschiebung

(b) Drehung

Abbildung 5.19   Schematische Darstellung des Divergenzverlaufs bei Texturübergängen.

werden Werte zwischen $N_{\mathrm{Bins}} = 4$ und $N_{\mathrm{Bins}} = 16$ verwendet. Für die normierten Grauwertverteilungen p (resp. q) der Regionen gilt

$$p_n \geq 0 \, \forall \, n \qquad \text{und} \qquad \sum_n p_n = 1 \quad .$$

Regionenform und -größe   Die optimale Form und Größe der Regionen ist bildabhängig und hängt u. a. von der Größe und Dichte der gesuchten Kantenstrukturen ab. Je kleiner die gewählten Regionen sind, desto engmaschigere Kanten

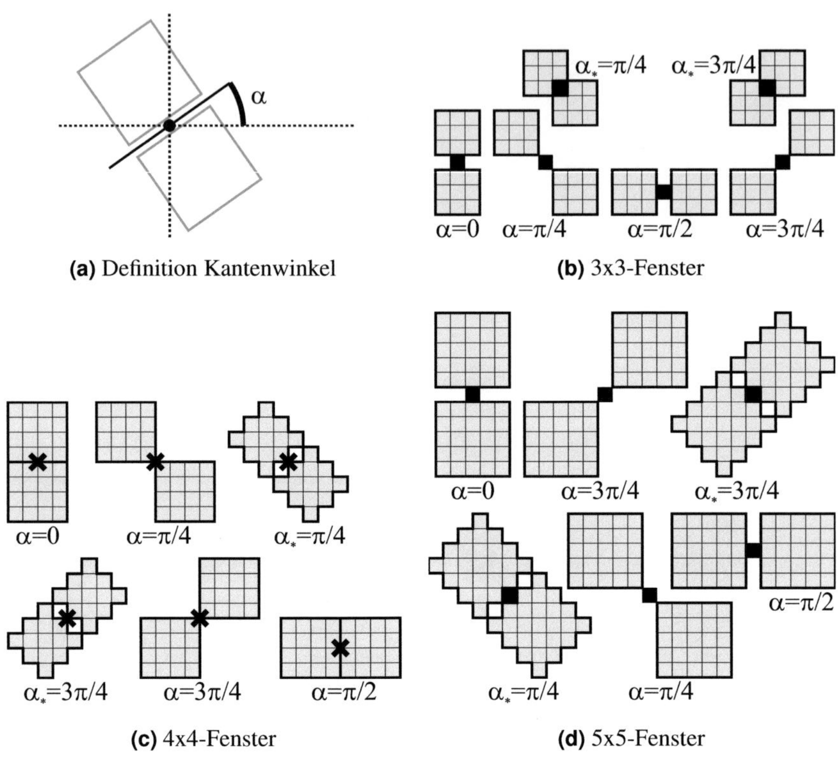

Abbildung 5.20 Definition des Kantenwinkels α (a) sowie der Fenstergrößen und -lagen (b), (c) und (d).

können detektiert werden. Allerdings erhöht sich damit auch die Fehldetektion durch regionale Schwankungen in der Grauwertverteilung. Abb. 5.20 (b) – (d) stellt einige mögliche Formen für unterschiedliche Regionengrößen dar.

Im Rahmen dieser Arbeit wurden ausschließlich quadratische Regionen mit den Seitenlängen $l_{\mathrm{ws}} = 3$ Pixel, $l_{\mathrm{ws}} = 4$ Pixel und $l_{\mathrm{ws}} = 5$ Pixel erprobt. Diese Werte liegen in etwa in der Größenordnung der zu extrahierenden Kantenstrukturen.

Kantenstärke und -winkel Der direkte Vergleich zweier sich gegenüberliegender Regionen wird für alle vier im diskreten Raum sinnvoll definierten Raumrichtungen $\{0, \frac{\pi}{4}, \frac{\pi}{2}, \frac{3\pi}{4}\}$ durchgeführt. Aus diesen vier Werten D_0, $D_{\frac{\pi}{4}}$, $D_{\frac{\pi}{2}}$ und $D_{\frac{3\pi}{4}}$ (Abb. 5.21 und 5.22, jeweils (e) – (h)) der potentiellen Kantenstärke lässt sich eine

Schätzung für den Kantenwinkel α (für die Definition siehe Abb. 5.20a) ableiten. Entweder, wie z. B. beim *Kirsch-Filter* (siehe Anh. E), durch Wahl des größten Wertes als Kantenstärke und dessen Richtung als Kantenwinkel, d. h.

$$D_{\max} = \max\left\{D_0, D_{\frac{\pi}{4}}, D_{\frac{\pi}{2}}, D_{\frac{3\pi}{4}}\right\}$$

$$\alpha_{D_{\max}} = \arg\max_{\alpha}(D_{\mathrm{ff}}) \quad ,$$

oder durch eine Approximation zwischen den vier gerichteten Kantenstärkewerten [7]. In Anh. G ist diese Approximation detailliert dargestellt. Letztendlich ergeben sich hier für Kantenstärke und Kantenwinkel

$$D_{\max} = \frac{D_0 + D_{\frac{\pi}{4}} + D_{\frac{\pi}{2}} + D_{\frac{3\pi}{4}}}{4} + \left(\frac{D_0 - D_{\frac{\pi}{2}}}{2} \cdot \sqrt{1 + \left(\frac{D_{\frac{\pi}{4}} - D_{\frac{3\pi}{4}}}{D_0 - D_{\frac{\pi}{2}}}\right)^2}\right)$$

$$\alpha_{D_{\max}} = \arctan\left(\frac{D_{\frac{\pi}{4}} - D_{\frac{3\pi}{4}}}{D_0 - D_{\frac{\pi}{2}}}\right) \quad .$$

Damit sind nun für alle Pixel des Bildes eine potentielle Kantenstärke und ein dazugehöriger Kantenwinkel bestimmt. Diese lassen sich in Form eines Kantenstärkebildes $\boldsymbol{D}_{\max}$ (Abb. 5.21i und 5.22i) und Kantenwinkelbildes $\boldsymbol{\alpha}_{D_{\max}}$ (Abb. 5.21j und 5.22j) darstellen. In Anlehnung an das Canny-Filter (Anh. E.1) folgt nun eine Verdünnung und anschließend eine Selektion der Pixel hinsichtlich ihrer potentiellen Kantenzugehörigkeit.

Glättung Vor der Weiterverarbeitung des Kantenstärkebildes $\boldsymbol{D}_{\max}$ ist es sinnvoll, dieses zunächst (mehrmals) zu glätten. Dies geschieht z. B. mittels eines *Gauss-Filters*, d. h. der Faltung des Bildes mit einem *Gauss-Kernel*[4] (siehe Anh. E.2), und resultiert in $\boldsymbol{D}_{\max,\mathrm{smooth}}$ (Abb. 5.21m und 5.22m).

Verdünnung Die Verdünnung der Kanten entspricht der *Nichtmaxima-Unterdrückung* (siehe Anh. E.1.3) mit an die vorherige Regionsgröße l_{ws} angepasstem Vergleichsbereich. Dabei wird für jedes Pixel ein schmales Fenster im Kantenstärkebild $\boldsymbol{D}_{\max,\mathrm{smooth}}$ betrachtet. Dieses Fenster der Breite $(2 \cdot l_{\mathrm{ws}}) + 1$ und Höhe 1 liegt senkrecht zum gerundeten Kantenwinkel $\hat{\alpha}_{D_{\max}}$. Die Rundung überführt den Winkel $\alpha_{D_{\max}}$ dabei auf einen der Werte 0, $\frac{\pi}{4}$, $\frac{\pi}{2}$ und $\frac{3\pi}{4}$. Das betrachtete

---

[4]Im Fall des Gauss-Filters lässt sich die mehrmalige Anwendung des Filters auch durch die Anpassung der Varianz σ^2 des verwendeten Kernels realisieren.

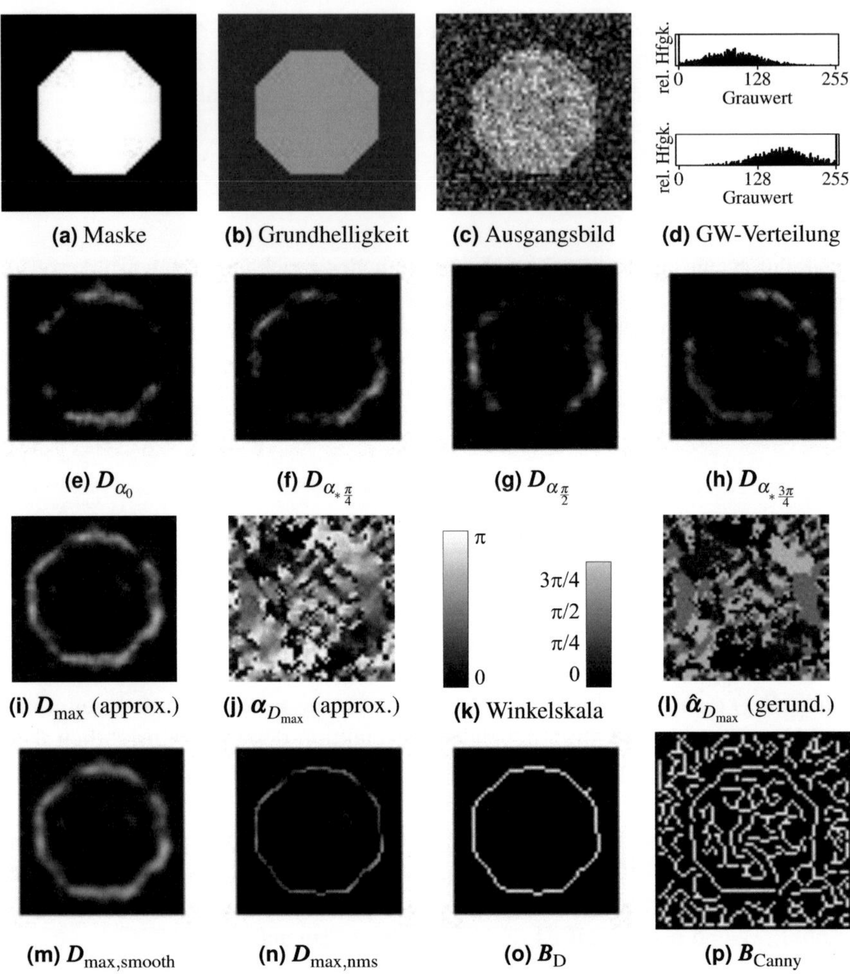

(a) Maske (b) Grundhelligkeit (c) Ausgangsbild (d) GW-Verteilung

(e) D_{α_0} (f) $D_{\alpha_{*\frac{\pi}{4}}}$ (g) $D_{\alpha_{\frac{\pi}{2}}}$ (h) $D_{\alpha_{*\frac{3\pi}{4}}}$

(i) $D_{\max}$ (approx.) (j) $\alpha_{D_{\max}}$ (approx.) (k) Winkelskala (l) $\hat{\alpha}_{D_{\max}}$ (gerund.)

(m) $D_{\max,\mathrm{smooth}}$ (n) $D_{\max,\mathrm{nms}}$ (o) B_{D} (p) B_{Canny}

Abbildung 5.21 Darstellung der Zwischenschritte der divergenzbasierten Kantendetektion auf einer verrauschten Bildstruktur (Jensen-Shannon-Divergenz, Kernelgröße $l_{\mathrm{ws}} = 5$, Diagonalversion, Histogramm-Bins $N_{\mathrm{Bins}} = 6$, Kantenstärke über sin-Approximation, Gauss-Glättung: Kernel $l_{\mathrm{gauss}} = 5$, $\sigma = 0{,}5$, Anzahl Durchgänge $n_{\mathrm{gauss}} = 2$, Fensterbreite Nichtmaxima-Unterdrückung $l_{\mathrm{nms}} = 11$, Hysterese-Schwellen $T_{\mathrm{high}} = 90\%$, $T_{\mathrm{low}} = 36\%$).

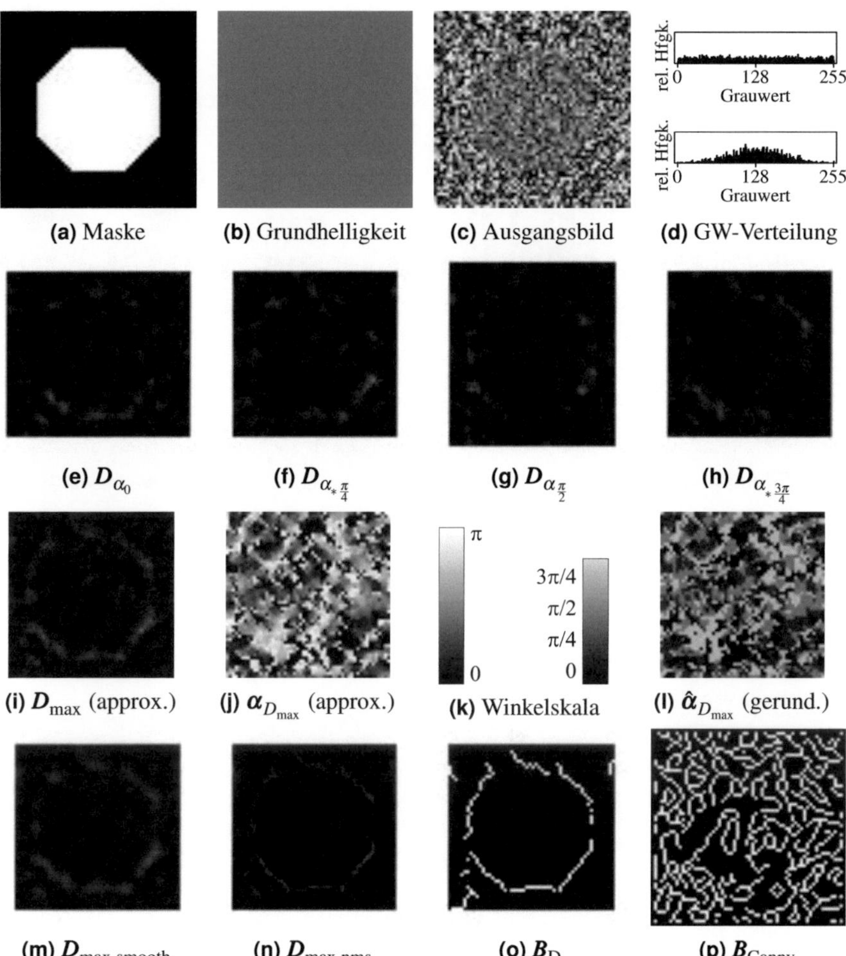

(e) D_{α_0} (f) $D_{\alpha_{*\frac{\pi}{4}}}$ (g) $D_{\alpha_{\frac{\pi}{2}}}$ (h) $D_{\alpha_{*\frac{3\pi}{4}}}$

(i) $D_{\max}$ (approx.)   (j) $\alpha_{D_{\max}}$ (approx.)   (k) Winkelskala   (l) $\hat{\alpha}_{D_{\max}}$ (gerund.)

(m) $D_{\max,\text{smooth}}$ (n) $D_{\max,\text{nms}}$ (o) B_{D} (p) B_{Canny}

Abbildung 5.22 Darstellung der Zwischenschritte der divergenzbasierten Kantendetektion auf einer durch unterschiedliche Grauwertverteilungen gebildeten Struktur (Parameter wie in Abb. 5.21).

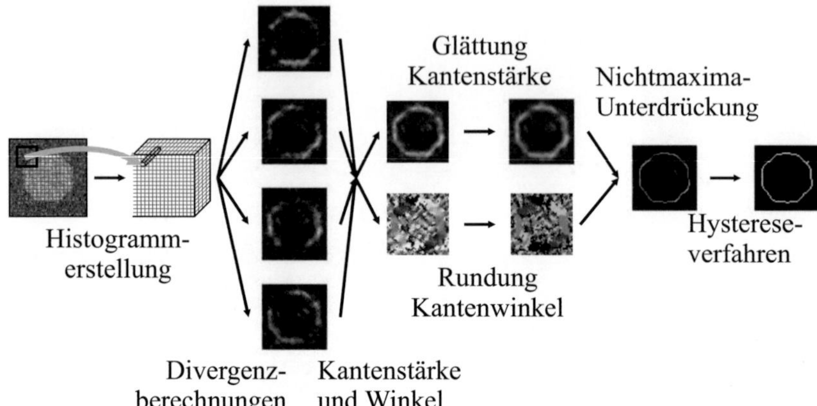

Abbildung 5.23 Überblick über den Ablauf der divergenzbasierten Kantendetektion.

Pixel liegt im Zentrum des Fensters. Besitzt dieses zentrale Pixel den höchsten Kantenstärkewert im Fenster, so wird es in das ausgedünnte Kantenstärkebild $D_{\text{max,nms}}$ (Abb. 5.21n und 5.22n) übernommen. Teilweise finden sich hier in der Literatur auch komplexere Berechnungen für die Beurteilung des Zentralpixels innerhalb des Fensters, z. B. in [6] oder [7].

Selektion Im letzten Schritt wird das *Hysterese-Verfahren* des Canny-Filters genutzt. Anhand zweier Schwellwerte und Nachbarschaftsbeziehungen werden die verbliebenen Pixel aus $D_{\text{max,nms}}$ ausgewählt (siehe Anh. E.1.4) und in das binäre Kantenbild B_{D} (Abb. 5.21o und 5.22o) übertragen.

Überblick Divergenzbasierte Kantendetektion

In Abb. 5.23 ist der gerade geschilderte Ablauf der divergenzbasierten Kantendetektion nochmals grafisch im Überblick dargestellt.

Zusammenfassend erhält man folgende Freiheitsgrade zur Parametrierung des Algorithmus:

- Regionsgröße l_{ws} und Formen
- Anzahl Grauwertbereiche N_{bins} der Histogramme
- Abstandsfunktion $D(p,q)$
- Verfahren zur Kantenstärke und -winkelbestimmung (Maximalwert oder Approximation)

- Anzahl der Glättungsschritte n_{gauss} und Kernel: l_{gauss}, σ_{gauss}
- Fensterbreite l_{nms} und Art des Vergleichsalgorithmus der Nichtmaxima-Unterdrückung
- Hysterese-Schwellen T_{high} und T_{low} für Kantenselektion

Letztendlich ist die Parametrierung immer problemspezifisch vorzunehmen. Die zu detektierenden Kantenstrukturgrößen bestimmen die Größe der Vergleichsregionen. Die Anzahl der Grauwertbereiche der Regionenhistogramme ist wiederum von dieser Regionengröße sowie der Gesamt-Grauwertverteilung des zu untersuchenden Bildes abhängig. Auch der Glättungskernel hängt in seiner Ausprägung tendenziell von der gewählten Regionengröße ab. Gleiches gilt für die Fensterbreite der Nichtmaxima-Unterdrückung. Über die Hysterese-Schwellwerte lässt sich schlussendlich steuern, wie deutlich Kanten im Bild für die Detektion hervortreten müssen.

Auf die Eignung der verschiedenen Abstandsfunktionen wird in Kap. 5.5.3 in experimenteller Weise näher eingegangen.

5.5.3 Vergleich der Divergenzmaße

Die zunächst theoretisch untersuchten Divergenz- und Distanzmaße sind in Tbl. 5.1 aufgeführt. Dabei erfüllen die Bhattacharyya-Distanz, die Kullback-Leibler-Divergenz, die Mahalanobis-Distanz sowie die χ^2-Divergenz nicht die an die Vergleichsfunktion gestellten Anforderungen, so dass letztendlich acht Abstandsmaße (in der Tabelle in Fettdruck) in den experimentellen Vergleich einflossen. Die mathematische Darstellung der Funktionen sowie die ausführlicheren mathematischen Untersuchungen finden sich in Anh. F.4.

Experimentelles Vorgehen

Die aufgrund der theoretischen Überlegungen ausgewählten acht Divergenz- und Distanzmaße aus Tbl. 5.1 werden anhand ihrer Ergebnisse im Zuge der divergenzbasierten Kantendetektion miteinander verglichen. Bis auf die Abstandsberechnung $D(p,q)$ werden dabei alle anderen Parameter der Algorithmuskette gleich belassen. Vergleichsgrößen sind die Sensitivität Q_{sens}, Spezifität Q_{spec} und Relevanz Q_{prec} (Anh. D.6) der Detektionsergebnisse.

Der Vergleich findet anhand synthetisch erzeugter Bilder mit bekanntem Kantenverlauf statt. Dabei werden die Ergebnisse über jeweils zehn Bilder (gleiche

Bezeichnung	Kürzel	Wert$_D$	komm.	rot.	transl.
Bhattacharyya-Distanz	BD	$[0,\infty]$	✓	✓	
Cityblock-Distanz	CBD	$[0,N]$	✓	✓	✓
earth-mover's-distance	EMD	$[0,\infty]$	✓	✓	✓
Euklidische Distanz	ED	$[0,\sqrt{N}]$	✓	✓	✓
Hellinger-Distanz	HD	$[0,1]$	✓	✓	✓
J-Divergenz	JD	$[0,\infty]$	✓	✓	✓
Jensen-Shannon-Divergenz	JSD	$[0,1]$	✓	✓	✓
Kolmogorov-Smirnov-Distanz	KSD	$[0,1]$	✓	✓	✓
Kullback-Leibler-Divergenz	KLD	$[0,\infty]$		✓	✓
Mahalanobis-Distanz	MD	Grundverteilung muss bekannt sein			
Tschebyschow-Distanz	TD	$[0,1]$	✓	✓	✓
χ^2-Divergenz	XD	$[0,\infty]$		✓	✓

Tabelle 5.1 Untersuchte Divergenz- und Distanzmaße für die statistische Kantendetektion. Alle aufgeführten Abstandsmaße erfüllen die Bedingungen $D(p,q) \geq 0$ und $D(p,q) = 0 \Leftrightarrow p = q$. Die ausführliche Darlegung findet sich in Anh. F.4.

Geometrie, unterschiedliche Ausprägung der zufälligen Grauwertverteilung[5]) gemittelt. In Abb. 5.24 ist das Verfahren grafisch dargestellt.

Da die Kante des diskreten Bildobjektes zwischen den Pixeln liegt, wird für eine Einordnung der detektierten Kantenpixel die Doppelkante aus innerer und äußerer Kontur des Bildobjektes verwendet. Die potentiellen Kantenpixel, die auf der Doppelkante zu liegen kommen, werden als TP (true positive) klassifiziert, alle anderen als FP (false positive) (siehe auch Anh. D.3). In die Berechnung der Sensitivität fließt dann jedoch nicht die Doppelkante sondern die wahre Kantenlänge, gewonnen aus dem ungestörten Objektbild, ein.

Einzelauswertungen für jeweils ein Bild sind exemplarisch in Anh. H veranschaulicht.

Parametrierung Die für den Vergleich gewählte Parametrierung der Kantendetektion ist in Tbl. 5.2 aufgeführt. Das zum Vergleich ebenfalls hinzugezogene Canny-Filter verwendet zur Ermittlung der oberen Hysterese-Schwelle ebenfalls das 70 %-Quantil, berechnet dieses aber vor der Nichtmaxima-Unterdrückung.

---

[5]Die grundlegende Form (siehe Abb. 5.15c) der beiden Verteilungen bleibt dabei unverändert, nur die konkrete Ausprägung wird neu ermittelt.

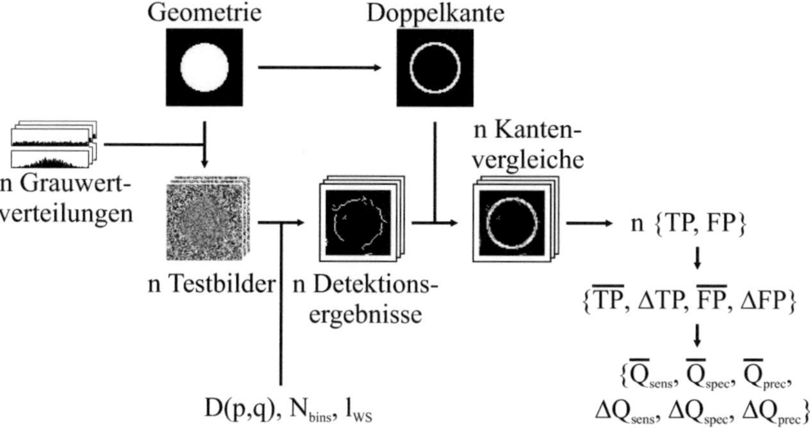

Abbildung 5.24 Ablauf des Divergenzvergleiches anhand der Kantendetektionsergebnisse. Ermittelt wird für jedes Bild die Anzahl der richtig sowie falsch detektierten Kantenpixel. Aus diesen Werten ergeben sich dann über Mittelung die drei Beurteilungsgrößen Sensitivität Q_{sens}, Spezifität Q_{spec} und Relevanz Q_{prec} sowie deren Standardabweichungen.

Experimentelle Ergebnisse

Abb. 5.25 und Abb. 5.26 stellen die Sensitivität, Spezifität und Relevanz (siehe Anh. D.6) der Kantendetektionsergebnisse in Abhängigkeit von der Divergenzfunktion $D(p,q)$, der Regionengröße l_{WS} und der Histogramm-Bin-Anzahl N_{Bins} für zwei Geometrien (Achteck, Kreis) sowie zwei Grauwertverteilungen (verrauscht, zufällig) exemplarisch dar[6]. Die zwei Geometrien werden gewählt, um sowohl gerade wie auch gebogene Kanten unter verschiedenen Winkeln in die Analyse mit einzubeziehen.

Divergenzvergleich Augenfällig ist zunächst das wesentlich schlechtere Abschneiden der Kantendetektionen mit einer Regionengröße von $l_{\text{WS}} = 3$ unabhängig von der gewählten Divergenzfunktion und der Grauwertverteilung. Die

---

[6]Die Regionengröße $l_{\text{WS}} = 4$ wurde für diesen Vergleich außer acht gelassen, da diese Konfiguration Interpixelergebnisse liefert, die in anderer Art und Weise auf das Vergleichskantenbild gemappt werden müssen und somit nur bedingt direkt vergleichbare Ergebnisse liefert. Für die hier durchgeführte grundsätzliche Analyse des Verhaltens hinsichtlich der Regionengröße ist dieser Vergleich unnötig.

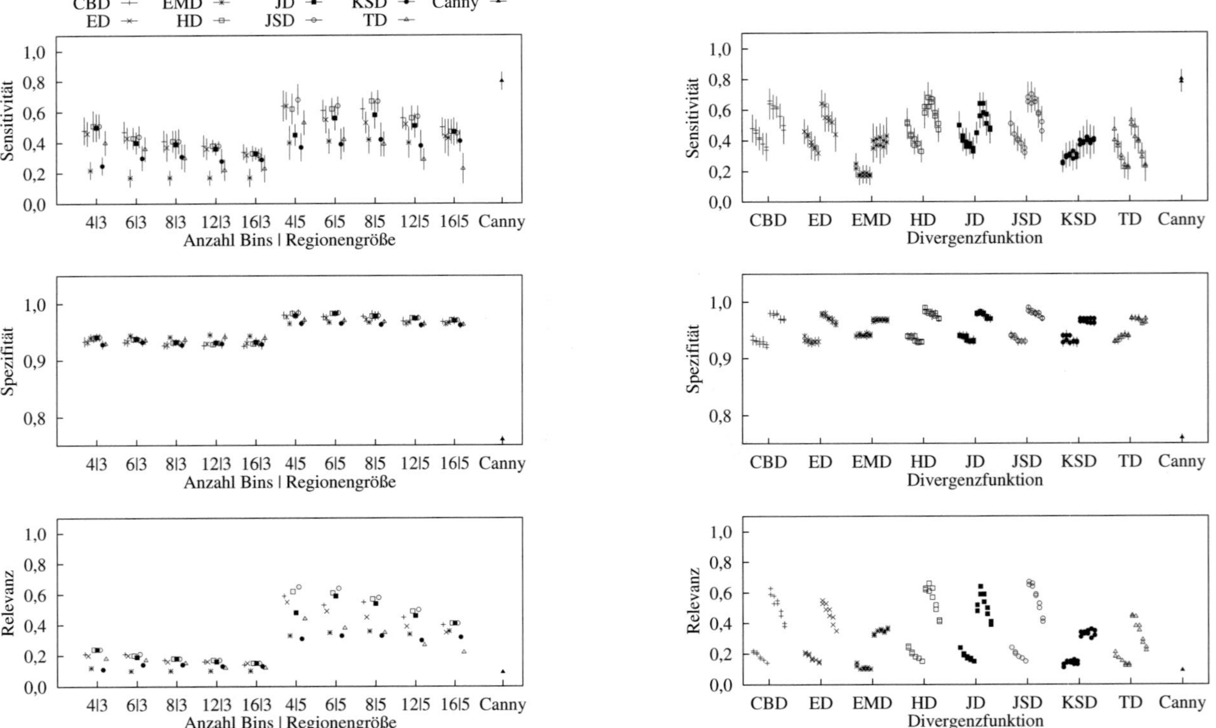

Abbildung 5.25 Sensitivität, Spezifität und Relevanz der Kantendetektionsergebnisse der acht Divergenzfunktionen. Basisgeometrie ist ein Achteck, zufällige Grauwertverteilung (nach Abb. 5.15c). Auf der rechten Seite sind zusätzlich die Ergebnisse der Kreisgeometrie eingetragen.

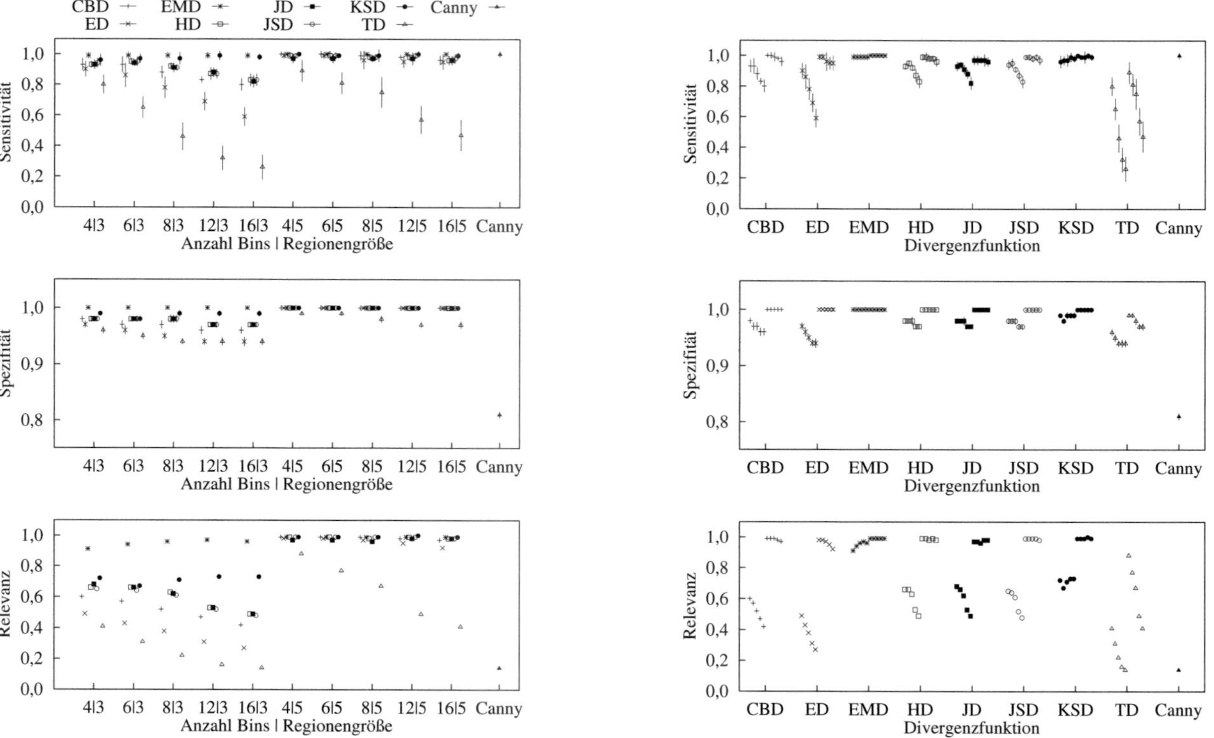

Abbildung 5.26 Sensitivität, Spezifität und Relevanz der Kantendetektionsergebnisse der acht Divergenzfunktionen sowie unterschiedlicher Regionengrößen und Histogramm-Bins. Basisgeometrie ist ein Kreis, die Grauwertverteilung ist verrauscht (siehe Abb. 5.15b).

Parameter	Symbol	Werte
Regionengröße	l_{WS}	3, 5
Anzahl Bins	N_{bins}	4, 6, 8, 12, 16
Divergenzwert- und Winkelberechnung		
Verfahren		Approximation
Glättung (Gauss-Filter)		
Kernelgröße	l_{gauss}	l_{WS}
Sigma	σ_{gauss}	0,5
Durchläufe	n_{gauss}	2
Nichtmaxima-Unterdrückung		
Fensterbreite	l_{nms}	$2 \cdot l_{\mathrm{WS}} + 1$
Bedingung		$D_n - D_{n+i} > -10^{-12} \ \forall \, i \in \{-l_{\mathrm{nms}}, \dots, l_{\mathrm{nms}}\}$
Hysterese-Verfahren		
obere Grenze	T_{high}	$\tilde{Q}_{70\%}(D_{\mathrm{max,nms}})$ (70 %-Quantil ohne Nullwerte)
untere Grenze	T_{low}	$0{,}4 \cdot T_{\mathrm{high}}$

Tabelle 5.2 Parametrierung der Kantendetektion für den Divergenzvergleich.

potentiell höhere Grauwertvarianz in der Region aufgrund der geringeren Anzahl von Pixeln wirkt sich hier störend aus. Daneben wird deutlich, dass eine höhere Bin-Anzahl des Histogramms tendenziell schlechtere Ergebnisse liefert – insbesondere bei kleiner Regionengröße. Dies ist damit zu erklären, dass sich in dieser Situation – wenige Grauwerte, viele Bins – etliche gering oder nicht belegte Bins im Histogramm finden. Durch die statistischen Schwankungen zwischen den beiden jeweils betrachteten Regionen können sich hier, auch bei gleicher Grundverteilung, wesentlich schneller unterschiedliche Verteilungen im Sinne der Divergenz ergeben.

Die Tschebyschow-Distanz (TD, Anh. F.4.2) schneidet sowohl für die zufälligen wie auch die verrauschten Grauwertverteilungen am Schlechtesten ab. Im Fall der zufälligen Verteilung gilt dies auch für die Kolmogorov-Smirnov-Distanz (KSD, Anh. F.4.2) sowie die earth-mover's-distance (EMD, Anh. F.4.2). Diese beiden funktionieren jedoch hervorragend auf den verrauschten Bildern – hier sogar bei kleinen Regionengrößen. Diese beiden Abstandsmaße beziehen direkt (EMD) oder indirekt (KSD) die Nachbarschaftsverhältnisse der Bins untereinander mit in die Berechnung ein. Damit wirken sich unterschiedliche Bin-Belegungen, die durch statistische Schwankungen zwischen den Regionen, trotz gleicher Grundverteilung, auftreten (ein Grauwert rutscht durch leichte Helligkeitsunterschiede ins benachbarte Bin), weniger stark aus.

Über beide Verteilungen hinweg gut bzw. sehr gut arbeiten die City-Block-Distanz (CBD, Anh. F.4.2), Hellinger-Distanz (HD, Anh. F.4.2) sowie die J-Divergenz (JD, Anh. F.4.2). Am besten, wenn auch nur mit geringem Abstand, schlägt sich die Jensen-Shannon-Divergenz (JSD, Anh. F.4.2).

EMD und JSD werden im Folgenden für die Untersuchungen der Schweißbilder verwendet. Die JSD aufgrund ihres guten Abschneidens bei zufälligen Verteilungen, die EMD aufgrund ihrer Einbeziehung der Nachbarschaftsverhältnisse zwischen den Verteilungsbins und des damit verbundenen besseren Abschneidens auch bei geringer Regionengröße.

Vergleich mit Canny-Algorithmus Betrachtet man alleine die Sensitivität, so schneidet das Canny-Filter scheinbar am besten ab. Zieht man jedoch die Spezifität und die Relevanz der Canny-Ergebnisse hinzu, so zeigt sich, dass das Filter für die untersuchten Grauwertverteilungen ungeeignet ist. Deutlich wird dies insbesondere bei einem Blick auf das Ergebniskantenbild der zufälligen Grauwertverteilung (Abb. 5.22p). Die hohe Sensitivität ist das Ergebnis einer wilden, zufälligen Kantennetzstruktur.

Limitierungen des Algorithmus und Einfluss der Strukturgröße

Es muss allerdings an dieser Stelle noch angemerkt werden, dass sich die Qualität des Kantenergebnisses nicht alleine aus der betrachteten Divergenzfunktion ableitet. Sowohl die Breite des Nichtmaxima-Unterdrückungsfensters l_{nms} als auch die Hysterese-Parameter T_{high} und T_{low} spielen eine gewichtige Rolle. Dies soll im Folgenden anhand von Abb. 5.27 und Abb. 5.28 sowie Tbl. 5.3 kurz erläutert werden. Die im Bild befindlichen Streifen oben und links weisen Abstände resp. Breiten von 3, 4 und 5 Pixeln auf. Die ausgefüllten Quadrate besitzen Seitenlängen von 4, 5 und 6 Pixeln. Auch die anderen Elemente im Bild liegen in diesen Strukturgrößen.

Die Größe des Nichtmaxima-Unterdrückungsfensters hat einen glättenden Einfluss. Bei einer stark verrauschten Divergenzwertmatrix D_{max} wirkt sich dies zunächst vorteilhaft aus. Allerdings können dadurch nah beieinander liegende Kanten eliminiert werden. Gut zu erkennen ist dies in Abb. 5.27 ((g) und (h)).

Durch den breiteren Vergleichsbereich werden die 3-Pixel-Kanten im Nichtmaxima-Unterdrückungs-Ergebnisbild $D_{\mathrm{max,nms}}$ gelöscht. Dies drückt sich auch in Form der Sensitivität, Spezifität und Relevanz der Kantendetektionsergebnisse aus. In Tbl. 5.3 sind diese Kenngrößen für die Kantenanalysen der Bilder Abb. 5.27a und Abb. 5.28a angegeben. Bei größerem Fenster l_{nms} sinkt die Sensitivität, allerdings steigen Spezifität und Relevanz, da weniger Nichtkantenpixel als Kantenpixel detektiert werden.

Ein Vergleich von Abb. 5.27g und Abb. 5.27c zeigt die Problematik der richtigen Hysterese-Schwellwerte. Obwohl die durch die Streifen gebildeten Rechtecke links oben im verdünnten Bild (g) noch gut zu erkennen sind, fallen sie bei der Auswertung des oberen Schwellwertes T_{high} unter den Tisch. Im Gegensatz dazu bleiben die eigentlich schwächeren Divergenzkonturen der 3-Pixel-Kanten (oben rechts und unten links) im Kantenbild erhalten, da sie mit Pixeln oberhalb des Schwellwertes verbunden sind.

Divergenz	l_{nms}	Ursprungsbild							
		Glatt		Rauschen (TP / FP)			Zufällig		
				Q_{sens}	Q_{spec}	Q_{prec}			
EMD	1	1664	0	1664	96		817	615	
		0,96 1,00 1,00		0,96	0,99	0,95	0,47 0,90 0,57		
	l_{WS}	883	0	1067	25		297	187	
		0,51 1,00 1,00		0,62	1,00	0,98	0,17 0,97 0,61		
JSD	1	1634	0	1621	187		922	560	
		0,94 1,00 1,00		0,94	0,97	0,90	0,53 0,91 0,62		
	l_{WS}	1297	0	895	55		324	156	
		0,75 1,00 1,00		0,52	0,99	0,94	0,19 0,97 0,68		
Canny		1728	0	1803	105		1146	2078	
		1,00 1,00 1,00		1,04	0,99	0,94	0,66 0,75 0,36		

Tabelle 5.3 Sensitivität, Spezifität und Relevanz der divergenzbasierten Kantendetektionen auf Bild Abb. 5.27 (Glatt), Abb. 5.28 (Rauschen) und Abb. 5.29 (Zufällig). Im Vergleich das Ergebnis des Canny-Filters (Glatt und Rauschen: $l_{\mathrm{WS}} = 3$, $N_{\mathrm{bins}} = \{4, 6, 8\}$, Zufällig: $l_{\mathrm{WS}} = 5$, $N_{\mathrm{bins}} = 6$).

Eine schlechte automatische Schwellwertsetzung ist auch für die geringe Spezifität und Relevanz des Canny-Filters im Fall der verrauschten Achteck- bzw. Kreisstruktur (Abb. 5.16b bzw. Abb. 5.26) verantwortlich. Die eigentliche Struktur wird hier sauber erkannt, die automatische Schwellwertermittlung des Filters geht

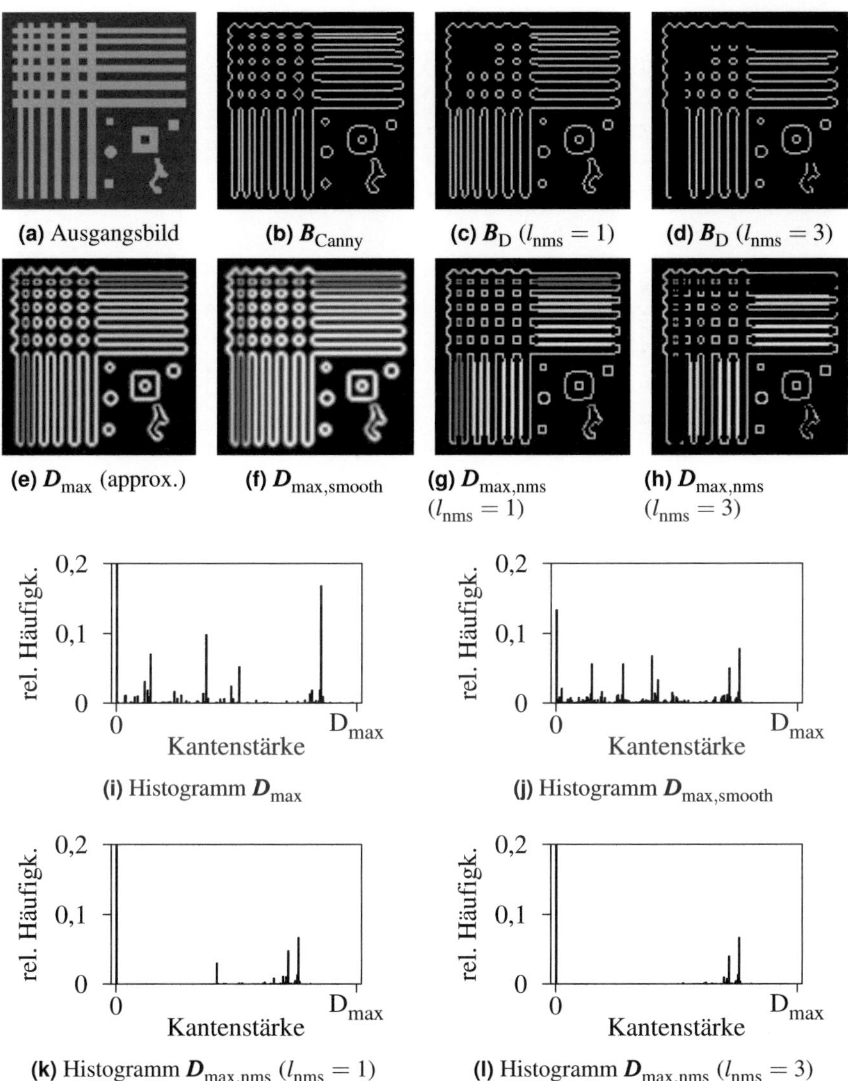

(a) Ausgangsbild **(b)** B_{Canny} **(c)** B_{D} ($l_{\text{nms}} = 1$) **(d)** B_{D} ($l_{\text{nms}} = 3$)

(e) D_{max} (approx.) **(f)** $D_{\text{max,smooth}}$ **(g)** $D_{\text{max,nms}}$ ($l_{\text{nms}} = 1$) **(h)** $D_{\text{max,nms}}$ ($l_{\text{nms}} = 3$)

(i) Histogramm D_{max} **(j)** Histogramm $D_{\text{max,smooth}}$

(k) Histogramm $D_{\text{max,nms}}$ ($l_{\text{nms}} = 1$) **(l)** Histogramm $D_{\text{max,nms}}$ ($l_{\text{nms}} = 3$)

Abbildung 5.27 Divergenz- und Kantenbilder sowie die jeweiligen Werteverteilungen (D_{JSD}, $l_{\text{WS}} = 3$, $N_{\text{bins}} = 4$). Das Streifenmuster im Originalbild weist Abstände von 3, 4 und 5 Pixeln auf, die gefüllten Quadrate haben die Seitenlängen 4, 5 und 6 Pixel.

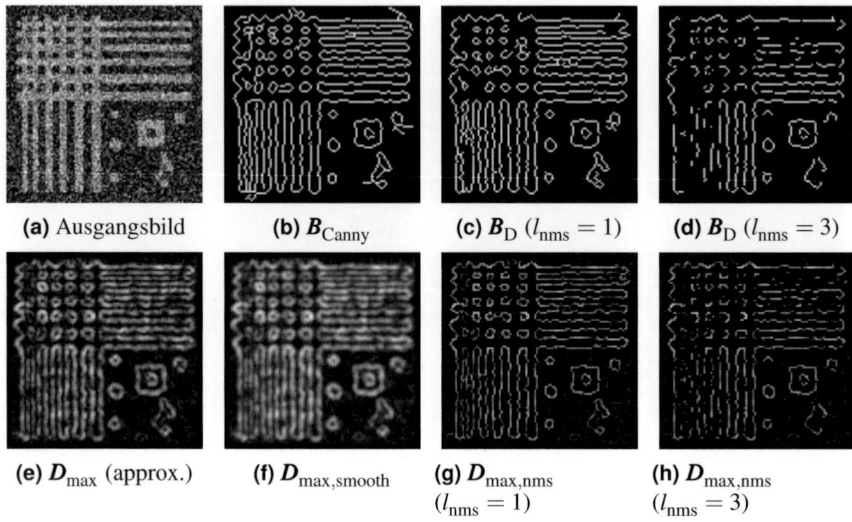

(a) Ausgangsbild   **(b)** B_{Canny} **(c)** B_{D} ($l_{\text{nms}} = 1$)   **(d)** B_{D} ($l_{\text{nms}} = 3$)

(e) D_{max} (approx.)   **(f)** $D_{\text{max,smooth}}$ **(g)** $D_{\text{max,nms}}$ ($l_{\text{nms}} = 1$)   **(h)** $D_{\text{max,nms}}$ ($l_{\text{nms}} = 3$)

Abbildung 5.28 Divergenz- und Kantenbilder (D_{EMD}, $l_{\text{WS}} = 3$, $N_{\text{bins}} = 4$). Das Grundmuster ist durch Rauschen überlagert.

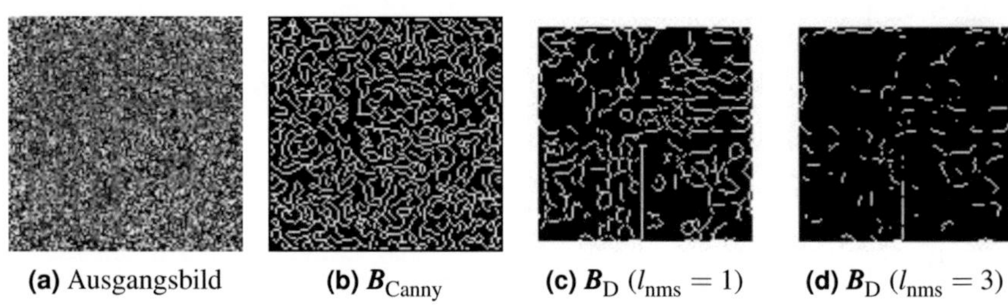

(a) Ausgangsbild   **(b)** B_{Canny} **(c)** B_{D} ($l_{\text{nms}} = 1$)   **(d)** B_{D} ($l_{\text{nms}} = 3$)

Abbildung 5.29 Kantenbilder (D_{JSD}, $l_{\text{WS}} = 5$, $N_{\text{bins}} = 6$). Das Grundmuster (Abb. 5.27a) ist durch zwei Zufallsverteilungen befüllt (nach Abb. 5.15c). Vereinzelt werden (Teil-) Kanten der Ausgangsgeometrie durch die divergenzbasierte Kantendetektion entdeckt.

jedoch von einem höheren Kantenanteil im Bild aus und findet damit viele falsche Kanten. In Abb. 5.30 wird dies deutlich. Im Fall der zufälligen Verteilung liefert aber schon der gradientenbasierte Kantenfilterungsschritt keine guten Ergebnisse, so dass eine Veränderung des Schwellwertparameters keine Verbesserung des Detektionsergebnisses mit sich bringt.

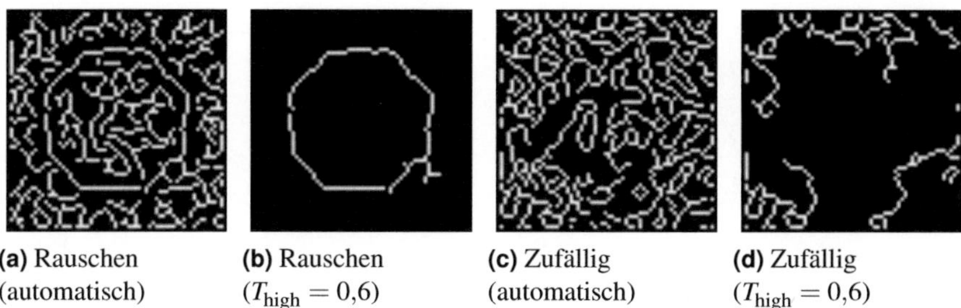

<table>
<tr><td>(a) Rauschen
(automatisch)</td><td>(b) Rauschen
($T_{\text{high}} = 0{,}6$)</td><td>(c) Zufällig
(automatisch)</td><td>(d) Zufällig
($T_{\text{high}} = 0{,}6$)</td></tr>
</table>

Abbildung 5.30 Canny-Filter mit automatischer und manueller Hysterese-Schwellwertsetzung bei verrauschter und zufälliger Grauwertverteilung.

Fazit

Die Jensen-Shannon-Divergenz erweist sich über alle Regionengrößen und Histogramm-Bin-Konfigurationen insgesamt als die am besten geeignete Divergenzfunktion für die Kantendetektion. Einzig bei kleinen Fenstergrößen ($l_{\text{WS}} = 3$) schneidet die earth-mover's-distance besser ab. Die für den Vergleich gewählten synthetischen Bildgeometrien sind jedoch groß genug, um die im vorherigen Abschnitt erwähnten Limitierungen hinsichtlich der Parameter l_{nms} sowie T_{high} und T_{low} nicht zur Wirkung kommen zu lassen.

Dennoch darf die Problematik der Strukturgröße, insbesondere bei der Übertragung auf die Schweißbilder im folgenden Abschnitt, nicht außer Acht gelassen werden.

Aufgrund der geringen Anzahl von Pixeln pro Region für die Bildung der zu vergleichenden Grauwerteverteilungen führt eine geringere Anzahl von Histogramm-Bins bei den meisten der betrachteten Abstandsmaße tendenziell zu einer besseren Detektion. Ein weiterer Ansatz, neben der Beschränkung auf wenige Bins bzw. der Verwendung eines nachbarschaftsempfindlichen Abstandsmaßes (EMD), könnte hier auch der Einsatz von *Fuzzy-Histogrammen* sein [149]. Dabei wird die diskrete Verteilung der Grauwerte auf die Bins durch eine Faltung mit einem Kernel auf mehrere Bins verwischt, wodurch implizit Nachbarschaftsinformationen in das Histogramm eingebracht werden.

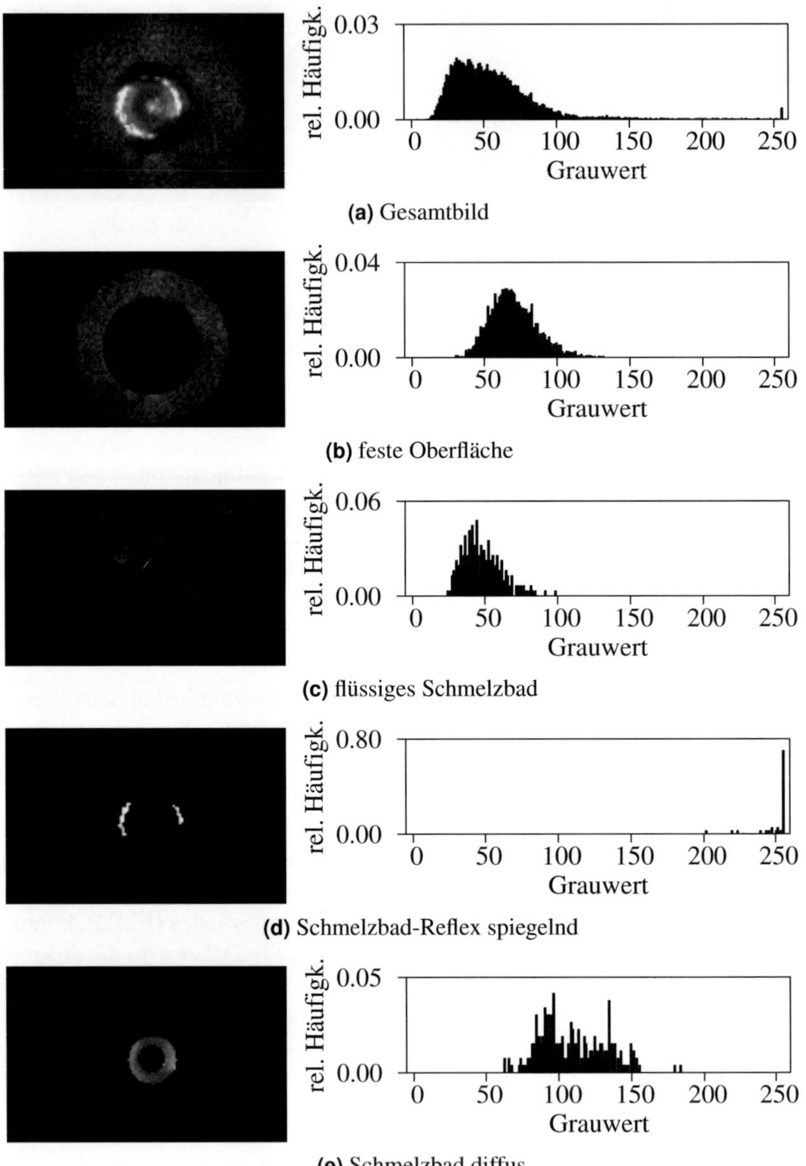

Abbildung 5.31 Bildsegmente und die zugehörigen Grauwerthistogramme, beleuchtet bei 405 nm.

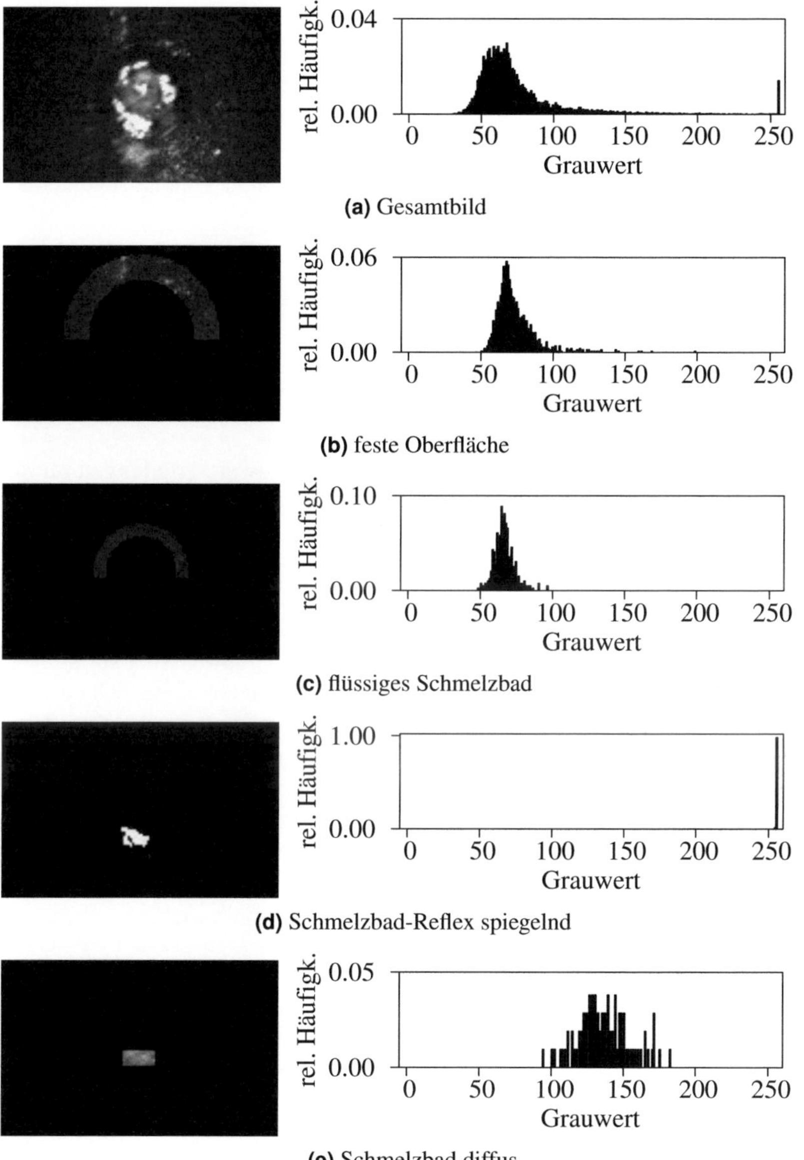

Abbildung 5.32 Bildsegmente und die zugehörigen Grauwerthistogramme, beleuchtet bei 488 nm.

5.5.4 Analyse der Schweißbilder

Grauwert- und Texturbetrachtungen

Für die Auswahl des für die Kantendetektion am besten geeigneten Verfahrens ist zunächst eine Betrachtung der Bild- und Segmenteigenschaften notwendig. Die für eine spätere automatisierte Prozessbeobachtung relevanten, zu unterscheidenden Segmentarten sind

- die feste Werkstückoberfläche,
- das flüssige Schmelzbad sowie
- die spiegelnden Reflexe darin.

Das flüssige Schmelzbad ist dabei teilweise von

- diffusen, hellen Strukturen

überlagert, welche vermutlich durch die Streuung des Beleuchtungslaserlichtes an der Dampffackel erzeugt werden.

Die Bilder Abb. 5.31 und Abb. 5.32 stellen die Grauwertverteilungen für diese vier definierten Segmentarten unter den beiden Beleuchtungswellenlängen $\lambda_{\text{illum},1} = 405\,\text{nm}$ und $\lambda_{\text{illum},2} = 488\,\text{nm}$ dar.

Unabhängig von der Beleuchtungswellenlänge ergibt sich das folgende Bild: Die charakteristischen Grauwertbereiche der Abbildung von festem Werkstück und flüssigem Schmelzbad überlappen sich deutlich, allerdings liegt der Grauwertschwerpunkt der Schmelzbadverteilung niedriger. Die Grauwerte der spiegelnden Reflexe im Inneren des flüssigen Schmelzbades liegen fast ausschließlich oberhalb von 250. Kein anderes Segment erzeugt Grauwerte in diesem Bereich. Die diffusen Strukturen im Schmelzbad liegen hinsichtlich der Grauwertverteilung oberhalb des festen Werkstückmaterials, weisen aber Überlappungen auf.

Aus den Histogrammen wird ersichtlich, dass hier einfache Grauwertschwellen nur zur Extraktion der Reflexstrukturen sinnvoll verwendet werden können. Insbesondere zur Trennung von fester Werkstückoberfläche und flüssigem Schmelzbad sind grauwertverteilungssensitive Kantenalgorithmen von Vorteil.

Adaptive Histogramme

Bei Betrachtung der Histogramme wird ebenfalls deutlich, dass sich die auftretenden Helligkeiten nicht über den gesamten Grauwertbereich erstrecken und in bestimmten Bereichen ballen. Einige Abschnitte der Histogramme beinhalten keine oder keine relevante Information über die jeweiligen Bildsegmente. Im Fall der divergenzbasierten Kantendetektion führt dies tendenziell zu einem geringeren Kontrast in der Divergenzmatrix D_{max} und damit zu einem schlechteren Detektionsergebnis.

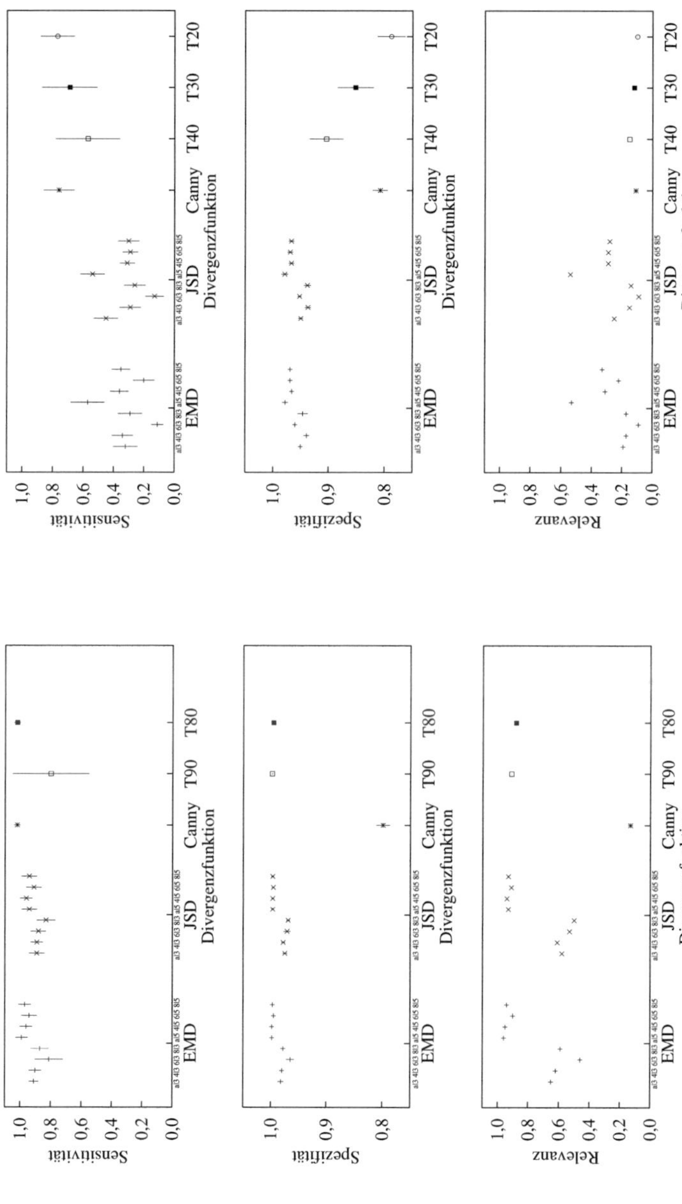

(a) 405 nm (Verteilungen: Außen Abb. 5.31c, Innen Abb. 5.31b)   (b) 488 nm (Verteilungen: Außen Abb. 5.32b, Innen Abb. 5.32c)

Abbildung 5.33 Sensitivität, Spezifität und Relevanz der Kantendetektionsergebnisse bei typischen Schweißbild-Grauwertverteilungen. Basisgeometrie ist das Achteck, die Grauwertverteilungen entsprechen jeweils den Verteilungen der festen Werkstückoberfläche sowie des flüssigen Schmelzbades.

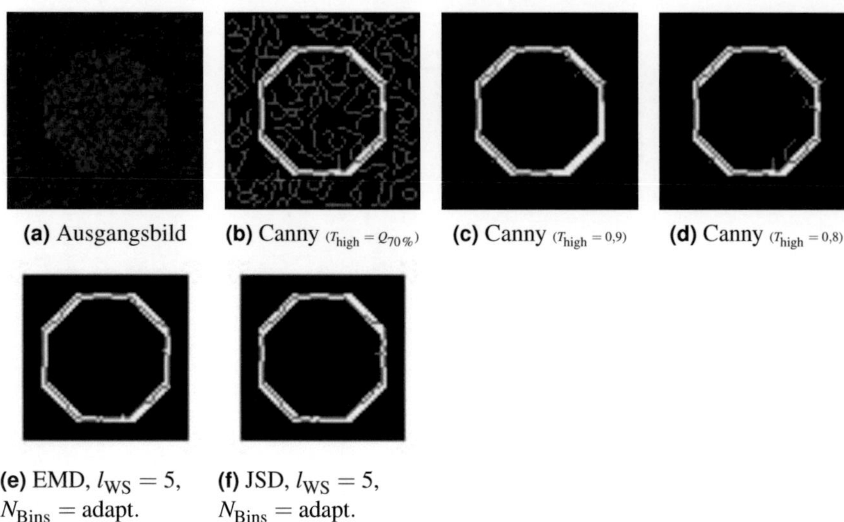

(a) Ausgangsbild   **(b)** Canny $(T_{\text{high}} = \varrho_{70\%})$ **(c)** Canny $(T_{\text{high}} = 0{,}9)$ **(d)** Canny $(T_{\text{high}} = 0{,}8)$

(e) EMD, $l_{\text{WS}} = 5$,   **(f)** JSD, $l_{\text{WS}} = 5$,
$N_{\text{Bins}} = $ adapt. $N_{\text{Bins}} = $ adapt.

Abbildung 5.34 Beispielbild Achteck, 405 nm-Verteilungen. Das flüssige Schmelzbad bildet (Abb. 5.31c) in diesem Fall die äußere Textur, die innere Grauwertverteilung wird durch die feste Werkstückoberfläche erzeugt (Abb. 5.31b).

Die Verwendung adaptiver Histogramme – also die Abstimmung der Histogrammabschnitte an die vorliegende bzw. zu erwartende Grauwertverteilung – führt hier zu Verbesserungen.

Dargestellt ist dies in Abb. 5.33. Für die Ermittlung der Sensitivität, Spezifität und Relevanz wird wiederum die Achteckstruktur verwendet, befüllt jeweils nach den Grauwertverteilungen der festen Werkstückoberfläche und des flüssigen Schmelzbades. Die Werte ergeben sich ebenfalls als Mittelwert über zehn unabhängige Bilder. Abb. 5.34a und Abb. 5.35a zeigen jeweils exemplarisch ein Bild aus diesen Reihen mitsamt den zugehörigen Detektionsergebnissen. Die verwendeten Histogrammunterteilungen sind in Abb. 5.36 dargestellt.

Insbesondere im Fall der 488 nm-Grauwertverteilungen (Abb. 5.33b) zeigt sich der Vorteil einer Histogrammanpassung. Ebenfalls erkennbar ist der Vorteil der divergenzbasierten Kantendetektion gegenüber dem gradientenbasierten Verfahren bei geringen Helligkeitsunterschieden. Während sich die Grauwertverteilungen von fester Werkstückoberfläche und flüssigem Schmelzbad bei 405 nm in ihrem Schwerpunkt deutlich unterscheiden, liegen die Unterschiede bei 488 nm eher in

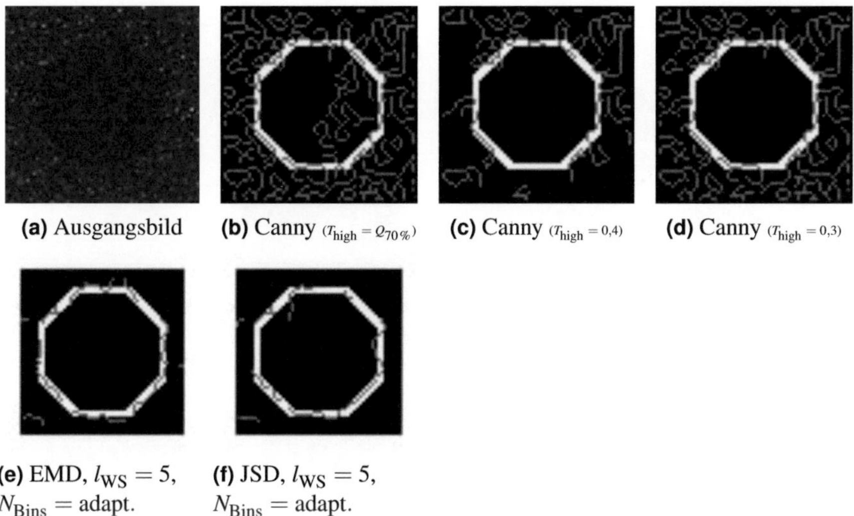

(a) Ausgangsbild   **(b)** Canny $_{(T_{high} = \varrho_{70\%})}$ **(c)** Canny $_{(T_{high} = 0{,}4)}$ **(d)** Canny $_{(T_{high} = 0{,}3)}$

(e) EMD, $l_{WS} = 5$, $N_{Bins} =$ adapt.   **(f)** JSD, $l_{WS} = 5$, $N_{Bins} =$ adapt.

Abbildung 5.35 Beispielbild Achteck, 488 nm-Verteilungen. Innen flüssiges Schmelzbad (Abb. 5.32c), außen feste Werkstückoberfläche (Abb. 5.32b).

der Breite der Verteilung als in ihrer Lage. Wie in Kap. 5.5.3 detektiert das Canny-Filter nur zufällig Pixel auf der realen Kante.

Strukturgrößen

Wie im vorherigen Kapitel gezeigt, spielen auch die Kantenabstände resp. Strukturgrößen des betrachteten Bildes für die Auswahl des Kantendetektionsalgorithmus eine wichtige Rolle. In Abb. 5.37 sind die typischen Segmentgrößen der Schweißaufnahmen dargestellt.

Wie zu erkennen ist, bewegen sich die abgebildeten Segmentdimensionen vielfach im kritischen Bereich von 2 − 4 Pixel. Um dennoch Aussagen über die generelle Trennbarkeit der Bildbereiche zu erhalten, werden im Folgenden synthetische Bildstrukturen verwendet und mit den entsprechenden Grauwertverteilungen belegt. Abb. 5.38a zeigt die verwendete Basisstruktur. Diese lehnt sich an die tatsächlichen Schweißbilder an, die horizontalen Elemente dienen dazu, dass alle vier Grauwertverteilungen gemeinsame Kanten aufweisen.

Das Ergebnis der Kantendetektion auf diesen synthetischen Schweißbildern ist in Abb. 5.39 in Form eines Vergleichs von Sensitivität, Spezifität und Relevanz bei verschiedenen Hysterese-Schwellwerten T_{high} dargestellt. Auch hier kommen

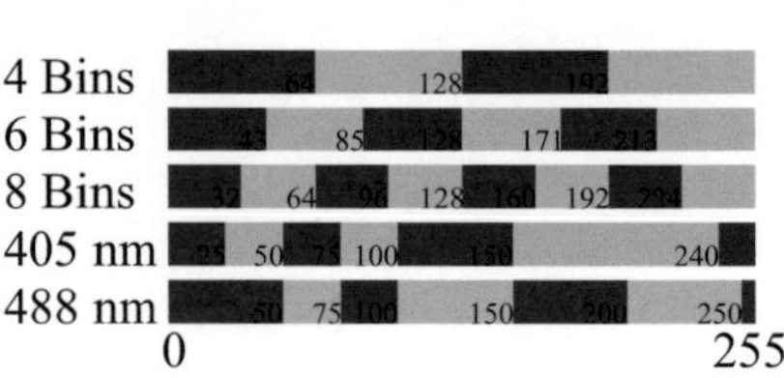

Abbildung 5.36   Histogrammunterteilungen der Schweißbildanalyse.

Abbildung 5.37   Typische Strukturgrößen der aufgenommenen Schweißbilder (Angaben in Pixel)

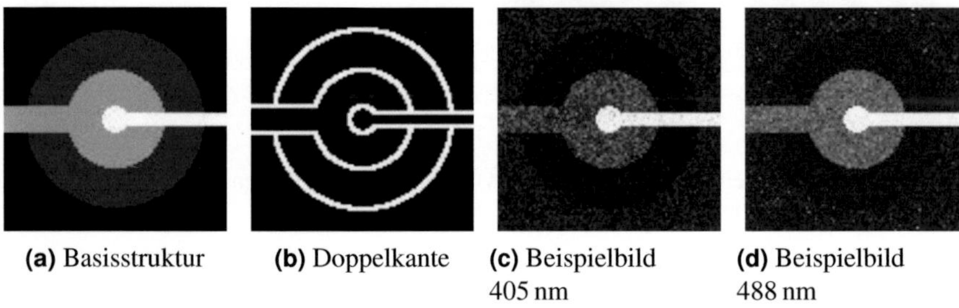

(a) Basisstruktur   (b) Doppelkante   (c) Beispielbild 405 nm   (d) Beispielbild 488 nm

Abbildung 5.38   Geometrie des synthetischen Schweißbildes (a) sowie die zugehörige Doppelkante (b). Daneben exemplarisch zwei befüllte, synthetische Bilder bei 405 nm (c) und 488 nm (d).

jeweils zehn unterschiedliche Bilder zum Einsatz. Abb. 5.40 und Abb. 5.41 visualisieren exemplarisch das Detektionsergebnis an jeweils einem der synthetischen Bilder.

Generell zu ersehen ist, dass das Canny-Filter im Fall der 405 nm-Verteilungen mit dem richtigen Hysterese-Schwellwert ein sehr gutes Ergebnis liefert ($T_{\text{high}} = 0{,}15$, Abb. 5.40e). Gleiches gilt auch für die divergenzbasierten Detektoren ($T_{\text{high}} = Q_{20\%}$ sowohl für EMD wie auch JSD, Abb. 5.40o). Der Vorteil des divergenzbasierten Ansatzes liegt jedoch in einer höheren Toleranz hinsichtlich der Relevanz der detektierten Kanten bei einer falschen Wahl des Hysterese-Schwellwertes.

Die 488 nm-Verteilung liefert für die Kante zwischen fester Werkstückoberfläche und flüssigem Schmelzbad ein ähnliches Bild wie die zufälligen Verteilungen in Kap. 5.5.3. Das heißt das Canny-Filter liefert zwar viele Punkte der Kante

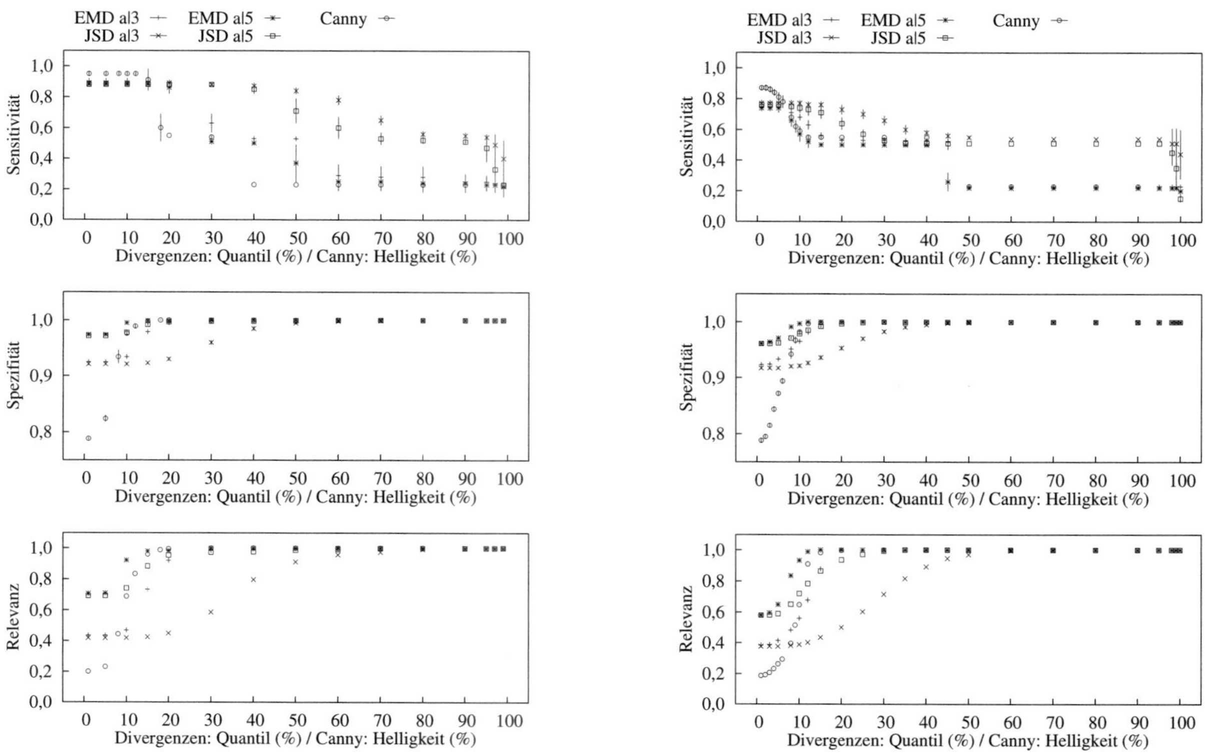

Abbildung 5.39 Sensitivität, Spezifität und Relevanz der Kantendetektionsergebnisse anhand der synthetischen Schweißbildgeometrie (Abb. 5.38a) bei verschiedenen Hysterese-Schwellen T_{high}.

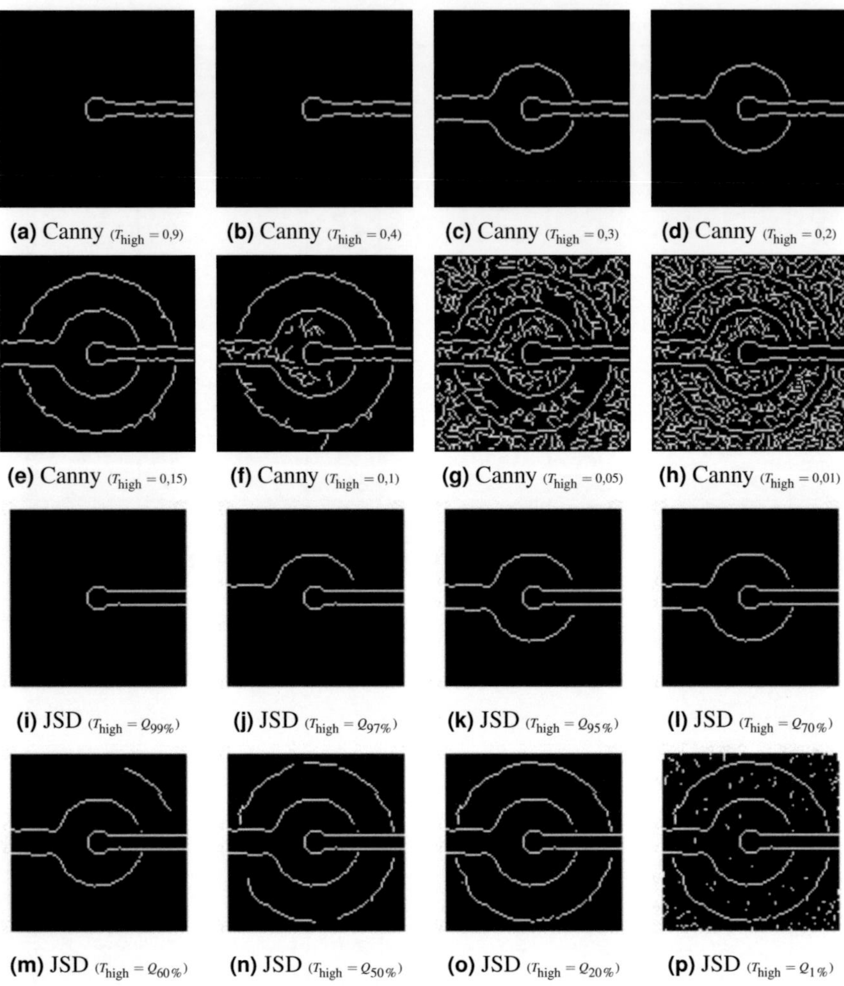

Abbildung 5.40 Kantendetektion auf synthetischem Schweißbild Abb. 5.39a (405 nm-Grauwertverteilungen). Detektionsergebnis bei unterschiedlichen Hysterese-Schwellwerten T_{high}.

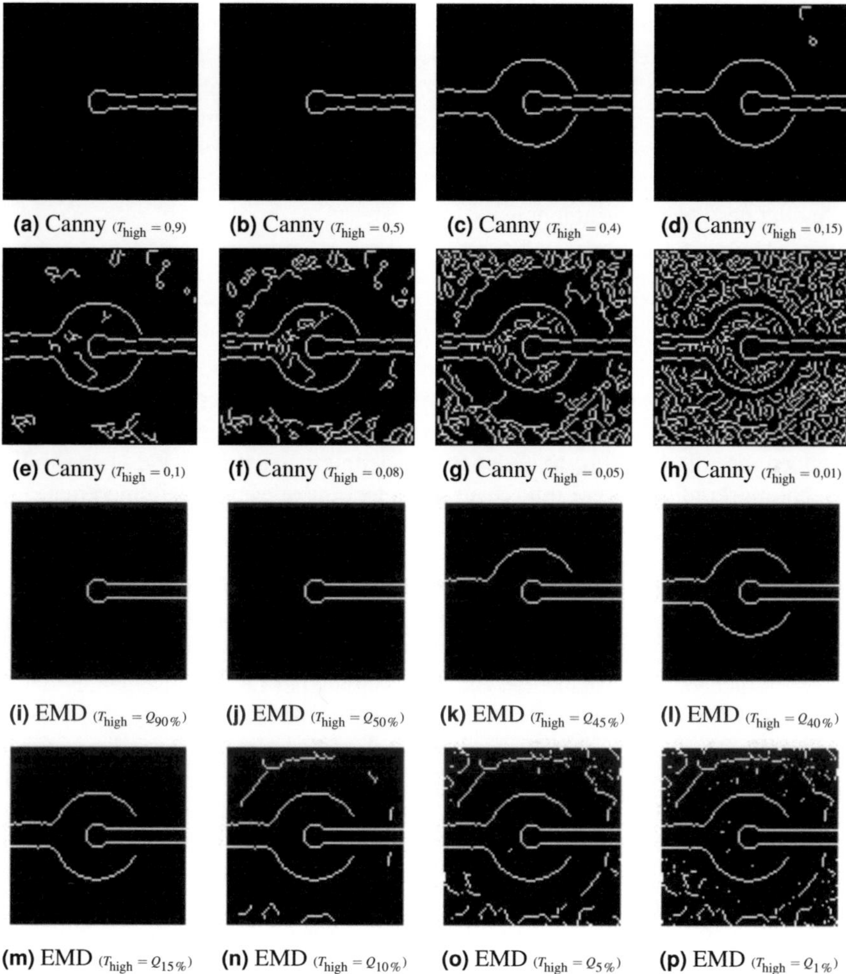

(a) Canny $(T_{\text{high}} = 0{,}9)$ **(b)** Canny $(T_{\text{high}} = 0{,}5)$ **(c)** Canny $(T_{\text{high}} = 0{,}4)$ **(d)** Canny $(T_{\text{high}} = 0{,}15)$

(e) Canny $(T_{\text{high}} = 0{,}1)$ **(f)** Canny $(T_{\text{high}} = 0{,}08)$ **(g)** Canny $(T_{\text{high}} = 0{,}05)$ **(h)** Canny $(T_{\text{high}} = 0{,}01)$

(i) EMD $(T_{\text{high}} = \varrho_{90\%})$ **(j)** EMD $(T_{\text{high}} = \varrho_{50\%})$ **(k)** EMD $(T_{\text{high}} = \varrho_{45\%})$ **(l)** EMD $(T_{\text{high}} = \varrho_{40\%})$

(m) EMD $(T_{\text{high}} = \varrho_{15\%})$ **(n)** EMD $(T_{\text{high}} = \varrho_{10\%})$ **(o)** EMD $(T_{\text{high}} = \varrho_{5\%})$ **(p)** EMD $(T_{\text{high}} = \varrho_{1\%})$

Abbildung 5.41   Kantendetektion auf synthetischem Schweißbild Abb. 5.39b (488 nm-Grauwertverteilungen). Detektionsergebnis bei unterschiedlichen Hysterese-Schwellwerten T_{high}.

zurück, dies beruht jedoch auf einem dichten, zufälligen Netz an Pseudokanten, wie sich in der Relevanz abzeichnet. Die divergenzbasierte Detektion liefert zwar keine vollständige Kante (Abb. 5.41o), das Ergebnis erlaubt es jedoch, die zu Grunde liegende Form in etwa abzuschätzen, da der Falschkantenanteil signifikant niedriger liegt als im Fall des Canny-Filters. Auch hier spielt die Wahl des Hysterese-Schwellwertes bei beiden Filteransätzen eine wichtige Rolle für die Qualität des Detektionsergebnisses.

Fazit

Die in diesem Kapitel dargestellten Untersuchungen der Schweißbild-Grauwertverteilungen und der daraus gewonnenen synthetischen Schweißbilder zeigen, dass die Qualität der Kantendetektion von mehreren Faktoren abhängt.

Hinsichtlich der Bildaufnahme ist hier vor allem der Abbildungsmaßstab zu nennen, der die Strukturgröße der Bilder definiert. Allerdings hat auch die Beleuchtungskonfiguration Einfluss auf die detektionsrelevanten Bildmerkmale[7].

In Abb. 5.42 werden sowohl das Canny-Filter wie auch die divergenzbasierte Methode (mit der Jensen-Shannon-Divergenz) auf ein exemplarisches Schweißbild angewendet. Beide Filter zeigen kein wirklich befriedigendes Ergebnis. Auch eine Veränderung der Nichtmaxima-Unterdrückung-Fensterbreite l_{nms} und der Hysterese-Schwelle T_{high} führt nur zu leichten Verbesserungen.

Weitergehende Möglichkeiten zur Verbesserung der Detektionsergebnisse werden in [177] vorgestellt. Durch Nutzung des für jedes Pixel vorliegenden potentiellen Kantenwinkels lässt sich der Schritt der Pixelselektion verfeinern, indem gefundene Kanten entlang der potentiellen Winkel weiterverfolgt werden. Das Kantendetektionsergebnis wird zudem mit einer Segmentierung mittels Pixelklassifikation kombiniert. Dies ermöglicht es, die Kantendetektion empfindlicher zu parametrieren, um anschließend überflüssige Kanten innerhalb eines pixelklassifizierten Segmentes zu löschen. In die andere Richtung verbessern die detektierten Kanten die Abgrenzung zwischen den pixelklassifizierten Segmenten.

5.6 Zusammenfassung und Ausblick

Die aktive Beobachtung der Schweißprozesszone bietet neue Ansätze zur Prozessüberwachung. Durch die zusätzliche Beleuchtung und die Aufnahme dieses reflektierten Beleuchtungslichtes lässt sich die Oberfläche der Prozesszone den gesamten Prozess über beobachten – sowohl während des Energieeintrages wie

---

[7]Ob die Beleuchtungswellenlänge sich systematisch auf die Grauwertverteilungen der Bildsegmente auswirkt, lässt sich anhand der zwei hier untersuchten Beleuchtungswellenlängen nicht feststellen.

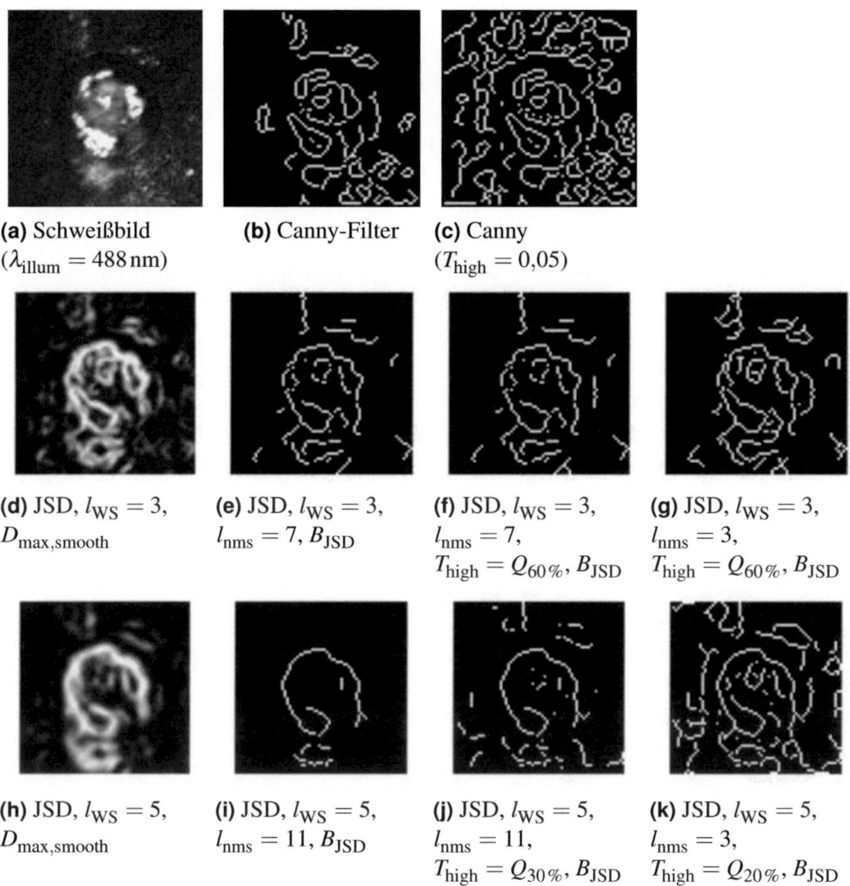

(a) Schweißbild
($\lambda_{\text{illum}} = 488\,\text{nm}$)

(b) Canny-Filter

(c) Canny
($T_{\text{high}} = 0{,}05$)

(d) JSD, $l_{\text{WS}} = 3$,
$D_{\text{max,smooth}}$

(e) JSD, $l_{\text{WS}} = 3$,
$l_{\text{nms}} = 7$, B_{JSD}

(f) JSD, $l_{\text{WS}} = 3$,
$l_{\text{nms}} = 7$,
$T_{\text{high}} = Q_{60\%}$, B_{JSD}

(g) JSD, $l_{\text{WS}} = 3$,
$l_{\text{nms}} = 3$,
$T_{\text{high}} = Q_{60\%}$, B_{JSD}

(h) JSD, $l_{\text{WS}} = 5$,
$D_{\text{max,smooth}}$

(i) JSD, $l_{\text{WS}} = 5$,
$l_{\text{nms}} = 11$, B_{JSD}

(j) JSD, $l_{\text{WS}} = 5$,
$l_{\text{nms}} = 11$,
$T_{\text{high}} = Q_{30\%}$, B_{JSD}

(k) JSD, $l_{\text{WS}} = 5$,
$l_{\text{nms}} = 3$,
$T_{\text{high}} = Q_{20\%}$, B_{JSD}

Abbildung 5.42 Kantendetektionsergebnisse für ein Schweißbild, aufgenommen bei $\lambda_{\text{illum}} = 488\,\text{nm}$.

auch während der Abkühlphase. Die Entstehung von Oberflächendefekten – z. B. von Blowholes durch eine überhitzte Schmelze – kann damit kontinuierlich und unabhängig vom Prozesszeitpunkt erfolgen. Auch die Lage des Schmelzbades auf dem Werkstück relativ zur Fügezone kann direkt ermittelt werden, da auch die umgebende Werkstückoberfläche direkt sichtbar ist.

Die Beleuchtungswellenlänge sollte auf den Prozess abgestimmt sein, d. h. insbesondere auf das Werkstückmaterial sowie den Bearbeitungslaser, um die kontrastmindernde Prozessabstrahlung in den Oberflächenbildern möglichst gut unterdrücken zu können.

Knackpunkt für den industriellen Einsatz der Technik ist die automatische Auswertung der gewonnenen Bilder. Aufgrund ihrer teils verspeckelten Natur durch die kohärente Laserbeleuchtung haben herkömmliche, gradientenbasierte Filter Schwierigkeiten, die Grenzen zwischen den Prozesszonenregionen (feste Werkstückoberfläche, flüssiges Schmelzbad) zu detektieren. Der in dieser Arbeit analysierte divergenzbasierte Ansatz liefert hier erste, vielversprechende Ergebnisse. Allerdings stellt sich die Abbildungsgröße der Prozesszonenregionen als limitierendes Element heraus.

Abhilfe würde wohl am ehesten eine Vergrößerung des Abbildungsmaßstabes und damit der Strukturgrößen im Bild bringen. Die Größe des Bildes wirkt sich jedoch durch die damit gekoppelte Speichergröße direkt auf die mögliche Aufnahmefrequenz aus. Hier muss ein sinnvoller Mittelweg gefunden werden zwischen zeitlicher und räumlicher Auflösung.

Die Strukturauflösung könnte sich aber auch durch den Einsatz von problemspezifisch gewählten Vergleichsregionen verbessern lassen. Als Beispiel sei eine streifenartige Kantenstruktur genannt, bei der eine breite, aber in der Tiefe schmale Region zum Einsatz kommt.

Die nachfolgende Analyse eines segmentierten Bildes kann auf vielerlei Arten erfolgen – kurz angerissen wurde in dieser Arbeit unter anderem die Modellierung der Schmelzbadoberfläche in drei Dimensionen anhand der Beleuchtungsreflexe. Überschwappende Schmelze lässt sich anhand der Schmelzbadkontur resp. ihrer Abweichung von der Sollkontur detektieren. Eine Analyse der Außenkontur über die Zeit ermöglicht es zudem, die zeitliche Folge des Energieeintrages sowie der Energieabgabe in der Abkühlphase zu überwachen.

6 Zusammenfassung und Ausblick

Die kamerabasierte Beobachtung des Laserstrahlschweißprozesses ermöglicht die Überwachung einer Vielzahl von Prozessparametern. Die in dieser Arbeit durchgeführten und dargestellten Untersuchungen beschäftigen sich mit den beiden Hauptzweigen der kamerabasierten Prozessbeobachtung resp. -überwachung – der Analyse der Prozessabstrahlung (passive Überwachung, Kap. 4) sowie der Analyse der durch eine zusätzliche Lichtquelle sichtbar gemachten Prozesszonengeometrie (aktive Beobachtung, Kap. 5).

Physikalische Aspekte Wie in dieser Arbeit gezeigt wurde (Kap. 4.4), gilt für beide Verfahren, dass eine hohe zeitliche Auflösung der Bildaufnahme unabdingbar ist, um möglichst alle Prozesssituationen und damit Defektentstehungen zuverlässig erkennen zu können. Dies gilt im Besonderen für hochdynamische, gepulste Prozesse.

Gleiches gilt für die räumliche Auflösung der zu analysierenden Aufnahmen. Auch hier wirkt sich eine höhere Auflösung positiv auf die Zuverlässigkeit der Analyseergebnisse aus. Im Fall der passiven Beobachtung fällt die Unterscheidung zwischen gewünschten und unerwünschten Prozesszuständen leichter, da in der Analyse klarer erkennbar wird, ob kritische Bildstrukturen aufgrund von Prozesseffekten oder der räumlichen Mittelung des Sensors entstehen. Für die aktive Beobachtung führt eine erhöhte Bildauflösung zu einer verbesserten Strukturerkennung (Kantendetektion) in den aufgenommenen Bildern.

Allerdings verhalten sich die zeitliche und die räumliche Auflösung hinsichtlich ihrer konkreten Umsetzbarkeit konträr zueinander. Beide führen zu einem erhöhten Datenvolumen, welches übertragen, analysiert und gespeichert werden muss.

Ein weiterer, in dieser Arbeit aufgezeigter, wichtiger Aspekt ist eine auf den Prozess abgestimmte Wellenlängenfilterung bei der Bildaufnahme (Kap. 3). Im die Prozessabstrahlung beobachtenden Fall lässt sich hiermit der Informationsgehalt der Bilder insofern erhöhen, als dass irrelevante Information schon auf physikalischer Ebene ausgefiltert wird und gar nicht erst analysiert werden muss. Auch eine zusätzliche Beleuchtung der Prozesszone sollte in Wellenlängenbereichen erfolgen, in denen nur eine geringe Prozessabstrahlung vorzufinden ist, um den Kontrast der aufgenommenen Bilder zu erhöhen. Die geeigneten Wellenlängenbereiche hängen dabei von einer Vielzahl von Prozessparametern ab, u. a. der Schweißlaserwellenlänge, der Materialzusammensetzung der Werkstücke oder dem verwendeten Schutzgas.

Neben einer Vorfeldanalyse der Prozessabstrahlung hinsichtlich der Parametrierung einer nachfolgenden Bildaufnahme lässt sich die spektrale Beobachtung der Prozessabstrahlung auch direkt für die Prozessüberwachung nutzen. Aufgezeigt wurden Wege zur Überwachung der Schutzgasabdeckung (Kap. 3.4.7) sowie die Detektion von unerwünschten Materialzusammensetzungen (z. B. Materialverunreinigungen, Kap. 3.4.8), welche das Schweißergebnis negativ beeinflussen können.

Auswertungsaspekte Aufbauend auf diesen prozessphysikalischen Erkenntnissen wurde ein neues, schwach-überwacht lernendes Klassifikationssystem für die industrielle Prozessüberwachung entwickelt (Kap. 4.6). Basis dafür ist die zeitlich und räumlich hochaufgelöste, spektral gefilterte Aufnahme der Prozessabstrahlung. Das Hauptaugenmerk lag dabei auf gepulsten Prozessen, welche gewöhnlich eine wesentlich höhere Dynamik als kontinuierliche Schweißprozesse aufweisen. Das dargestellte System ist aber ebenso für den Einsatz in Kombination mit Dauerstrichschweißlasern geeignet. Durch den Einsatz eines Klassifikators auf einem aus allgemeinen, unspezifischen Bildmerkmalen aufgebauten Merkmalsraum ist es möglich, dass sich das Überwachungssystem selbstständig auf das jeweilige Schweißproblem einstellen kann. Somit werden langwierige, bisher zum größten Teil manuell durchgeführte Einrichtungen des Überwachungssystems unnötig. Die Verwendung von einfachen, schnell zu berechnenden Bildmerkmalen, deren Zusammenfassung zu Pulsmerkmalen sowie die automatische, problemspezifische Reduktion des Merkmalsraumes während der Trainingsphase erlauben den industriellen Einsatz unter annähernden Echtzeitbedingungen[1] (d. h. das Analyseergebnis liegt mit Beendigung der Schweißung vor). Auch bei einer, aufgrund der Fügegeometrie, undeutlichen Abbildung der Prozessabstrahlung auf die Aufnahmesensorik ermöglicht die Verwendung der unspezifischen Bildmerkmale eine Detektion von Schweißfehlern. Demonstriert wurde das System anhand einer Überwachung der Blowhole-Entstehung während der Schweißung.

---

[1] Die Echtzeitfähigkeit hängt natürlich stark von der verwendeten Hardware ab. Intelligente Kameras mit integriertem Bildverarbeitungsprozessor können die erforderlichen Merkmale direkt berechnen, so dass sich das nachfolgende Klassifikationssystem nur noch um die Einordnung der Merkmale kümmern muss.

Für die Beobachtung der Prozesszone mittels einer zusätzlichen Beleuchtung wurden divergenzbasierte Algorithmen zur Extraktion der Schmelzbadgeometrie untersucht (Kap. 5.5). Diese erweisen sich im Fall von grauwertverteilungsbasierten Kanten, wie sie in den beleuchteten Schweißbildern vielfach vorkommen, den gradienten-, also helligkeitsbasierten, Kantenfiltern als überlegen. Verschiedene Divergenzmaße wurden theoretisch und experimentell auf ihre Tauglichkeit hinsichtlich der Kantendetektion untersucht und bewertet. Limitierungen gegenüber den gradientenbasierten Standardkantenfiltern ergeben sich hinsichtlich der erreichbaren Auflösung aus der Größe der für die Kantendetektion benötigten Vergleichsregionen im Bild. Wie im Rahmen dieser Untersuchungen [177] gezeigt wurde, erweist sich letztendlich ein kombinierter Ansatz aus divergenzbasierter Kantendetektion und pixelbasierter Segmentklassifikation als der erfolgreichste. Der Vorteil der direkten Beobachtung der Prozesszonengeometrie liegt darin, dass auch Schweißfehler, die sich nicht in der Prozessabstrahlung bemerkbar machen, z. B. die Entstehung von Rissen in der Abkühlphase, beobachtet und detektiert werden können.

Ausblick Prinzipiell lassen sich diese beiden Methoden, also die Analyse der Prozessabstrahlung und die Extraktion der Prozesszonengeometrie mittels der zusätzlichen Beleuchtung, auch kombinieren – entweder durch zwei Kameras mit unterschiedlicher spektraler Filterung oder durch den Einsatz einer Farbkamera mit entsprechend angepassten Farbfiltern. Durch diese Kombination ist es zum Einen möglich, die prozessabstrahlungsbasierte Fehlererkennung anhand der beleuchteten Bilder zu verifizieren (evtl. schließt sich ein durch einen Spritzer gerissener Krater wieder) und somit die Aussagekraft des Gesamtsystems zu erhöhen. Zum Anderen ist das beleuchtende System in der Lage, Prozessinformationen (z. B. über sich öffnende Risse) auch während der Abkühlphase im direkten Nachlauf der Prozesszone zu liefern.

Anhang

Die folgenden Anhänge enthalten Erklärungen und Vertiefungen zu den im Hauptteil eingesetzten Techniken.

Anhang A beschreibt die Eigenschaften eines Lambert-Strahlers vor dem Hintergrund eines flüssigen, metallischen Schmelzbades.

Zum Besseren Verständnis der elektro-magnetischen Prozessabstrahlung erläutert Anhang B die physikalischen Hintergründe der Strahlungsentstehung. Nebenrechnungen und Herleitungen aus diesem Abschnitt finden sich in Anhang K.

In Anhang C finden sich die in Kap. 3.4 untersuchten Spektrenserien.

Anhang D erläutert das Verfahren der Klassifikation sowie die verwendeten Klassifikatoren und enthält eine vollständige Liste der zur Defekterkennung in Kap. 4.6.2 verwendeten Merkmale.

Die Anhänge E bis H liefern Hintergrundinformationen zum Themenkomplex der Aktiven Prozessbeobachtung (Kap. 5) – zur Kantendetektion in der Bildverarbeitung (Anh. E), zur mathematischen Basis der statistischen Bildanalyse (Anh. F), zur Berechnung des Kantenwinkels (Anh. G) und Beispiele zur Analyse der Kantendetektionsqualität (Anh. H).

Abschließend finden sich noch die Zusammensetzungen der verwendeten Werkstoffe (Anh. I) sowie die Werte der in dieser Arbeit auftauchenden physikalischen Konstanten (Anh. J).

A Beobachtung der Oberflächentopographie

Für die Beobachtung der Topographie einer Oberfläche spielen deren Abstrahlungs- und Reflexionseigenschaften eine wesentliche Rolle. Im Folgenden sollen die für die Beobachtung der Schweißprozesszone relevanten Oberflächeneigenschaften beschrieben werden.

A.1 Lambert-Strahler

Als *Lambert-Strahler* wird eine Strahlungsquelle mit einer richtungsunabhängigen *Strahlungsdichte B* bezeichnet [164]. Ein Oberflächenelement der Quelle erscheint dem Betrachter unabhängig vom Blickwinkel, d. h. dem Winkel Θ zwischen der Oberflächennormalen $\mathrm{d}\vec{A}$ des betrachteten Quellelementes und der Blickrichtung $\vec{r}$ ($\Theta = \angle(\vec{r}, \mathrm{d}\vec{A})$), immer gleich hell. Dabei ist es zunächst unerheblich, ob die Quelle selbst die Strahlung erzeugt oder auftreffende Strahlung reflektiert. Beispiele hierfür sind ein glühendes Stück Kohle oder ein mattes, Licht reflektierendes Blatt Papier (bei Änderung des Beobachtungswinkels Θ und konstantem Beleuchtungswinkel α).

Die Strahlungsdichte B ist definiert als

$$B = \frac{\mathrm{d}^2\Phi}{\mathrm{d}A'\mathrm{d}\Omega} \qquad [B] = \mathrm{W\,m^{-2}\,sr^{-1}} \quad , \tag{A.1}$$

also als die *Strahlungsleistung* bzw. der *Strahlungsfluss* Φ, der aus einem Oberflächenelement $\mathrm{d}\vec{A}$ der Quelle in einen bestimmten Raumwinkel $\mathrm{d}\Omega$ abgestrahlt wird. Dabei ist $\mathrm{d}A' = \left|\mathrm{d}\vec{A}\right|\cos\Theta = \mathrm{d}A\cos\Theta$ die effektive (sichtbare) Fläche des unter dem Winkel Θ betrachteten Flächenelementes (siehe Abb. A.3).

Eine weitere Größe für die Charakterisierung einer Quelle ist die *Strahlungsstärke J*. Sie ist definiert als

$$J = \frac{\mathrm{d}\Phi}{\mathrm{d}\Omega} \qquad [J] = \mathrm{W\,sr^{-1}} \quad , \tag{A.2}$$

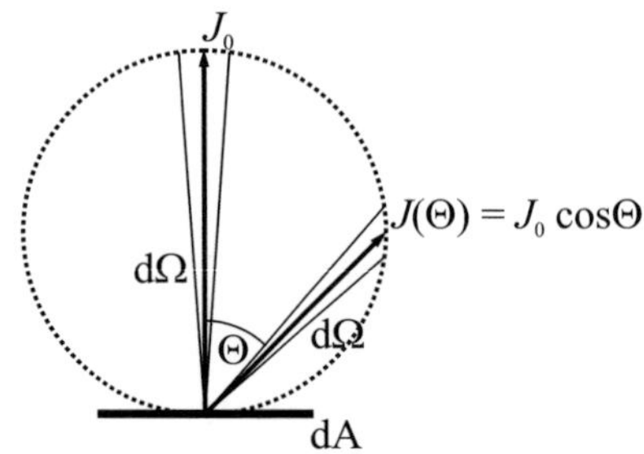
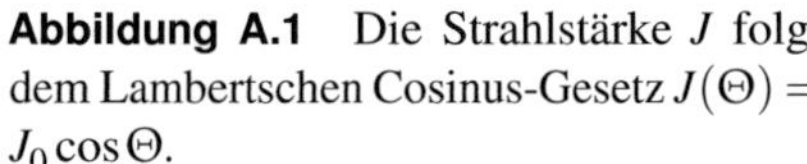
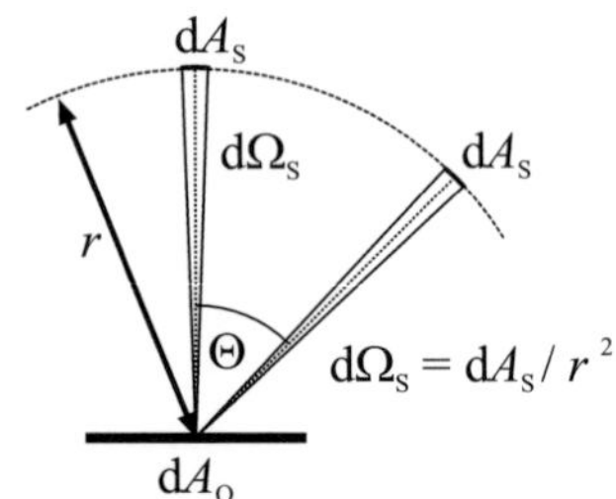

Abbildung A.1 Die Strahlstärke J folgt dem Lambertschen Cosinus-Gesetz $J(\Theta) = J_0 \cos\Theta$.

Abbildung A.2 Die Sensorfläche $\mathrm{d}A_\mathrm{S}$ nimmt bei konstantem Abstand r_S den konstanten Raumwinkelbereich $\mathrm{d}\Omega_\mathrm{S}$ um die Quelle ein.

also als der Strahlungsfluss $\mathrm{d}\Phi$, der von der Quelle in einen bestimmten Raumwinkelbereich $\mathrm{d}\Omega$ abgegeben wird. Es gilt

$$B = \frac{\mathrm{d}J}{\mathrm{d}A'}$$

und damit für einen Lambert-Strahler mit $B(\Theta) = B_0 = \text{const.}$

$$\mathrm{d}J(\Theta) = \underbrace{B_0\,\mathrm{d}A\cos\Theta}_{\mathrm{d}J_0} \quad,$$

d. h. für ein uniformes Flächenstück

$$J(\Theta) = J_0 \cos\Theta \quad. \tag{A.3}$$

Dieser Zusammenhang wird als *Lambertsches Cosinus-Gesetz* bezeichnet (Abb. A.1) und wurde 1760 von J. H. LAMBERT (1728 – 1777) veröffentlicht [109].

Ein Sensorelement mit der Fläche $\mathrm{d}A_\mathrm{S}$ im Abstand r_S von der Quelle nimmt, von der Quelle aus gesehen, immer den konstanten Raumwinkel $\mathrm{d}\Omega_\mathrm{S} = \frac{\mathrm{d}A_\mathrm{S}}{r_\mathrm{S}^2}$ ein (Abb. A.2). Das heißt der Strahlungsfluss durch das Sensorelement $\mathrm{d}\Phi_\mathrm{S}$ (also die empfangene Leistung) folgt ebenfalls dem Cosinus-Gesetz, wird also bei flacherem Blickwinkel kleiner. Andererseits wirkt die abstrahlende Fläche $\mathrm{d}A_\mathrm{Q}'$ vom Sensor aus betrachtet ebenfalls um denselben Faktor kleiner (Abb. A.3), d. h. der Raumwinkelbereich, aus dem die Strahlung empfangen wird, ist kleiner,

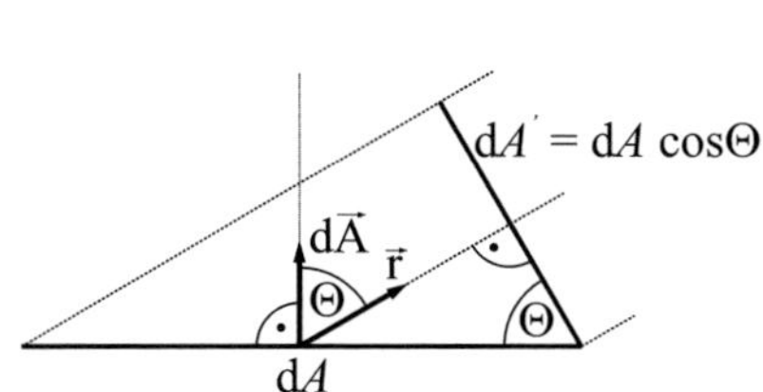

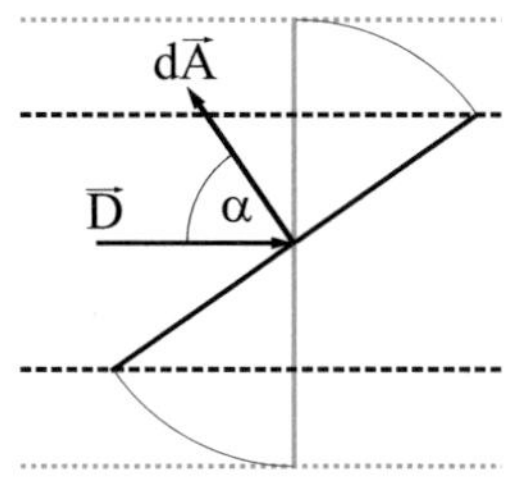

Abbildung A.3 Die effektive (sichtbare) Fläche dA' ist abhängig vom Betrachtungswinkel.

Abbildung A.4 Die Bestrahlungsstärke E auf der Oberfläche hängt vom Einstrahlwinkel $\alpha = \angle(\vec{D}, \mathrm{d}\vec{A})$ ab.

sodass das Verhältnis von Leistung zu sichtbarer, abstrahlender Fläche aus Sicht des Sensors gleich bleibt und damit auch die wahrgenommene Helligkeit. Diese Eigenschaft macht es unmöglich, anhand der ausgesandten Eigenstrahlung eines Lambert-Strahlers auf die Oberflächentopographie dieser Quelle zu schließen.

A.2 Lambert-Reflektor

Anders sieht es im Fall eines *Lambert-Reflektors* aus. Als solcher wird eine Oberfläche bezeichnet, die das von ihr reflektierte Licht unabhängig von der Einfallsrichtung diffus nach dem Lambertschen Cosinus-Gesetz abstrahlt. Auch hier ist also die beobachtete Helligkeit eines Oberflächenelementes dA unabhängig von der Beobachtungsrichtung α.

Allerdings ändert sich die Bestrahlungsstärke

$$E = \frac{\mathrm{d}P}{\mathrm{d}A} \qquad [E] = \mathrm{W\,m}^{-2} \quad , \tag{A.4}$$

d. h. die empfangene Strahlungsleistung dP auf diesem Flächenelement dA in Abhängigkeit vom Einstrahlwinkel α (Abb. A.4). Es gilt

$$\mathrm{d}P = \left\langle \vec{D}, \mathrm{d}\vec{A} \right\rangle \qquad [P] = \mathrm{W} \tag{A.5}$$
$$= D\,\mathrm{d}A\cos\alpha \quad ,$$

wobei $\vec{D}$ ($[\vec{D}] = \mathrm{W\,m}^{-2}$) die Strahlungsstromdichte bzw. Intensität der (gerichteten) Beleuchtung ist. Somit ergibt sich für die Bestrahlungsstärke – und damit letztendlich auch für die von diesem Flächenelement reflektierte Leistung – wiederum eine Cosinus-Abhängigkeit

$$E = D\cos\alpha \quad . \tag{A.6}$$

Im Fall einer gerichteten Beleuchtung einer Lambertschen Oberfläche lassen sich also aus dem reflektierten Licht Informationen über die Oberflächenstrukturen gewinnen. Diese Methode wird auch als *Shape-from-Shading* bezeichnet [87, 167].

A.3 Spiegelnde Reflexion

Ist die Oberfläche spiegelnd, wie z. B. bei flüssigem Metall, so kann anhand der reflektierten Strahlung zumindest teilweise auf die Oberflächentopographie geschlossen werden. Hier gilt, ideal betrachtet, dass 100 % der unter dem Winkel α eingestrahlten Leistung unter dem an $\mathrm{d}\vec{A}$ gespiegelten Winkel Θ reflektiert werden (Abb. A.5).

$\vec{D}$, $\mathrm{d}\vec{A}$ und $\vec{r}$ liegen damit zum Einen in einer Ebene[1]

$$\left[\frac{\vec{D}}{|\vec{D}|}, \frac{\mathrm{d}\vec{A}}{|\mathrm{d}\vec{A}|}, \frac{\vec{r}}{|\vec{r}|}\right] = 0 \quad , \tag{A.7}$$

zum Anderen gilt Ausfallswinkel gleich Einfallswinkel,

$$\alpha = \arccos\left(\frac{\left\langle \vec{D}, \mathrm{d}\vec{A}\right\rangle}{|\vec{D}|\,|\mathrm{d}\vec{A}|}\right) = \arccos\left(\frac{\left\langle \vec{r}, \mathrm{d}\vec{A}\right\rangle}{|\vec{r}|\,|\mathrm{d}\vec{A}|}\right) = \Theta \quad . \tag{A.8}$$

Der Beobachter empfängt also nur Strahlung von einem Oberflächenelement, wenn dieses im richtigen Winkel zu ihm und der (gerichteten) Beleuchtung steht. Alle anderen Flächenelemente erscheinen dunkel.

Dies führt im Prinzip zu einem binären Bild von hellen und dunklen Flächen. In Kombination mit einem theoretischen Modell der Oberflächenformen (z. B. der möglichen Schwingungsmoden) lassen sich Rückschlüsse auf die aktuelle Topographie der Oberfläche ziehen.

---

[1] Das Spatprodukt $[\vec{a}, \vec{b}, \vec{c}] = (\vec{a} \times \vec{b}) \cdot \vec{c}$ misst das Volumen, welches durch die drei Vektoren $\vec{a}$, $\vec{b}$ und $\vec{c}$ aufgespannt wird. Liegen diese in einer Ebene, so ist das Volumen 0.

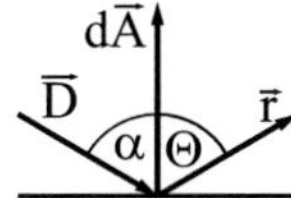

Abbildung A.5 Der Ausfallswinkel Θ ist gleich dem Einfallswinkel α.

B Physikalischer Hintergrund der Strahlungsprozesse

Im Folgenden sollen die strahlungsphysikalischen Hintergründe der Entstehung und Zusammensetzung der Prozessstrahlung sowie die Entstehung der Laserstrahlung näher erläutert werden.

B.1 Strahlung und Materie

Materielle Körper[1] können auf verschiedene Art und Weise mit elektro-magnetischer Strahlung interagieren. Die prinzipiellen Wechselwirkungsarten dabei sind die

- Emission (Erzeugung),
- Absorption (Vernichtung),
- Reflexion (Zurückwerfen) und
- Transmission (Durchleitung)

der Strahlung durch den Körper. Die im Detail zugehörigen physikalischen Prozesse sind wiederum recht vielfältig und sollen hier nur im erforderlichen Rahmen dargestellt werden.

B.1.1 Emission

Jeder Körper emittiert, abhängig von seiner Temperatur, elektromagnetische Strahlung. Die Intensität und spektrale Verteilung dieser *thermischen Strahlung* ist direkt mit der Temperatur des Körpers gekoppelt, solange sich an seiner inneren Struktur nichts ändert, z. B. durch chemische Prozesse. Je heißer der Körper ist, desto intensiver und kurzwelliger wird die emittierte Strahlung im Ganzen. Als Beispiel sei die Glühwendel einer elektrischen Glühbirne genannt.

---

[1]Hierunter sind in diesem Fall neben Festkörpern auch Flüssigkeiten oder Gaswolken zu verstehen.

Daneben kann Strahlung auch durch chemische oder physikalische Prozesse erzeugt werden, z. B. durch die direkte Anregung und die darauf folgende Abregung von Elektronenübergängen in der Atomhülle (Abb. B.8 und Abb. B.11 bzw. Abb. B.12) wie es bei einer Leuchtstoffröhre oder einem Laser der Fall ist.

B.1.2 Absorption, Reflexion und Transmission

Trifft elektromagnetische Strahlung auf einen Körper, so kann sie von diesem absorbiert, reflektiert und transmittiert werden. Es gilt daher für die Strahlungsflüsse der einfallenden (Φ_i), absorbierten (Φ_a), reflektierten (Φ_r) und transmittierten (Φ_t) Strahlung

$$\Phi_i = \Phi_r + \Phi_a + \Phi_t \qquad . \tag{B.1}$$

Auch hierfür sind, wie bei der Emission von Strahlung, unterschiedliche physikalische Prozesse verantwortlich.

Das Reflexionsvermögen ρ, das Absorptionsvermögen α und das Transmissionsvermögen τ eines Körpers sind definiert als der Anteil der einfallenden Strahlungsleistung Φ_i, der dem jeweiligen Prozess unterliegt, also

$$\rho = \frac{\Phi_r}{\Phi_i} \quad , \quad \alpha = \frac{\Phi_a}{\Phi_i} \quad \text{und} \quad \tau = \frac{\Phi_t}{\Phi_i} \quad , \qquad \rho, \alpha, \tau \in [0,1]$$

Somit folgt aus Glg. B.1

$$1 = \rho + \alpha + \tau \tag{B.2}$$

und für einen intransparenten Körper ($\tau = 0$)

$$1 = \rho + \alpha \qquad \text{bzw.} \qquad \alpha = 1 - \rho \qquad . \tag{B.3}$$

Einfluss auf den reflektierten bzw. absorbierten Anteil der einfallenden Strahlung hat vor allem die Oberflächenbeschaffenheit des Körpers wie z. B. seine Farbe[2] oder seine Oberflächenstruktur.

B.1.3 Linienspektrum

Linienspektren setzten sich aus einer oder mehreren Spektrallinien zusammen. Diese können sowohl als Emissionslinie – die Linie erhebt sich über den eventuell

---

[2] Der Zusammenhang ist hier eigentlich gegenteilig – unser Farbeindruck entsteht durch das unterschiedliche spektrale Absorptionsvermögen in verschiedenen Wellenlängenbereichen.

vorhandenen, kontinuierlichen Teil des Spektrums – wie auch als Absorptionslinie – die Linie schneidet sich in ein kontinuierliches Spektrum hinein – auftreten. Sie entstehen zumeist durch Energieübergänge zwischen den diskreten Energieniveaus in der Elektronenhülle eines Atoms. Beispiele für Emissionsspektren sind die Schweißspektren in Kap. 3, z. B. Abb. 3.17. Ein Absorptionsspektrum erhalten wir von der Sonne. Hier absorbieren die Elemente in der Sonnenoberfläche (Photosphäre) einen Teil der kontinuierlichen, thermischen Strahlung aus dem Sonneninneren (Fraunhoferlinien). Die Abstrahlung der aufgenommen Energie erfolgt ungerichtet in alle Raumrichtungen, wodurch ein Teil der ursprünglich auf den Beobachter gerichteten Strahlung umgelenkt wird und diesen nicht erreicht. Die Linien erscheinen dunkler als der umgebende Spektralbereich.

Die spektrale Breite einer Linie wird zunächst bestimmt durch die Lebensdauer des Energieübergangs[3]. Dies wird als die natürliche Linienbreite bezeichnet. Daneben haben auch die Temperatur sowie der Druck Einfluss auf die Linienbreite. Die Temperatur beeinflusst die Geschwindigkeit, mit der sich das interagierende Atom bewegt. Diese Bewegung führt für den Beobachter zu einer Dopplerverschiebung der Energie. Ein erhöhter Druck führt zu vermehrten Stößen zwischen den Atomen, wodurch der Wechselwirkungsprozess zwischen Atom und Strahlung gestört wird und damit die Lebensdauer des angeregten Zustandes ([74], [89]).

B.1.4 Bandenspektrum

Spektralbanden[4] bestehen aus einer Reihe nah beieinander liegender, zusammengehörender Spektrallinien. Sie entstehen durch die Überlagerung verschiedener, in unterschiedlichen Energiebereichen liegenden Erregungszuständen, z. B. eines Moleküls. Elektrische Übergänge in den Molekülorbitalen (im sichtbaren oder nahinfraroten Bereich) können bei einer gleichzeitigen Änderung des Vibrations- (Infrarotbereich) oder Rotationszustandes (Mikrowellenbereich) auftreten. Dadurch wird die einzelne Linie des elektrischen Überganges in eine Vielzahl von nah beieinander liegenden Linien aufgespaltet. Die Abstände zwischen den Linien entsprechen den Energien der niederenergetischen Übergänge. Banden können sowohl in Absorption wie auch Emission auftreten. Reicht die Auflösung des beobachtenden Spektralapparates nicht aus, die Linien einzeln aufzulösen (wie in den im Rahmen der Arbeit durchgeführten Experimenten), entsteht im aufgenommenen Spektrum ein kontinuierlicher Bereich.

---

[3]Es gilt die Unschärferelation $\Delta E \cdot \Delta t \geq \hbar$, d. h. je kurzlebiger ein Zustand ist, desto ungenauer ist seine Energie definiert. $\hbar$ wird auch als *Diracsche Konstante* bezeichnet ($\hbar = \frac{h}{2\pi}$)

[4]Nicht zu verwechseln mit dem Begriff Spektral- bzw. Frequenzband. Darunter versteht man die Einteilung des Spektrums in technisch verschieden genutzte Bereiche.

B.1.5 Kontinuierliche Spektren

Die Emission und Absorption von Strahlung im Fall der Linien- und Bandenspektren einzelner Atome und Moleküle stellt sich im Großen und Ganzen noch relativ übersichtlich dar. Im Gegensatz dazu treten bei Festkörpern (und Flüssigkeiten) eine Vielzahl unterschiedlicher Effekte auf [102].

Durch die hohe Dichte der Atome im Festkörperverbund[5] überlappen sich die Elektronenhüllen der Atome und die einzelnen atomaren Energielevel verbreitern sich zu so genannten Energiebändern. Dadurch erhöht sich die Anzahl der erlaubten resp. möglichen Energieübergänge und die spektralen Emissions- und Absorptionsbereiche (Linien) der Atome (bzw. jetzt eben des gesamten Festkörperverbundes) verbreitern sich. Gitterdefekte – so genannte Farbzentren – können die Energiebänder zusätzlich beeinflussen und weitere Übergangsmöglichkeiten zwischen den Bändern erzeugen.

Kollektive Schwingungen im Festkörpergitter, d. h. Schwingungen der Gitteratome gegeneinander (Phononen[6]) oder der Elektronenhüllen gegen die Gitterionen [17], erzeugen Strahlung im infraroten Spektralbereich und darunter.

Ein gutes Beispiel für den Einfluss der Gitterstruktur auf die Wechselwirkung zwischen dem Festkörper und der elektromagnetischen Strahlung stellen die beiden Kohlenstoffkonfigurationen Graphit und Diamant dar. Beide Materialien sind aus den gleichen Atomen aufgebaut, besitzen aber vollkommen unterschiedliche Emissions-, Transmissions- und Absorptionseigenschaften[7].

Beim im sichtbaren Bereich grundsätzlich transparenten Diamanten lässt sich außerdem der Einfluss von Gitterdefekten sehr schön beobachten[8]. Je nach Art des Defektes (Fremdatome, Lücke, …) werden unterschiedliche Wellenlängen absorbiert und der Stein erscheint farbig.

B.2 Kirchhoffsches Strahlungsgesetz

Das 1859 von G. KIRCHHOFF (1824 – 1887) formulierte *Kirchhoffsche Strahlungsgesetz* stellt einen Zusammenhang zwischen dem spektralen Absorptionsvermögen eines Körpers und dessen spektralen, thermischen Emissionsvermögen her. Das spektrale Absorptionsvermögen α_λ beschreibt dabei den Anteil der auf

---

[5]Im Fall einer Flüssigkeit hat man es mit Clustern zu tun, d. h. kleinen, geordneten Bereichen, welche sich aber gegeneinander bewegen können.

[6]Das Phonon stellt als Quasi-Teilchen die quantenmechanische Beschreibung der Normalschwingungen eines Festkörpergitters dar.

[7]Marilyn Monroe besang 1953 nicht umsonst den Diamanten und nicht den Bleistift!

[8]Abhängig von der persönlichen finanziellen Lage direkt oder im Lehrbuch.

den Körper treffenden Strahlung, der bei einer bestimmten Wellenlänge absorbiert wird ($\alpha_\lambda \in [0,1]$), das spektrale Emissionsvermögen $\mathscr{E}_\lambda$, $[\mathscr{E}_\lambda] = \mathrm{W\,m}^{-3}\,\mathrm{sr}^{-1}$, die bei einer Wellenlänge von einem Oberflächenelement in einen Raumwinkelbereich abgestrahlte Leistung. Das Kirchhoffsche Strahlungsgesetz besagt, *dass für Strahlen derselben Wellenlänge bei derselben Temperatur das Verhältnis des Emissionsvermögens zum Absorptionsvermögen bei allen Körpern dasselbe ist* [98] – also insbesondere von der materiellen Beschaffenheit des Körpers unabhängig ist.

Herleiten lässt sich das Kirchhoffsche Strahlungsgesetz – unter besonderer Berücksichtigung des zweiten thermodynamischen Hauptsatzes[9] – über ein Gedankenexperiment [98]: Zwei Körper K_1 und K_2 befinden sich in einem abgeschlossenen, vollständig verspiegelten Raum, d. h. es kann keine Strahlung nach außen entweichen. Das gesamte System ist im thermischen Gleichgewicht. Über eine Betrachtung der durch Strahlung jeweils abgegebenen und aufgenommenen Energie der beiden Körper bei willkürlich gewählten Wellenlängen[10] erhält man die Gleichung

$$\frac{\mathscr{E}_{\lambda,1}(\lambda,T)}{\alpha_{\lambda,1}(\lambda,T)} = \frac{\mathscr{E}_{\lambda,2}(\lambda,T)}{\alpha_{\lambda,2}(\lambda,T)} \quad . \tag{B.4}$$

Im Zuge der Herleitung werden keinerlei Annahmen über die Beschaffenheit der betrachteten Körper gemacht, so dass Glg. B.4 für beliebige Körper gilt. Ersetzt man K_2 insbesondere durch einen Körper, der alle auf ihn treffende Strahlung absorbiert ($\alpha_{\lambda,2}(\lambda,T) = 1$), einen so genannten *Schwarzen Körper*, so ist das Verhältnis von spektralem Emissions- zu Absorptionsvermögen für jeden Körper durch das Emissionsvermögen $\mathscr{E}_{\lambda,s}(\lambda,T)$ eines solchen Schwarzen Körpers gegeben. Glg. B.4 wird also zu

$$\frac{\mathscr{E}_\lambda(\lambda,T)}{\alpha_\lambda(\lambda,T)} = \mathscr{E}_{\lambda,s}(\lambda,T) \quad . \tag{B.5}$$

Aus Glg. B.5 folgt, dass ein bei einer bestimmten Wellenlänge und Temperatur gut absorbierender Körper gleichzeitig auch ein guter thermischer Emitter in diesem Bereich sein muss.

Da das Emissionsvermögen nicht von der Umgebung abhängt, in der sich der Körper befindet, gilt Glg. B.5 auch dann, wenn die thermische Anregung des Körpers nicht durch Absorption des umgebenden Strahlungsfeldes erfolgt (wie

---

[9]Hier in einer Formulierung von R. Clausius (1822 – 1888) verwendet [31], sinngemäß, dass Wärme nicht spontan, d. h. ohne äußere Einflüsse, von einem kälteren zu einem wärmeren Körper übergeht.

[10]Absorbierte und emittierte Leistung müssen im thermischen Gleichgewicht gleich sein.

im vorherigen Gedankenexperiment), sondern die Temperatur des Körpers durch andere Mechanismen erreicht wird, z. B. atomare oder chemische Reaktionen im Inneren (ein Beispiel dafür ist die Sonne). Stellt man Glg. B.5 um, so erhält man

$$\mathscr{E}_\lambda(\lambda,T) = \alpha_\lambda(\lambda,T) \cdot \mathscr{E}_{\lambda,s}(\lambda,T) \qquad . \tag{B.6}$$

Glg. B.6 drückt aus, dass kein thermisch angeregter Körper heller strahlen kann als ein Schwarzer Strahler gleicher Temperatur. Ebenso erkennt man in Zusammenhang mit Glg. B.3, dass sich das Emissionsvermögen eines beliebigen, undurchsichtigen Körpers bei Kenntnis der Schwarzkörperstrahlung allein aus Messungen der Reflektivität für die entsprechenden Wellenlängen bestimmen lässt.

Das Emissionsvermögen eines Schwarzen Strahlers war allerdings zur damaligen Zeit noch unbekannt und wurde erst 40 Jahre später von M. PLANCK vollständig formuliert.

B.3 Thermische Strahlung

B.3.1 Schwarzkörperstrahlung

Die *Schwarzkörperstrahlung* (auch *Hohlraumstrahlung* genannt) stellt die charakteristische, von einem *Schwarzen Körper* abgestrahlte elektromagnetische thermische Strahlung dar. Als Schwarzer Körper wird in der Physik ein idealer Körper bezeichnet, der die auf ihn treffende elektromagnetische Strahlung vollständig absorbiert, d. h. es findet keine Transmission oder Reflexion statt. Ein Schwarzer Körper strahlt isotrop, d. h. seine Abstrahlung folgt dem Lambertschen Cosinus-Gesetz.

Obwohl ein solcher Körper in der Realität nicht existiert, lässt sich ein der Schwarzkörperstrahlung entsprechendes Strahlungsfeld in guter Näherung im Inneren eines geschlossenen, für elektromagnetische Strahlung intransparenten Hohlraumes erzeugen. Dafür betrachte man die zeitliche Änderung des spektralen Strahlungsflusses Φ_λ im Inneren des Hohlraumes

$$\dot{\Phi}_\lambda(t) = \Phi_{e,\lambda}(t,T) - \Phi_{a,\lambda}(t,T) \qquad ,$$

welche sich zusammensetzt aus der von den Wänden emittierten Leistung $\Phi_{e,\lambda}(t,T)$ und der absorbierten Leistung $\Phi_{a,\lambda}(t,T)$. Die emittierte Leistung wird alleine durch die Temperatur der Wände des Hohlraumes bestimmt, ändert sich also bei konstanter Temperatur zeitlich nicht, $\Phi_{e,\lambda}(t,T) = \Phi_{e,\lambda}(T)$. Die absorbierte Leistung ergibt sich aus dem temperaturabhängigen Absorptionsvermögen $\alpha_\lambda(T)$ zu $\Phi_{a,\lambda}(t,T) = \alpha_\lambda(T) \cdot \Phi_\lambda(t)$. Damit erhält man

$$\dot{\Phi}_\lambda(t) = \Phi_{e,\lambda}(T) - \alpha_\lambda(T) \cdot \Phi_\lambda(t) \qquad .$$

Diese lineare Differentialgleichung 1. Ordnung besitzt die Lösung

$$\Phi_\lambda(t) = \frac{\Phi_{e,\lambda}(T)}{\alpha_\lambda(T)} \left(1 - \left(1 - \frac{\Phi_{0,\lambda}}{\Phi_{e,\lambda}(T)} \cdot \alpha_\lambda(T) \right) \cdot \exp\left(-\alpha_\lambda(T) \cdot t \right) \right) \quad .$$

$\Phi_{0,\lambda} = \Phi_\lambda(t_0)$ ist der Strahlungsfluss im Inneren des Hohlraumes zu Beginn des betrachteten Zeitintervalls. Nach dem Kirchhoffschen Strahlungsgesetz Glg. B.5 (integriert über die Fläche und den betrachteten Halbraum) gilt $\frac{\Phi_{e,\lambda}(T)}{\alpha_\lambda(T)} = \Phi_{s,\lambda}(T)$, wobei $\Phi_{s,\lambda}(T)$ der Strahlungsfluss der Schwarzkörperstrahlung ist. Man erhält also

$$\Phi_\lambda(t) = \Phi_{s,\lambda}(T) \left(1 - \left(1 - \frac{\Phi_{0,\lambda}}{\Phi_{s,\lambda}(T)} \right) \cdot \exp\left(-\alpha_\lambda(T) \cdot t \right) \right) \quad , \quad \text{(B.7)}$$

welches asymptotisch gegen $\Phi_{s,\lambda}(T)$ strebt. Dieser Zusammenhang ist graphisch in Abb. B.1 dargestellt. Das heißt obwohl Emissions- und Absorptionsvermögen der Innenwände des Hohlraumes geringer sind als bei einem Schwarzen Körper, stellt sich im Inneren eine der Wandtemperatur entsprechende Schwarzkörperstrahlung ein – daher auch der Name Hohlraumstrahlung.

Befindet sich in der Hohlraumwand ein kleines Loch (das Strahlungsfeld im Inneren darf dadurch nur marginal gestört werden), so kann durch dieses die Strahlung im Inneren des Hohlraumes gemessen werden. Anders herum wird Strahlung, die durch dieses Loch von außen in den Hohlraum hineinfällt, in diesem an den Innenwänden vielfach reflektiert und letztendlich absorbiert. Von außen betrachtet absorbiert der Bereich der Öffnung die einfallende Strahlung also praktisch vollständig. Das Loch stellt für den Betrachter eine Schwarze Fläche dar.

B.3.2 Plancksches Strahlungsgesetz

1900 gelang es M. PLANCK (1858 – 1947) eine analytische Formel für die Schwarzkörperstrahlung herzuleiten. Unter der Annahme von diskreten Energiezuständen in der Verteilung der Strahlungsenergie war es möglich, die experimentellen Befunde theoretisch nachzuvollziehen [130] – die Geburtsstunde der Quantenmechanik.

Ausgedrückt durch die spektrale Strahlungsdichte

$$B_\cdot(\lambda, T) = \frac{dB(\lambda, T)}{d\lambda} \qquad [B] = \mathrm{W\,m}^{-2}\mathrm{sr}^{-1}\mathrm{nm}^{-1}$$

wird die Schwarzkörperstrahlung beschrieben durch

$$B_{\lambda,s}(\lambda,T) = \frac{2hc^2}{\lambda^5} \frac{1}{\exp\frac{hc}{\lambda k_{\mathrm{B}}T} - 1} \quad . \tag{B.8}$$

Dies wird als das *Plancksches Strahlungsgesetz* bezeichnet. h ist die *Plancksche Konstante*, c die Vakuumlichtgeschwindigkeit und k_{B} die *Boltzmann-Konstante*. $B_{\lambda,s}(\lambda,T)$ entspricht dem im vorherigen Kapitel verwendeten spektralen Emissionsvermögen $\mathscr{E}_{\lambda,s}(\lambda,T)$. Abb. B.2 gibt einen Eindruck der spektralen Strahlungsdichte bei unterschiedlichen Temperaturen.

Relative Intensitätsänderungen bei Temperaturveränderungen

Das Plancksche Strahlungsgesetz ist für alle Wellenlängen hinsichtlich der Temperatur streng monoton steigend (siehe Anh. K.2.2), d. h. eine Temperaturerhöhung geht in jedem Bereich des Spektrums immer mit einer Intensitätserhöhung einher (siehe auch Abb. B.2). In Bezug auf die optische Beobachtbarkeit einer Temperaturänderung ist insbesondere die relative Änderung $R_B(\lambda,T)$ der abgestrahlten Intensität interessant. Wie in Anh. K.2.2 gezeigt wird, gilt, dass diese Änderung für kürzere Wellenlängen immer höher ausfällt, im Bereich unterhalb der Wellenlänge maximaler Strahlungsdichte λ_{max} ist $R_B(\lambda,T) \propto \frac{1}{\lambda}$. Das heißt eine Temperaturänderung macht sich bei kürzeren Wellenlängen deutlicher bemerkbar als im langwelligeren Bereich.

Aus dem Planckschen Strahlungsgesetz lassen sich einige, zur damaligen Zeit zuvor schon empirisch gefundene, Aussagen ableiten, u. a. das Wiensche Verschiebungsgesetz und das Stefan-Boltzmann-Gesetz.

B.3.3 Wiensches Verschiebungsgesetz

Das *Wiensche Verschiebungsgesetz* gibt das Maximum der spektralen Strahlungsdichte $B_\lambda(\lambda,T)$ eines Schwarzen Körpers an, d. h. die Wellenlänge λ_{max} mit der höchsten spektralen Strahlungsdichte bei gegebener Temperatur T. Es besagt, dass die Wellenlänge maximaler Intensität sich umgekehrt proportional zur Temperatur verhält,

$$\lambda_{\mathrm{max}}(T) = \frac{b}{T} \quad , \tag{B.9}$$

wobei b die *Wiensche Verschiebungskonstante* ist. W. Wien (1864 – 1928) stellte das Gesetz 1893 empirisch auf und bestimmte b zunächst anhand experimenteller

Daten. Mit der Formulierung des Planckschen Strahlungsgesetztes lässt sich das Wiensche Verschiebungsgesetz auch theoretisch herleiten. Es ergibt sich durch Nullsetzen des nach der Wellenlänge λ abgeleiteten Plankschen Strahlungsgesetzes (siehe Anh. K.2.1)

$$0 = \frac{\partial}{\partial \lambda} B_{\cdot}(\lambda, T) \quad \Rightarrow \quad 0 = \frac{hc}{\lambda\, k_{\mathrm B}\, T} \frac{1}{1 - \exp(-\frac{hc}{\lambda\, k_{\mathrm B}\, T})} - 5 \quad . \tag{B.10}$$

Diese Gleichung lässt sich nur numerisch lösen und man erhält schließlich

$$\lambda_{\mathrm{max}} = \frac{b}{T} = \frac{2897{,}8\,\mu\mathrm{m}\,\mathrm{K}}{T} \qquad [\lambda] = \mu\mathrm{m} \quad . \tag{B.11}$$

Tbl. B.1 enthält Werte für einige ausgewählte Temperaturen.

B.3.4 Stefan-Boltzmann-Gesetz

Das *Stefan-Boltzmann-Gesetz* wurde 1879 von J. STEFAN (1835 – 1893) zunächst empirisch aufgestellt [154] und 1884 mittels thermodynamischer Überlegungen theoretisch von L. BOLTZMANN (1844 – 1906) hergeleitet [20]. Es beschreibt den Zusammenhang zwischen der spezifischen Ausstrahlung M, d. h. der gesamten abgestrahlten Leistung pro Fläche, eines Schwarzen Körpers und seiner Temperatur. Es gilt

$$M_{\mathrm s}(T) = \sigma T^4 \qquad [M] = \mathrm{W\,m}^{-2} \quad , \tag{B.12}$$

d. h. die gesamte abgestrahlte Leistung eines Schwarzen Körpers ist proportional zur vierten Potenz der Temperatur des Körpers. σ ist die *Stefan-Boltzmann-Konstante*. Auch das Stefan-Boltzmann-Gesetz lässt sich aus dem Planckschen Strahlungsgesetz ableiten, indem man die spektrale Strahlungsdichte $B_{\lambda,s}$ sowohl über alle Wellenlängen wie auch über den in Abstrahlungsrichtung liegenden Halbraum aufintegriert (siehe Anh. K.1). Damit lässt sich die Stefan-Boltzmann-Konstante zurückführen auf

$$\sigma = \frac{2\pi^5 k_B^4}{15 c^2 h^3} \quad . \tag{B.13}$$

In Tbl. B.1 finden sich Beispielwerte für die spezifische Ausstrahlung eines Schwarzen Körpers bei verschiedenen Temperaturen.

Beispiel	Temperatur $T\,(\mathrm{K})$	Wellenlänge $\lambda_{\mathrm{max}}\,(\mu\mathrm{m})$	spektr. Strahlungsdichte $B_{\lambda_{\mathrm{max}}}\,(\mathrm{W\,m^{-2}\,sr^{-1}\,nm^{-1}})$	spez. Ausstrahlung $M\,(\mathrm{W\,m^{-2}})$
kosmische Hintergrundstrahlung	2,725	1063,4	$6{,}2\times10^{-13}$	$3{,}1\times10^{-6}$
Raumtemperatur	293	9,890	$8{,}8\times10^{-3}$	$4{,}2\times10^{2}$
Schmelzpunkt Eisen	1811	1,600	$8{,}0\times10^{1}$	$6{,}1\times10^{5}$
Siedepunkt Eisen	3134	0,925	$1{,}2\times10^{3}$	$5{,}5\times10^{6}$
Oberflächentemperatur Sonne	5800	0,500	$2{,}7\times10^{4}$	$6{,}4\times10^{7}$

Tabelle B.1 Wellenlängen λ_{max} der maximalen spektralen Strahlungsdichte eines Schwarzen Körpers bei verschiedenen Temperaturen sowie die zugehörigen spektralen Strahlungsdichten $B_{\lambda_{\mathrm{max}}}$. Außerdem aufgeführt ist die jeweilige spezifische Ausstrahlung M.

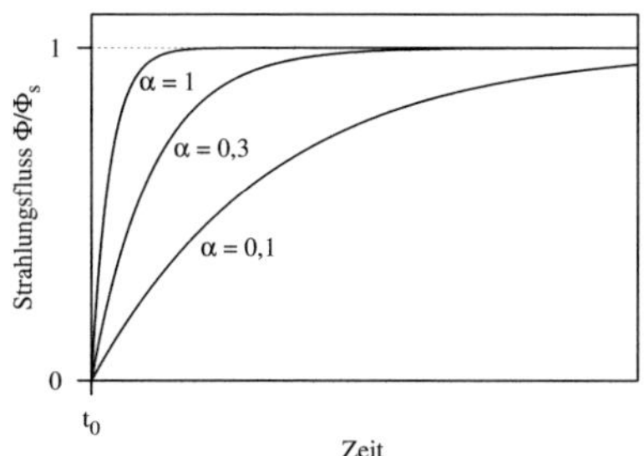

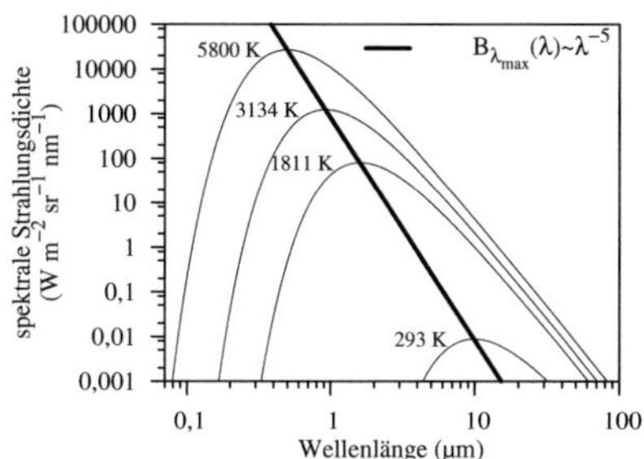

Abbildung B.1 Annäherung der Hohlraumstrahlung an die Schwarzkörperstrahlung unabhängig vom Emissions- und Absorptionsvermögen der Wandmaterialien des Hohlraumes. Φ_λ zum Zeitpunkt t_0 ist jeweils 0.

Abbildung B.2 Darstellung des Planckschen Strahlungsgesetzes für verschiedene Temperaturen (siehe auch Tbl. B.1). Zusätzlich dargestellt ist die maximale spektrale Strahlungsdichte $B_\cdot(\lambda_{max}, T(\lambda_{max}))$ gegen die Wellenlänge.

B.3.5 Graue Körper

Ein *Grauer Körper* besitzt ein über alle Wellenlängenbereiche konstantes Absorptionsvermögen $\alpha_\lambda(\lambda, T) = \alpha(T) < 1$. Es handelt sich, wie beim Schwarzen Körper, um ein hypothetisches Konstrukt. Die spektrale Verteilung der thermischen Strahlung eines Grauen Körpers entspricht der eines Schwarzen Körpers mit verminderter Intensität, d. h. ein Grauer Körper besitzt dieselbe Farbe wie ein Schwarzer Körper gleicher Temperatur, leuchtet allerdings schwächer. Das Konzept des Grauen Körpers beschreibt reale Körper oftmals besser als das des Schwarzen Körpers. Das Wiensche Verschiebungsgesetz (Glg. B.11) gilt auch für den Grauen Körper, das Stefan-Boltzmann-Gesetz (Glg. B.12) wird zu

$$M_g(T) = \alpha(T)\sigma T^4 \qquad . \tag{B.14}$$

B.3.6 Reale Körper

Reale Körper besitzen in der Regel ein von der Wellenlänge stark abhängiges spektrales Absorptionsvermögen $\alpha_\lambda(\lambda, T) < 1$. Dadurch erhalten sie letztendlich

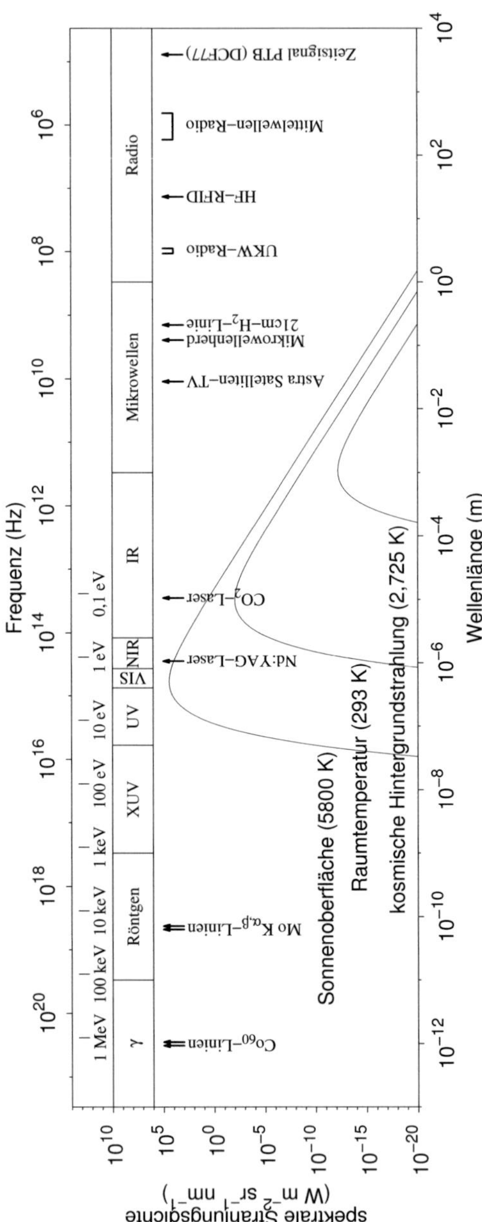

Abbildung B.3 Spektralbereiche der elektromagnetischen Strahlung.

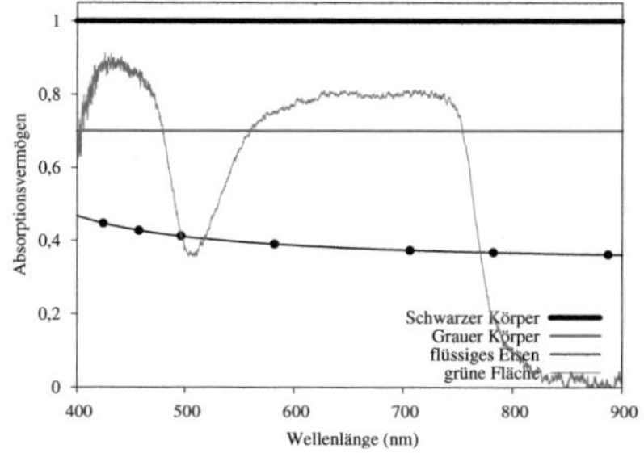

Abbildung B.4 Absorptionsvermögen eines Schwarzen ($\alpha_\lambda = 1$) und eines Grauen ($\alpha_\lambda = 0{,}7$) Körpers sowie von flüssigem Eisen ($T = 1890\,\mathrm{K}$, [106]) und einer grünen Fläche ($\alpha_\lambda = \alpha(\lambda)$).

ihre von uns beobachtete Farbe[11]. In Abb. B.4 ist das Absorptionsvermögen verschiedener Körper bzw. Oberflächen dargestellt.

B.4 Inverser Bremsstrahlungsprozess

Als *inverser Bremsstrahlungsprozess*[12] wird die vollständige Absorption eines Photons durch ein freies, d. h. nicht in einem Atom gebundenes, Elektron und die daraus resultierende Beschleunigung desselben bezeichnet (Abb. B.7). Aufgrund der Impulserhaltung muss sich das ungebundene Elektron zum Zeitpunkt der Wechselwirkung jedoch im Einflussbereich, d. h. im elektrischen Feld, eines

---

[11]Der vom Gehirn wahrgenommene Farbeindruck setzt sich aus den Intensitätsinformationen der drei im Auge auf der Netzhaut vorhandenen Zäpfchenarten zusammen. Diese drei Arten besitzen unterschiedliche spektrale Sensitivitätsbereiche (S (λ_{max} = 424 nm), M (λ_{max} = 530 nm), L (λ_{max} = 560 nm)). Das Auge misst also nicht die Wellenlänge der einfallenden Strahlung, sondern die kumulierten Intensitäten in den sich überlappenden Spektralbereichen [66]. So lässt sich z. B. der Farbeindruck gelb nicht nur durch eine reine Spektrallinie erzeugen sondern auch durch zwei im roten und grünen Bereich liegende Linien. Erst dadurch wird es möglich, nahezu alle für den Menschen wahrnehmbaren Farben im RGB-Farbraum, d. h. mittels Intensitätsvariation dreier Spektrallinien, darzustellen, z. B. auf einem Bildschirm.

[12]Unter *Bremsstrahlung* versteht man elektromagnetische Strahlung, die ein geladenes Teilchen im Fall seiner Beschleunigung (Abbremsung, Ablenkung) aussendet (Abb. B.10). Beispiele für Bremsstrahlung sind die kontinuierliche Röntgenstrahlung einer Röntgenröhre (Abbremsung) oder Synchrotronstrahlung (Ablenkung).

Atoms befinden. Der spektrale *Wirkungsquerschnitt*[13] σ_λ dieses Prozesses ist proportional $\frac{1}{v^3}$ bzw. λ^3 (Glg. 5.21[14] in [166]), d. h. je langwelliger die Strahlung, desto größer ist die Absorptionswahrscheinlichkeit. Dabei kann ein Elektron diesen Prozess auch mehrmals durchlaufen, sodass es Energien weit jenseits der Energie eines einzelnen Photons der einfallenden Strahlung erreichen kann.

Die etwa um den Faktor 10 größere Wellenlänge eines CO_2-Lasers gegenüber einem Nd:YAG-Laser bedingt, dass die Wahrscheinlichkeit des inversen Bremsstrahlungsprozesses im Fall des CO_2-Lasers etwa 1000 mal höher ist.

B.5 Laserstrahlung

Eine ausführliche Beschreibung des Lasereffektes findet sich in [148]. An dieser Stelle soll nur ein kurzer Einblick in die Entstehung von Laserlicht gegeben werde.

B.5.1 Stimulierte Emission

Die Erzeugung von Laserstrahlung, d. h. eines kohärenten Strahlungsfeldes im optischen Wellenlängenbereich, basiert auf dem Effekt der *stimulierten Emission*. Ein System diskreter Energiezustände – hierbei kann es sich z. B. um die Elektronenhülle eines Atoms oder die mechanischen Schwingungsmoden eines Moleküls handeln – wird durch die *Absorption* (Abb. B.8) passender Energiepakete, z. B. in Form von Photonen entsprechender Energie oder durch mechanische Stöße, angeregt, d. h. auf ein höheres inneres Energieniveau gehoben. Dieser angeregte Zustand wird im Laufe der Zeit durch *spontane Emission* (Abb. B.11), also die Aussendung eines Photons entsprechender Energie, oder wiederum Stöße von alleine wieder in den niedrigeren Zustand relaxieren, zurückfallen. In Umkehrung zur Absorption kann ein Photon, welches auf einen schon angeregten Zustand trifft, diesen auch zur Energieabgabe stimulieren (Abb. B.12). Das dabei emittierte Photon besitzt dann die gleiche Richtung und Phase des einfallenden Photons. Ist die Wahrscheinlichkeit in einem System größer, dass ein Photon auf einen angeregten Zustand trifft als auf den relaxierten (was bedeuten würde, dass das Photon absorbiert wird), so kommt es zu einem lawinenartigen Effekt der Verstärkung des einfallenden Photons.

---

[13] Der Wirkungsquerschnitt σ ist ein Maß für die Wahrscheinlichkeit des Auftretens einer Wechselwirkung zwischen zwei Teilchen und wird als Fläche angegeben. Er findet üblicherweise in der Kern- und Teilchenphysik Anwendung und wird in der (nicht-SI) Einheit *barn* (b) (Englisch: Scheune) angegeben. Dabei entspricht $1\,b = 10^{-28}\,m^2$.

[14] Der Wirkungsquerschnitt σ hängt mit dem *Absorptionskoeffizienten* κ (m^{-1}) über die *Teilchendichte* n (m^{-3}) zusammen: $\sigma = \kappa/n$.

B.5.2 Besetzungsinversion

Die Schwierigkeit bei der Nutzung der stimulierten Emission zum Bau einer Laserstrahlquelle liegt im Erreichen der so genannten *Besetzungsinversion*. Im thermischen Gleichgewicht folgt die Besetzung der Energiezustände eines Systems der *Boltzmannverteilung*, d. h. die Besetzungszahl eines energetisch höher liegenden Zustandes ist geringer als die eines energetisch darunter liegenden. Von Besetzungsinversion spricht man, wenn sich diese Verteilung umkehrt, d. h. die Besetzungszahl im energiereicheren Zustand höher ist. Damit überwiegt der Effekt der stimulierten Emission den der Absorption – eine Verstärkung findet statt.

B.5.3 Pumpen

Das Herstellen einer solchen Besetzungsinversion im Lasermedium wird als *Pumpen* bezeichnet. In den meisten Fällen hat man es mit Vier-Niveau-Lasern zu tun. In Abb. B.5 ist ein solches System mit seinen relevanten Energieniveaus dargestellt. Der Pumpvorgang bevölkert ein als Pumpniveau bezeichnetes Energieniveau oberhalb des oberen Laserniveaus auf Kosten des Grundzustandes. Die Energiezustände im Pumpniveau fallen relativ schnell durch spontane Emission oder mechanische Stöße in das obere Laserniveau. Dieser Zustand ist in der Regel *metastabil*, d. h. der direkte spontane Zerfall auf darunter liegende Energieniveaus ist durch die so genannten *Auswahlregeln* verboten – sprich sehr unwahrscheinlich. Daher verharrt das System eine relativ lange Zeit in diesem Zustand. Ideale Bedingungen, um durch stimulierte Emission auf das untere Laserniveau zu relaxieren, bevor dies spontan von alleine geschieht. Der Übergang von dort in den Grundzustand geschieht wiederum schnell über spontane Emission oder Stöße. Durch die Metastabilität des oberen Laserniveaus und die schnelle Entvölkerung des unteren Laserniveaus in den Grundzustand entsteht zwischen diesen beiden Niveaus eine Besetzungsinversion.

B.5.4 Resonator

Ein Photon, das sich durch ein solches gepumptes Lasermedium bewegt, wird also eine Multiplizierung erfahren. Verstärken lässt sich dieser Effekt zusätzlich durch ein mehrfaches Durchqueren. Dazu wird das laseraktive Medium in einen *Resonator* gebracht, ein System, das im einfachsten Fall aus zwei gegenüberliegenden, optischen Spiegeln besteht. Dadurch durchlaufen die Photonen das Medium mehrmals. Eine Auskopplung der verstärkten Strahlung kann z. B. über einen teildurchlässigen Resonatorspiegel erfolgen. In Abb. B.6 ist der grundsätzliche Aufbau skizziert.

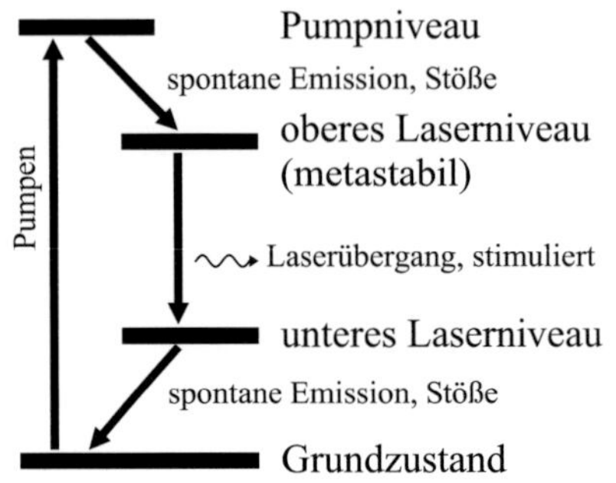

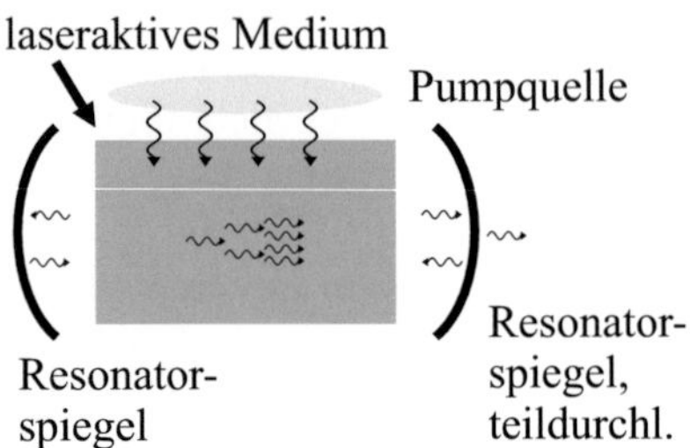

Abbildung B.5 Skizze der Energieniveaus eines eines Vier-Niveau-Lasersystems.

Abbildung B.6 Prinzipieller Laseraufbau mit laseraktivem Medium, Pumpquelle und Resonator.

Die Länge und Form des Resonators bestimmen wesentliche Strahleigenschaften. Zum Einen werden nur die Frequenzen verstärkt, die im Resonator eine stehende Welle ausbilden können. Die Form der Resonatorspiegel hat zum Anderen großen Einfluss auf die sich ausbildenden räumlichen Schwingungsmoden der Strahlung innerhalb des Resonators, und damit auch auf das Intensitätsprofil der ausgesandten Laserstrahlung.

B.5.5 Geschichtlicher Abriss

Die theoretischen Grundlagen der Laserstrahlung reichen bis Anfang des 20. Jahrhunderts zurück. Im Jahr 1916 veröffentlichte A. EINSTEIN (1879 – 1955) eine Herleitung des Planckschen Strahlungsgesetzes (Glg. B.8) basierend auf der Annahme eines Gases aus Teilchen mit diskreten inneren Energiezuständen[15] [55] (dem *Bohrschen Atommodell*[16] folgend). Dabei führte er die *negative Absorption* ein, den durch ein einfallendes Lichtquant getriggerten inneren Energieverlust

---

[15]Planck hatte aus thermodynamischen Überlegungen heraus argumentiert.

[16]N. BOHR (1885 – 1962) entwickelte 1913 das nach ihm benannte Modell des inneren Aufbaus von Atomen. Er postulierte dabei u. a. eine, zur klassischen Theorie im Widerspruch stehende, energieverlustfreie Kreisbewegung der Elektronen um den Atomkern, sowie die Beschränkung dieser Kreisbahnen auf diskrete Energieniveaus. Für das Wasserstoffatom (bestehend aus einem Proton und einem Elektron) stellt das Modell eine sehr gute Beschreibung dar, es versagt jedoch bei Atomen mit mehr als einem Elektron.

eines Teilchens[17]. Dieser Effekt wird heutzutage als stimulierte Emission bezeichnet, in Abgrenzung zur *spontanen Emission*, bei der das Teilchen zu einem zufälligen Zeitpunkt seine Energie abgibt.

1928 gelang es R. LADENBURG (1882 – 1952), diese negative Absorption bzw. die direkt damit verknüpfte *negative Dispersion* experimentell nachzuweisen. 1954 stellte C. H. TOWNES (⋆1915) den auf diesem Effekt beruhenden *Maser*[18] vor [69], eine Strahlungsquelle, die Strahlung im Mikrowellenbereich kohärent verstärkte. Townes veröffentlichte 1958 zusammen mit A. SCHAWLOW (1921 – 1999) Prinzipien des optischen Masers im infraroten bzw. sichtbaren Wellenlängenbereich [140]. Den Begriff *Laser*[19] prägte G. GOULD (1920 – 2005) [70].

Bei der Realisierung kam ihnen jedoch T. H. MAIMAN (1927 – 2007) zuvor, der 1960 den ersten funktionierenden Laser (auf Basis eines Rubinkristalls) demonstrieren konnte [115].

---

[17]Im Oszillatorbild kann man sich dies als gegenphasige Anregung, also Abregung, vorstellen.

[18]**M**icrowave **A**mplification by **S**timulated **E**mission of **R**adiation

[19]**L**ight **A**mplification by **S**timulated **E**mission of **R**adiation

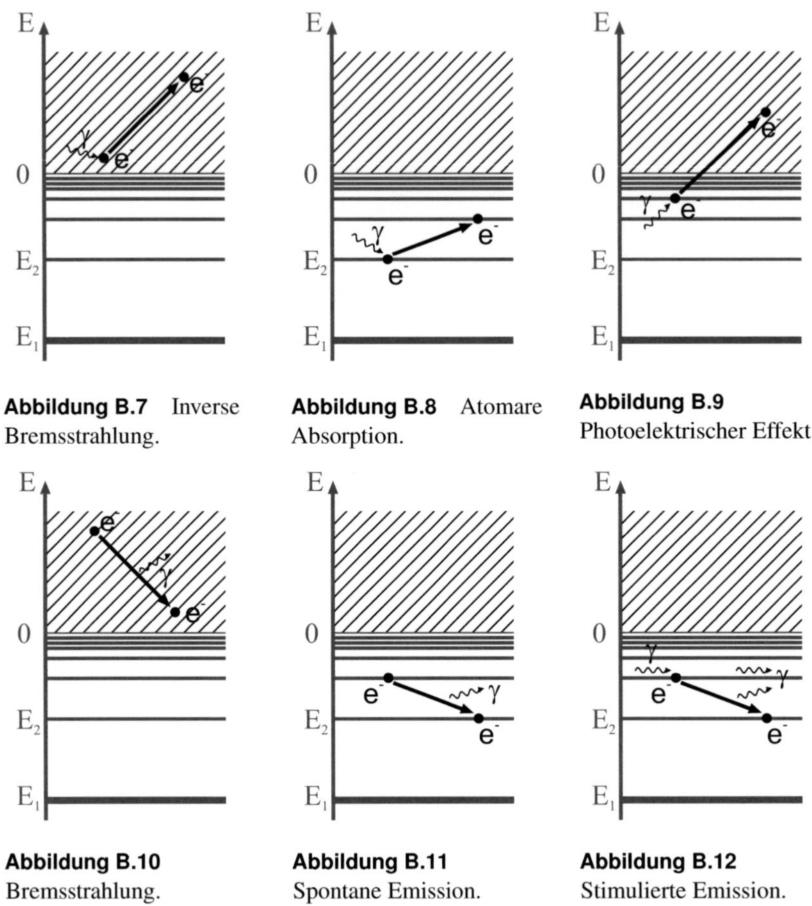

Abbildung B.7   Inverse Bremsstrahlung.

Abbildung B.8   Atomare Absorption.

Abbildung B.9 Photoelektrischer Effekt.

Abbildung B.10 Bremsstrahlung.

Abbildung B.11 Spontane Emission.

Abbildung B.12 Stimulierte Emission.

C Spektrenserien

In diesem Kapitel zusammengefasst sind die vollständigen Zeit- und Leistungsserien der aufgenommenen Spektren. Die Zeitserien wurden mit einer Pulsleistung von $P_\text{Puls} = 1500\,\text{W}$ aufgenommen. Die Spektren der Leistungsserie entstanden während 2 ms-Pulsen jeweils zum Zeitpunkt $t = 1{,}25\,\text{ms}$.

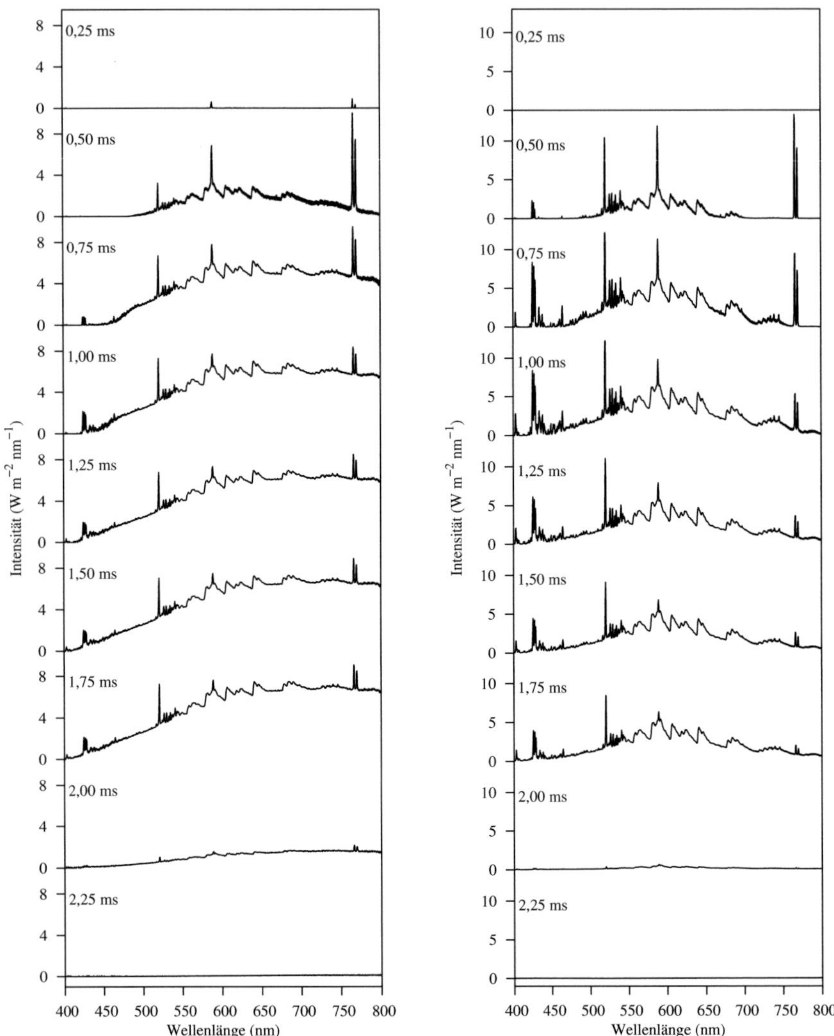

Abbildung C.1 Zeitablauf Gesamtspektrum 1.4301.

Abbildung C.2 Zeitablauf Fackelspektrum (unten) 1.4301.

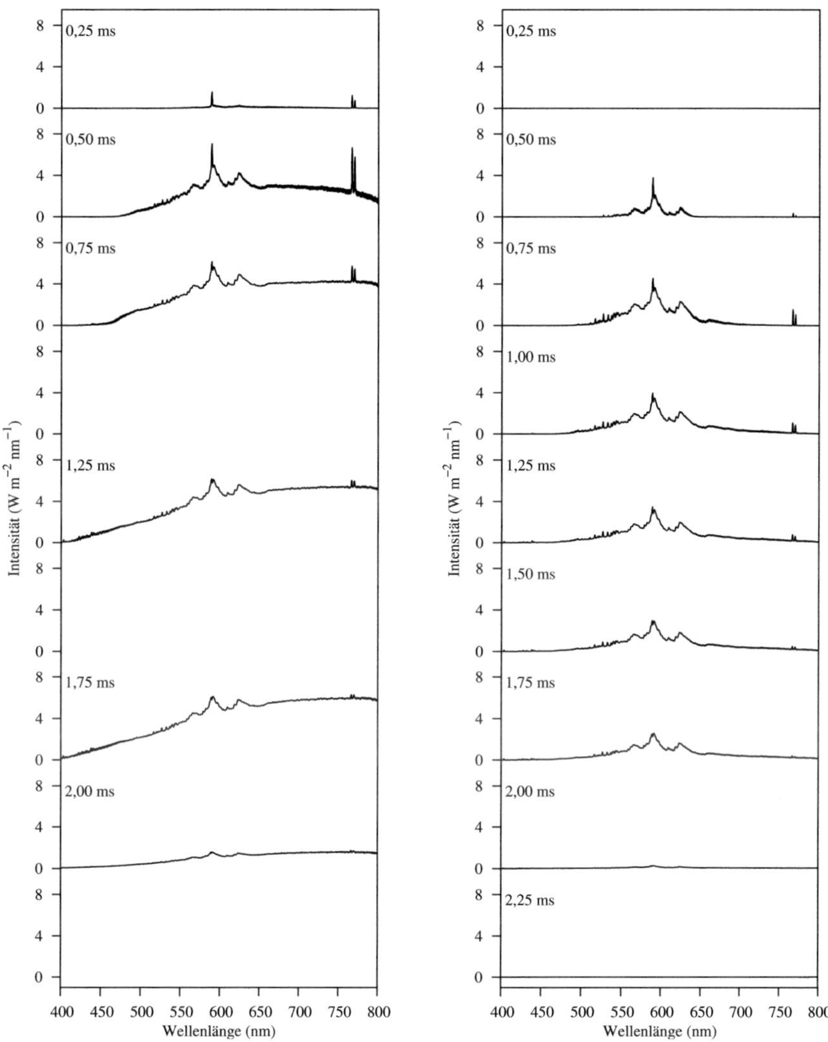

Abbildung C.3 Zeitablauf Gesamtspektrum 1.0037.

Abbildung C.4 Zeitablauf Fackelspektrum (unten) 1.0037.

161

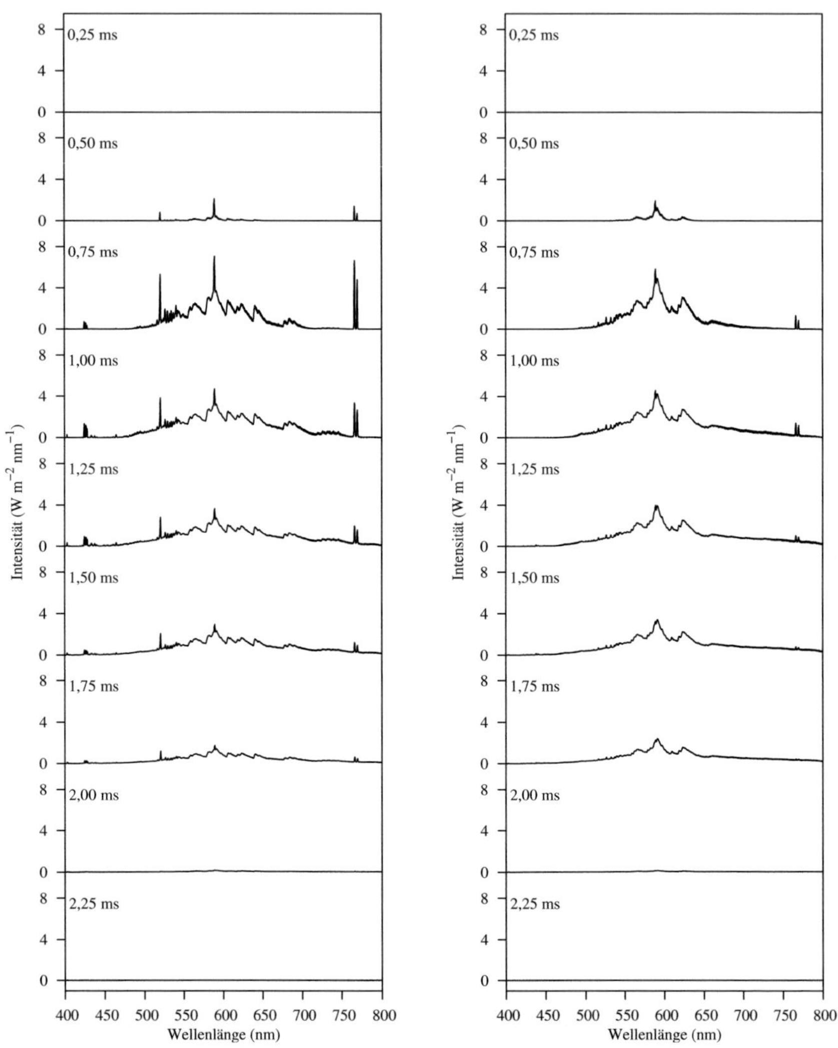

Abbildung C.5 Zeitablauf Fackelspektrum (oben) 1.4301.

Abbildung C.6 Zeitablauf Fackelspektrum (oben) 1.0037.

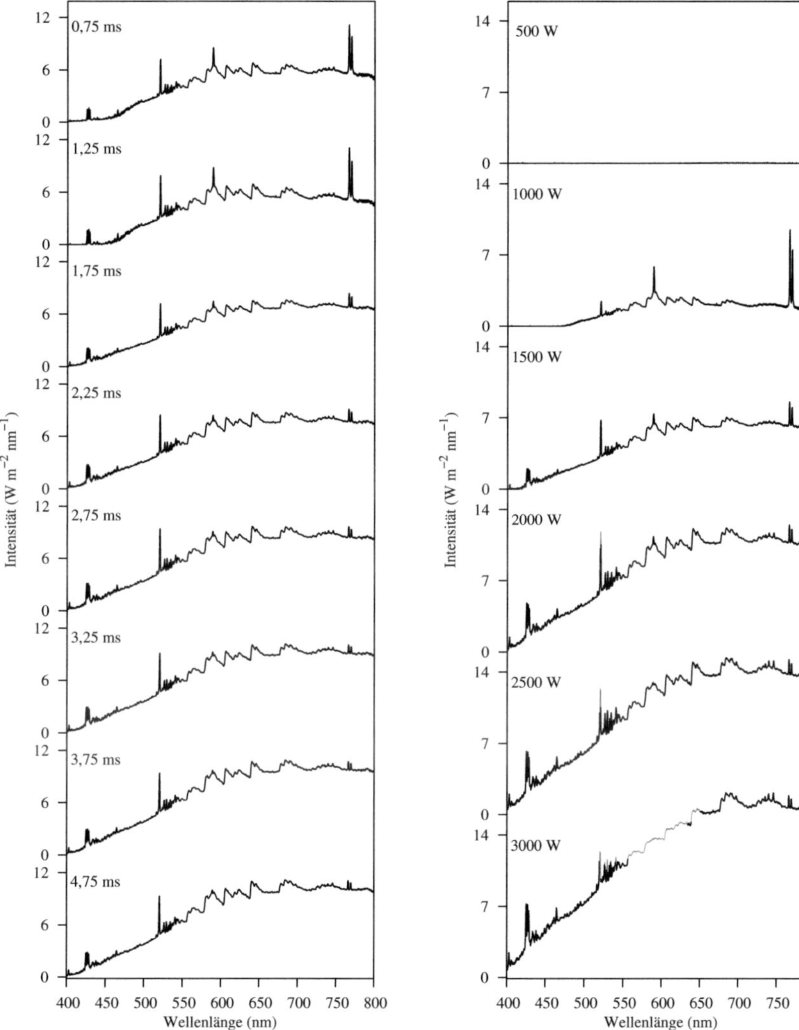

Abbildung C.7 Zeitablauf des Gesamt-spektrums über 5 ms mit geringerer Zeitauf-lösung, Werkstoff 1.4301.

Abbildung C.8 Spektren der Gesamt-strahlung bei verschiedenen Laserpulsleis-tungen, Werkstoff 1.4301. Grau: übersteuer-te Bereiche.

D Klassifikation und Merkmalsextraktion

Als *Klassifikation* wird die Einordnung von Objekten anhand ihnen zugehöriger *Merkmale* in Gruppen (*Klassen*) bezeichnet. Beispiele hierfür sind die Unterteilung der Tiere in Gattungen (Hund, Katze, Maus) aber auch virtuelle Objekte wie Literaturgenres (Krimi, Thriller, Science-Fiction, ...).

Klassifikatoren, also die die Klassifikation ausführenden Instanzen, lassen sich in vielerlei Hinsichten kategorisieren (also selbst klassifizieren). Mögliche Unterteilungen sind hier z. B. die Art der Durchführung, also manuell gegenüber automatisch oder auch überwacht gegenüber nicht-überwacht – das grundsätzliche Prinzip ist das gleiche.

Einen tiefergehenden Einblick in die Thematik liefert [18].

D.1 Klassifikationsprinzip

- Im Fall einer *überwachten Klassifikation* besteht der erste Schritt in der Festlegung der Klassen $\mathcal{K}$, $\mathcal{K} = \{k_1, \ldots, k_n\}$, in die die betrachteten Objekte $\mathcal{O}$, $\mathcal{O} = \{o_1, o_2, \ldots\}$, eingeteilt werden sollen. Zumeist existieren hierfür Beispielobjekte oder eine vorab definierte Beschreibung. Die Definition der Klassen ist dabei jeweils problemspezifisch.

- In einem zweiten Schritt werden, unter Berücksichtigung dieser Beispielobjekte oder Definitionen und der gewählten Klassenunterteilung, Merkmale M der betrachteten Objekte definiert bzw. generiert. Diese Merkmale M spannen den *Merkmalsraum $\mathcal{M}$* auf, $\mathcal{M} = M_1 \times M_2 \times \cdots \times M_p$, p die Anzahl der erzeugten Merkmale. Dies wird als *Merkmalsextraktion* bezeichnet.

$$\mathfrak{e} : \mathcal{O} \mapsto \mathcal{M}$$

Ein Objekt wird also durch seinen Merkmalsvektor $\vec{m} \in \mathcal{M}$ ($m_i \in M_i$) im Merkmalsraum repräsentiert. Üblicherweise handelt es sich bei Einsatz eines automatischen Klassifikators beim Merkmalsraum um einen reellwertigen, p-dimensionalen Raum ($\mathcal{M} = \mathbb{R}^p$).

- Der eigentliche Klassifikationsschritt besteht nun darin, die zu klassifizierenden Objekte anhand der erzeugten Merkmale jeweils einer Klasse zuzuordnen.

$$c : \mathcal{M} \mapsto \mathcal{K}$$

Auf den p-dimensionalen Merkmalsraum bezogen lässt sich der Klassifikator letztendlich als Menge von Hyperflächen betrachten, die die Objekte hinsichtlich ihrer Klassenzugehörigkeit abgrenzen. Der Klassifikator überprüft dann, auf welcher Seite der Flächen sich das zu klassifizierende Objekt im Merkmalsraum befindet.

Von einer *nicht-überwachten Klassifizierung* spricht man, wenn auch die Klassen erst automatisch aus den zu klassifizierenden Objekten generiert werden. Dies wird auch als *clustering* bezeichnet.

Als *schwach-überwacht lernend* wird eine Klassifizierung bezeichnet, wenn zwar die zu trennenden Klassen definiert sind, deren konkrete Erscheinungsformen allerdings unklar sind und im Zuge des Trainings erlernt werden müssen[1] [159].

D.2 Merkmalsextraktion

Merkmale eines Objektes bilden gewisse Eigenschaften des Objektes ab. Ziel der Merkmalsextraktion ist es, möglichst diskriminierende Merkmale für die spätere Klassifikation zu generieren, d. h. Objekteigenschaften zu finden, welche sich zwischen den Objektklassen unterscheiden. Dabei kann es sich um offensichtliche Eigenschaften handeln wie z. B. die Anzahl der Pixel eines Bildes als auch um (mehr oder wenig aufwändig) berechnete Eigenschaften, z. B. den mittleren Grauwert eines Bildes.

D.2.1 Skalenniveau

Wichtig für den späteren Einsatz im Klassifikator ist die Skaleneigenschaft der Merkmale, das *Skalenniveau* (Tbl. D.1). Etliche Klassifikatoren arbeiten auf einem

---

[1] Bezogen auf das in Kap. 4.6 vorgestellte Schweißüberwachungssystem haben wir es beim Training mit manuell klassifizierten Pulsen zu tun, wobei sich die zu findenden Fehler allerdings in den einzelnen Bildern zeigen, d. h. die Erscheinungsform des Fehlers auf den Puls bezogen hier zu Beginn des Trainings nicht bekannt ist.

Bezeichnung	Beschreibung	math. Op.
Nominalskala	kategorial, keine Wertigkeit	$\neq\,=$
	(z. B. Objektfarbe: blau, grün, weiß, …)	
Ordinalskala	kategorial, sortierbar	$\neq\,=\,<\,>$
	(z. B. Rangliste: 1., 2., 3., …)	
Intervallskala	metrisch, kein bzw. willkürlicher Nullpunkt	$\neq\,=\,<\,>$
	(z. B. °C-Temperaturskala)	$+\,-$
Ratioskala	metrisch	$\neq\,=\,<\,>$
	(z. B. absolute Temperaturskala (K))	$+\,-\,\times\,/$

Tabelle D.1 Skalenniveaus: Charakterisierung der Merkmale (nach [155]).

Abstandsmaß im Merkmalsraum. Ein solches Maß ist bei nominalen Merkmalen gar nicht, bei ordinalen Merkmalen nur begrenzt definiert. Daher müssen solche Merkmale im Zusammenhang mit der gewählten Klassifikationsmethode gesondert betrachtet und evtl. umgewandelt[2] werden.

D.2.2 Verwendete Merkmale

Im Folgenden sollen die in dieser Arbeit verwendeten Merkmale für die Bild- und Pulsklassifikation der passiven Analyse beschrieben werden.

Bildmerkmale

Die im Rahmen der passiven Analyse verwendeten Bildmerkmale finden sich in Tbl. D.2.

Linien-Extrema Der Algorithmus zur Detektion der Extrempunkte (lokale Minima und Maxima) in den beiden Linienschnitten beruht auf einer statistischen Betrachtung der Umgebung eines jeden Punktes auf der Linie. Zunächst wird für jeden Punkt z der Linie die abstandsgewichtete Anzahl der in einem bestimmten Bereich um den Punkt liegenden größeren ($n_>$), kleineren ($n_<$) und gleichwertigen

---

[2]Im Fall eines nominalen Merkmales kann es z. B. sinnvoll sein, für jedes Element der Skala ein eigenes Merkmal zu generieren, welches dann vorhanden oder nicht-vorhanden sein kann.

($n_=$) Elemente berechnet:

$$n_{\{>,<,=\}}[z] = \sum_{i=-(l_w/2)}^{(l_w/2)} \left(\omega[i] \cdot (u[z+i] \overset{?}{\{>,<,=\}} u[z]) \right) \quad .$$

$\vec{u}$ sind die Grauwerte der Linienpunkte, $\vec{\omega}$ ist die Abstand-Gewichtungsfunktion ($|\vec{\omega}| = 1$) und l_w die Fensterbreite, d. h. die Länge des Vergleichbereiches. Es gilt $(n_> + n_< + n_=) = 1$.

Ein Minimum/Maximum existiert, wenn die Differenz $|n_> - n_<|$ den Schwellwert $\tau_{\{min,max\}}$ überschreitet. Zum Teil kann es sich als sinnvoll erweisen, auch $n_=$ bei der Schwellwertbildung mit einzubeziehen, je nach dem, wie Plateaus gehandhabt werden sollen.

Als freie Parameter besitzt der Algorithmus damit die Fensterbreite l_w, den Verlauf der Abstands-Gewichtungsfunktion $\vec{\omega}$ sowie die beiden Schwellwerte τ_{min} und τ_{max}.

Eine hohe Anzahl von Minima und Maxima auf den Schwerpunktschnitten weist auf eine sehr unruhige Bildstruktur hin. Diese Information kann daher durchaus als diskriminatives Merkmal genutzt werden.

Ringdetektion Vorrangiges Ziel der Ringdetektion ist ein geringer Berechnungsaufwand. Die Ringdetektion baut daher auf den gefundenen Maxima und Minima des horizontalen und vertikalen Schnittes auf (Abb. D.1).

Analysiert wird wechselseitig, ob die Position des jeweils orthogonalen Schnittes zwischen zwei Maxima fällt. Ist dies bei beiden Schnitten der Fall, wird dies als Ring detektiert[3].

Der *einfache* Algorithmus betrachtet ausschließlich die beiden Schwerpunktschnitte, über die auch die statistischen Linien-Merkmale berechnet werden. Der *trackende* Algorithmus verschiebt den jeweils orthogonalen Schnitt in die vorhandenen Minima und führt die obige Linien-Maxima-Positionsanalyse durch.

---

[3]Durch diese sehr einfache Analyse ist natürlich nicht sichergestellt, dass es sich tatsächlich um eine geschlossene Ringstruktur handelt. Das heißt eigentlich handelt es sich eher um einen Ring-Affinitäts-Detektor für die zentrale Bildstruktur.

Bildmerkmal Name	Berechnung	Sk.-niv.	Norm.-kriterium	Def.-/Norm.-ber. min.	max.
Gesamtbild Grauwert-Statistik					
Summe	$m_{\text{sum}} = \sum\limits_{x=1}^{w} \sum\limits_{y=1}^{h} p[x,y]$	R	GWB u. NoP	0	$N \cdot g_{\text{max}}$
Mittelwert	$m_{\text{mean}} = \frac{1}{N} m_{\text{sum}}$	R	GWB	0	g_{max}
Quadratischer Mittelwert	$m_{\text{qmean}} = \sqrt{\frac{1}{N} \sum\limits_{x=1}^{w} \sum\limits_{y=1}^{h} p^2[x,y]}$	R	GWB	0	g_{max}
Standardab-weichung	$m_{\text{std}} = \sqrt{\frac{1}{N} \sum\limits_{x=1}^{w} \sum\limits_{y=1}^{h} \left(p[x,y] - m_{\text{mean}}\right)^2}$	R	Gleichver-teilung	0	$\sqrt{\frac{1}{12}\left(g_{\text{max}}^2 - 1\right)}$
Median	$m_{\text{median}} = \begin{cases} p_{\frac{N+1}{2}} & ,N \text{ ung.} \\ \frac{1}{2}\left(p_{\frac{N}{2}} + p_{\frac{N}{2}+1}\right) & ,N \text{ ger.} \end{cases}, p_i \leq p_{i+1}$	R	GWB	0	g_{max}
Quantil	$m_{\text{quantil}} = p_{(N \cdot q)}, p_i \leq p_{i+1}, \quad 0 < q < 1$	R	GWB	0	g_{max}
Schiefe	$m_{\text{skew}} = \dfrac{\frac{1}{N} \sum\limits_{x=1}^{w} \sum\limits_{y=1}^{h} \left(p[x,y] - m_{\text{mean}}\right)^3}{m_{\text{std}}^3}$	R	*(willkürl.)*	-3	3
Wölbung	$m_{\text{kurt}} = \dfrac{\frac{1}{N} \sum\limits_{x=1}^{w} \sum\limits_{y=1}^{h} \left(p[x,y] - m_{\text{mean}}\right)^4}{m_{\text{std}}^4} - 3$	R	*(willkürl.)*	-3	3
Maximalwert	$m_{\text{max}} = \max\left(p[x,y]\right)$	R	GWB	0	g_{max}
Minimalwert	$m_{\text{min}} = \min\left(p[x,y]\right)$	R	GWB	0	g_{max}

Anzahl Maxi-malwerte	$m_{\mathrm{maxcount}} = \sum_{1}^{w}\sum_{1}^{h}\left(\delta\left[p[x,y]-m_{\max}\right]\right)$	R	NoP	0	N
Anzahl Mini-malwerte	$m_{\mathrm{mincount}} = \sum_{1}^{w}\sum_{1}^{h}\left(\delta\left[p[x,y]-m_{\min}\right]\right)$	R	NoP	0	N
Mode	$m_{\mathrm{mode}} = \arg\max\left(h[g]\right),\ h[g]$ das GW-Histogramm	R	GWB	0	$g_{\max}$
Fleckgöße	$m_{\mathrm{spot}} = \sum_{x=1}^{w}\sum_{y=1}^{h}\left(\Theta(p[x,y]-g_{\mathrm{th\_spot}})\right)$	R	NoP	0	N
Blitzgröße	$m_{\mathrm{flare}} = \sum_{x=1}^{w}\sum_{y=1}^{h}\left(\Theta(p[x,y]-g_{\mathrm{th\_flare}})\right)$	R	NoP	0	N
Grauwert-Schwerpunkt	$m_{\mathrm{CoG\_}\{x,y\}} = \dfrac{\sum_{x=1}^{w}\sum_{y=1}^{h}\{x,y\}\cdot p[x,y]}{m_{\mathrm{sum}}}$	I	Bildbreite, -höhe	0	$\{w,h\}$

CoG-Linien, jeweils horizontal und vertikal

Linien-Summe	$m_{\mathrm{lin\_sum}} = \sum_{z=1}^{l} u[z]$	R	GWB u. NoLP	0	$l\cdot g_{\max}$
Linien-Mittelwert	$m_{\mathrm{lin\_mean}} = \frac{1}{l}m_{\mathrm{lin\_sum}}$	R	GWB	0	$g_{\max}$
Linien-Std.-abw.	$m_{\mathrm{lin\_std}} = \sqrt{\frac{1}{N}\sum_{z=1}^{l}\left(u[z]-m_{\mathrm{lin\_mean}}\right)^2}$	R	Gleichver-teilung	0	$\sqrt{\frac{1}{12}\left(g_{\max}^2-1\right)}$

Linien-Profil Schw.-pkt.	$m_{\mathrm{lin\_CoG}} = \dfrac{\sum\limits_{z=1}^{l} z \cdot u[z]}{m_{\mathrm{lin\_sum}}}$	I	NoLP	0	l
Linien-Profil Std.-abw.	$m_{\mathrm{lin\_formStd}} = \sqrt{\dfrac{1}{m_{\mathrm{lin\_sum}}} \sum\limits_{z=1}^{l} \left(u[z] \cdot (z - m_{\mathrm{lin\_CoG}})^2 \right)}$	R	konstante Linie	0	$\sqrt{\frac{1}{12}(l^2 - 1)}$
Linien-Profil Schiefe	$m_{\mathrm{lin\_formSkew}} = \dfrac{\frac{1}{m_{\mathrm{lin\_sum}}} \sum\limits_{z=1}^{l} \left(u[z] \cdot (z - m_{\mathrm{lin\_CoG}})^3 \right)}{m_{\mathrm{lin\_formStd}}^3}$	R	*(willkürl.)*	-3	3
Linien-Profil Wölbung	$m_{\mathrm{lin\_formKurt}} = \dfrac{\frac{1}{m_{\mathrm{lin\_sum}}} \sum\limits_{z=1}^{l} \left(u[z] \cdot (z - m_{\mathrm{lin\_CoG}})^4 \right)}{m_{\mathrm{lin\_formStd}}^4} - 3$	R	*(willkürl.)*	-3	3
Strukturanalysen					
Linien-Extrema	m_{extrema} *(Berechnung siehe Text)*	R	*(willkürl.)*	0	10
Ringdetektion (einfach)	$m_{\mathrm{cor\_simp}}$ *(Berechnung siehe Text)*	N	binär	0	1
Ringdetektion (tracking)	$m_{\mathrm{cor\_track}}$ *(Berechnung siehe Text)*	N	binär	0	1

Tabelle D.2 Bildmerkmale der passiven Beobachtung, $p[x,y]$ … Bildpixel, $u[z]$ … Linienpunkt, g_{max} … max. Grauwert, w … Bildbreite, h … Bildhöhe, $N = w \times h$ … Anzahl der Bildpixel (NoP), GWB … Grauwertbereich, $l = \{w, h\}$ … Linienlänge (NoLP).

Pulsmerkmale

Als statistische Pulsmerkmale herangezogen werden:
- Mittelwert aller N Bildmerkmalswerte (*mean*)
- Standardabweichung (*std*)
- Median (*median*)
- Maximum (*max*)
- Schwerpunkt des Merkmalverlaufes (*dist_mean*)
- Standardabweichung des Merkmalverlaufes (*dist_std*)
- Medianposition des Merkmalverlaufes (*dist_median*)
- Position des Maximums des Merkmalverlaufes (*dist_max*)

D.3 Merkmalsaufbereitung

Nach der Extraktion resp. Berechnung ist im Normalfall eine Aufbereitung der
Merkmale hinsichtlich der nachfolgenden Klassifikation sinnvoll. Ein Großteil der
Klassifikator-Algorithmen arbeitet mit Distanzen im Merkmalsraum. Daher ist
hier bzgl. des gewählten Distanzmaßes eine gleichwertige Skalierung aller Merkmale notwendig. Ansonsten würden Merkmale mit kleinem Definitionsbereich
gegenüber weitläufigen Merkmalen in der Bewertung untergehen.

D.3.1 Distanzen im Merkmalsraum

Zur Entfernungsberechnung im Merkmalsraum können eine Vielzahl von Funktionen herangezogen werden. Unter anderem kommen die in Anh. F.4 aufgeführten
Distanzen in Frage. Am häufigsten, da für den Menschen aus der täglichen Erfah-
rung üblicherweise am eingängigsten, kommt der euklidische Abstand (Glg. F.29)
zum Einsatz. Daneben sei auch die Mahalanobis-Distanz (Glg. F.32) genannt,
welche skaleninvariante Abstandswerte generiert.

D.3.2 Merkmalsskalierung

Wie schon angedeutet, kommt der Skalierung des Merkmalsraumes bei vielen
Klassifikatoren große Bedeutung zu. Eine unterschiedliche Skalierung von Merkmalen kann hier zu ungewollten Gewichtungen in der Relevanz eines Merkmales
für die jeweilige Klassifikationsaufgabe führen. Daher ist es zumeist sinnvoll,
alle Merkmale (annähernd) gleich zu skalieren, z. B. auf den Bereich $[0,1]$ oder
$[-1,1]$. Hierfür bieten sich verschiedene Ansätze an.

Besitzt ein Merkmal M einen intrinsischen, abgeschlossenen Definitionsbereich
$[M_{\min}, M_{\max}]$, wie z. B. der 8-bit Grauwertbereich, so kann dieser als Ganzes linear

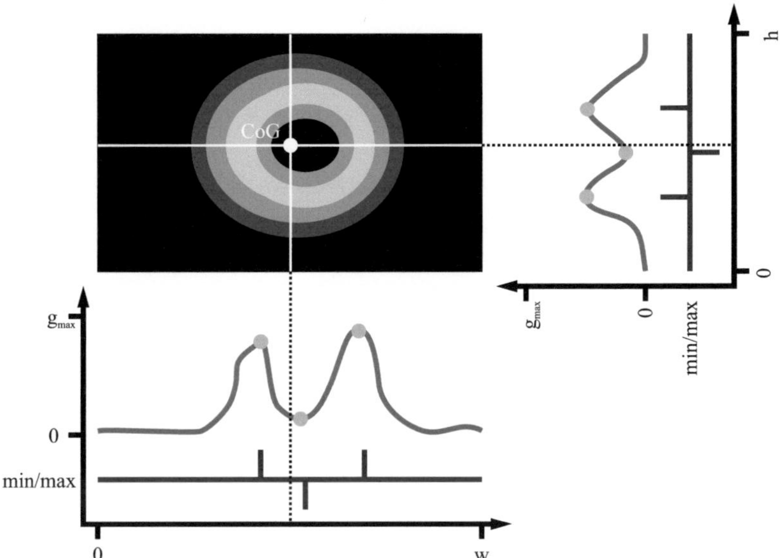

Abbildung D.1 Ringdetektion mittels zweier Bildschnitte. Analysiert wird, ob die Position der gewählten Bildschnitte zwischen zwei Maxima des jeweils anderen Schnittes liegt. Im Fall des einfachen Ringdetektion-Algorithmus handelt es sich um die Schwerpunktschnitte, der trackende Algorithmus verschiebt den jeweils orthogonalen Schnitt testweise in die lokalen Minima.

auf das Zielintervall $M_s = [m_{\text{s\_min}}, m_{\text{s\_max}}]$ skaliert werden. Die Skalierungsfunktion $S : M \mapsto M_s$ hat dann die Form

$$S(m) = \left((m - M_{\min}) \cdot \frac{m_{\text{s\_max}} - m_{\text{s\_min}}}{M_{\max} - M_{\min}} \right) + m_{\text{s\_min}} \qquad .$$

Nutzt das Merkmal diesen intrinsischen Definitionsbereich in der konkreten Klassifikationsaufgabe nur zu einem kleinen Teil aus ($m_{\min} > M_{\min}$ und/oder $m_{\max} < M_{\max}$), so ist es oftmals sinnvoller, diesen eingeschränkten Bereich auf das Zielintervall zu projizieren:

$$S(m) = \left((m - m_{\min}) \cdot \frac{m_{\text{s\_max}} - m_{\text{s\_min}}}{m_{\max} - m_{\min}} \right) + m_{\text{s\_min}} \qquad .$$

Bei normalverteilten Merkmalen bietet es sich auch an, diese anhand ihres Mittelwerts μ und der Standardabweichung σ zu skalieren:

$$S(m) = \left(\frac{1}{2} \cdot \left(\frac{m - \mu}{n \cdot \sigma} + 1 \right) \cdot (m_{s\_max} - m_{s\_min}) \right) + m_{s\_min} \qquad .$$

Über den Parameter n lässt sich dabei steuern, welcher Anteil der Merkmalswerte zwischen m_{s_min} und m_{s_max} zu liegen kommt.

D.3.3 Merkmalsreduktion

Der letzte Schritt vor dem Einsatz des eigentlichen Klassifikator-Algorithmus ist üblicherweise eine Reduzierung der vorhandenen Merkmale, also der Dimensionen des Merkmalsraumes. Ein niedrig-dimensionaler Merkmalsraum erhöht im Normalfall die Ausführungsgeschwindigkeit des gesamten Prozesses, von der Merkmalsgenerierung bis zur letztendlichen Klassifikation. Zudem können Merkmale mit niedriger Diskriminanz hinsichtlich der Klassenzugehörigkeit das Klassifikationsergebnis erheblich verschlechtern.

Ziel der Merkmalsreduktion muss es sein, die aussagekräftigsten Merkmale herauszufiltern und die anderen zu verwerfen. Dies kann entweder durch eine Sortierung der einzelnen Merkmale hinsichtlich bestimmter Eigenschaften erfolgen oder durch (Linear-)Kombination verschiedener Einzelmerkmale.

Bei der Einzelbetrachtung der Merkmale ist zu beachten, dass sich die Diskriminanz teilweise erst in Kombination mit anderen Merkmalen zeigt – selbst wenn jedes Merkmal für sich keinerlei Unterscheidung zwischen den Klassen zulässt, kann eine kombinierte Analyse evtl. hoch-diskriminativ sein. Merkmale, die sich als konstant erweisen oder sehr stark mit anderen Merkmalen korrelieren, können jedoch aus der Merkmalsmenge ohne Informationsverlust entfernen werden.

Bezüglich der Kombination mehrerer schwach-diskriminativer Merkmale zu einem hoch-diskriminativen seien die Hauptkomponentenanalyse und die Diskriminanzanalyse genannt.

Hauptkomponentenanalyse

Die *Hauptkomponentenanalyse*[4] [127], 1901 eingeführt von K. PEARSON (1857 – 1936), entspricht einer *Hauptachsentransformation* im Merkmalsraum. Das heißt es wird die Linearkombination aller Merkmale gesucht, die die größte Varianz aufweist. Diese bildet die erste Hauptachse. Die orthogonal dazu stehende zweit-größte Varianz ergibt die zweite Achse usw. Ziel ist eine Dimensionsreduktion

---

[4]im Englischen PCA ... Principal Component Analysis

des Merkmalsraumes durch Entfernen der letzten Hauptachsen mit geringer Varianz. Diesem Verfahren liegt der Gedanke zu Grunde, dass sich die wichtigen Information der Daten über Linearkombinationen mit großer Varianz abbilden lassen.

Diskriminanzanalyse

Die 1936 von R. A. FISHER (1890 – 1962) beschriebene *Diskriminanzanalyse* [58] (bzw. Lineare Diskriminanzanalyse, LDA) ähnelt der Hauptkomponentenanalyse. Die Bildung diskriminativer Linearkombinationen von Merkmalen beruht hier allerdings auf dem Wissen der Klassenzugehörigkeit. Die Diskriminanzanalyse stellt also eigentlich schon einen Klassifikator dar, wird aber vielfach auch zur vorgeschalteten Dimensionsreduktion für andere Klassifikationsalgorithmen genutzt.

D.4 Klassifikatoren

Im Folgenden sollen die Grundlagen der in dieser Arbeit verwendeten Klassifikatoren dargestellt werden.

D.4.1 Statistische Klassifikation

Der *Bayes-Klassifikator*, benannt nach T. BAYES (1702 – 1761), stellt per Definition den optimalen Klassifikator da. Er arbeitet mit Wahrscheinlichkeitsdichten der Klassenzugehörigkeit im Merkmalsraum und weist ein Objekt jeweils der wahrscheinlichsten Klasse zu. Damit minimiert der Bayes-Klassifikator die Fehlerwahrscheinlichkeit, d. h. die Wahrscheinlichkeit einer Falsch-Klassifikation.

Nach dem *Satz von Bayes* [11] gilt für die Wahrscheinlichkeit P, dass ein gegebener Punkt $\vec{m}$ im Merkmalsraum der Klasse k entstammt[5]

$$P(k|\vec{m}) = \frac{P(k) \cdot P(\vec{m}|k)}{P(\vec{m})} \qquad .$$
(D.1)

Der Bayes-Klassifikator hat dann die Form

$$\mathfrak{c}_{\text{bayes}}(\vec{m}) = \underset{k}{\text{argmax}}(P(k|\vec{m})) \qquad .$$
(D.2)

---

[5] $P(k|\vec{m})$ bezeichnet die die Wahrscheinlichkeit für ein Vorliegen von k bei gegebenem $\vec{m}$

Da der Nenner $P(\vec{m})$ (Glg. D.1) im Rahmen der Klassifikation für alle Klassen konstant ist, kann auf die Berechnung dieser Wahrscheinlichkeit verzichtet werden, so dass sich die Form

$$c_{\text{bayes}}(\vec{m}) = \underset{k}{\operatorname{argmax}}\,(P(k) \cdot P(\vec{m}|k)) \tag{D.3}$$

für den Klassifikator ergibt.

Als problematisch erweist sich beim Einsatz des Bayes-Klassifikators jedoch die Bestimmung der Wahrscheinlichkeitsdichten anhand der (kleinen) Trainingsstichprobe sowie die analytische Darstellung derselben.

Eine Vereinfachung stellt der *naive Bayes-Klassifikator* dar. Dabei wird davon ausgegangen, dass alle p Merkmale voneinander unabhängig sind. Damit wird Glg. D.3 zu

$$c_{\text{bayes}}(\vec{m}) = \underset{k}{\operatorname{argmax}}\left(P(k) \cdot \prod_{i=1}^{p} P(m_i|k)\right) \quad ,$$

d. h. die Wahrscheinlichkeitsdichten der einzelnen Klassen können für jedes Merkmal einzeln bestimmt werden. Oftmals wird zur weiteren Vereinfachung davon ausgegangen, dass es sich dabei um Normalverteilungen handelt, deren Parameter im Rahmen des Trainings geschätzt werden.

D.4.2 Lineare Klassifizierung

Wie oben schon angedeutet, beschreibt ein Klassifikator im Prinzip nichts anderes als eine Menge von Trennflächen im Merkmalsraum. Im Fall eines *linearen Klassifikators* sind diese Trennflächen *Hyperebenen*. Das heißt sie lassen sich durch die Ebenen-Gleichung

$$\langle \vec{w}, \vec{x} \rangle + b = 0$$

beschreiben[6]. $\vec{w}$ ist dabei ein Normalenvektor auf der Hyperebene, b der Abstand der Hyperebene zum Nullpunkt in Einheiten von $|\vec{w}|$, d. h. der Länge von $\vec{w}$.

Ein binärer, linearer Klassifikator hat dann die Form

$$c_{\text{lin}}(\vec{m}) = \operatorname{sgn}\left(\langle \vec{w}, \vec{m} \rangle + b\right) \quad ,$$

---

[6]Durch Hinzunahme einer weiteren Dimension lässt sich die Ebenengleichung auch schreiben als

$$\langle \vec{w}^*, \vec{x}^* \rangle = 0$$

mit $\vec{w}^* = (\vec{w}, b)$ und $\vec{x}^* = (\vec{x}, 1)$.

Die Klassenzugehörigkeit wird hierbei durch $\mathcal{K} = \{-1, 1\}$ ausgedrückt. Im Prinzip handelt es sich um eine gewichtete Summation der Merkmale und eine anschließende Schwellwertbetrachtung. w_i stellt dabei den Gewichtungsfaktor für das i-te Merkmal dar, b den Schwellwert, der die Grenze der Klassenzugehörigkeit bestimmt.

Ein Multi-Klassen-Klassifikator kann aus mehreren binären Klassifikatoren zusammengesetzt werden.

Ziel des Trainings eines linearen Klassifikators ist es, anhand der vorhandenen, vorab (manuell) klassifizierten Trainingsdaten $\{\vec{m}_{\mathrm{trn},j}, k_{\mathrm{trn},j}\}_{j=1}^{N_{\mathrm{trn}}}$, N_{trn} die Anzahl der Trainingselemente, die Lage der Trenn-Hyperebenen zu bestimmen, d. h. die Parameter $(\vec{w}, b)$. Im binären Fall gilt

$$\langle \vec{w}, \vec{m}_j \rangle + b > 0 \quad \forall k_j = 1$$
$$\langle \vec{w}, \vec{m}_j \rangle + b < 0 \quad \forall k_j = -1$$

bzw. zusammengefasst zu einer Gleichung

$$k_j \cdot (\langle \vec{w}, \vec{m}_j \rangle + b) > 0 \quad \forall j = 1, \dots, N \qquad . \tag{D.4}$$

Wie der Name des Klassifikators schon nahe legt, gelingt dies zu $100\,\%$ nur bei im Merkmalsraum *linear trennbaren* Objekten. In diesem Fall existiert im Allgemeinen eine unendliche Anzahl von Lösungen, d. h. Hyperebenen, die diese Bedingung erfüllt.

Linearer SVM-Klassifikator

Ein *support vector machine* Klassifikator (SVM) fällt in erster Näherung unter die linearen Klassifikatoren. Die Besonderheit gegenüber anderen Verfahren liegt darin, dass der SVM-Algorithmus den Abstand a der Hyperebene zu den ihr am nahest liegenden Objekten beider Klassen maximiert. Damit soll erreicht werden, dass in der späteren Einsatzphase des Klassifikators auch Daten, die zwischen den durch die Trainingsmenge gebildeten Klassenbereichen zu liegen kommen, mit hoher Wahrscheinlichkeit richtig eingeordnet werden.

Der Abstand $d_{\vec{w}}$ eines Punktes $\vec{x}$ zu einer Ebene $E(\vec{w}, b)$ ist gegeben durch

$$d_{\vec{w}}(\vec{x}) = -(\langle \vec{w}, \vec{x} \rangle + b) \qquad ,$$

wobei $d_{\vec{w}}$ in Einheiten von $|\vec{w}|$ skaliert ist.

Damit lässt sich der Rand a der Hyperebene definieren als der kleinste Abstand zwischen gegebener Ebene und den N Objekten. Im binären Fall erhalten wir

$$a_{\vec{w}} = \min_{j=1,\dots,N} (k_{\mathrm{trn},j} \cdot (\langle \vec{w}, \vec{m}_{\mathrm{trn},j} \rangle + b)) \qquad . \tag{D.5}$$

Die Trainingsphase des SVM-Klassifikators besteht also in der Maximierung des Randes $a = \frac{a_{\vec{w}}}{|\vec{w}|}$. Eine Ebene kann jedoch nicht nur durch die Parameter $(\vec{w}, b)$ dargestellt werden, sondern auch Vielfache dieser Parameter, also $(c \cdot \vec{w}, c \cdot b)$, beschreiben die gleiche Ebene. Glg. D.5 muss also eigentlich lauten

$$a_{\vec{w}} = \min_{j=1,\ldots,N} \left(k_{\mathrm{trn},j} \cdot \left(\langle c \cdot \vec{w}, \vec{m}_{\mathrm{trn},j} \rangle + (c \cdot b) \right) \right) \quad .$$

Damit ergeben sich $p + 2$ Freiheitsgrade für die Maximierung bei $p + 1$ benötigten Parametern für eine eindeutige Lösung.

Dies umgeht man, indem man für die Skalierung $a_{\vec{w}} = 1$ setzt und damit die *kanonische Form*

$$1 = \min_{j=1,\ldots,N} \left(k_{\mathrm{trn},j} \cdot \left(\langle \vec{w}, \vec{m}_{\mathrm{trn},j} \rangle + b \right) \right)$$

der Hyperebene wählt. Es gilt dann für den zu maximierenden minimalen Abstand a

$$a = \frac{1}{|\vec{w}|} \quad , \tag{D.6}$$

d. h. $|\vec{w}|$ muss minimiert werden.

Daraus lässt sich das konvexe, quadratische Optimierungsproblem

$$\min \left(\frac{1}{2} |\vec{w}|^2 \right) \tag{D.7}$$

generieren mit der Nebenbedingung

$$k_{\mathrm{trn},j} \cdot \left(\langle \vec{w}, \vec{m}_{\mathrm{trn},j} \rangle + b \right) \geq 1 \qquad \forall \quad j \quad , \tag{D.8}$$

(aus Glg. D.4), d. h. alle Objekte des Trainingsdatensatzes müssen sich auf der ihrer Klassifizierung entsprechenden Seite der Hyperebene befinden.

Lösen lässt sich dieses über die Aufstellung der *Lagrange-Funktion*, benannt nach J. L. LAGRANGE (1736 – 1813) unter Anwendung des *Karush-Kuhn-Tucker-Theorems*. Eine schöne Darstellung dieses Vorgehens findet sich in [25].

Letztendlich erhält man die Entscheidungsfunktion

$$\mathfrak{c}_{\mathrm{SVM}}(\vec{m}) = \mathrm{sgn} \left(\sum_{j=1}^{N} \left(\alpha_j \cdot k_{\mathrm{trn},j} \cdot \langle \overrightarrow{m_{\mathrm{trn},j}}, \vec{m} \rangle \right) + b \right) \tag{D.9}$$

Dabei gilt, dass nur die $\alpha_j \neq 0$ sind, deren zugehörige Trainingsobjekte $m_{\mathrm{trn},j}$ auf dem Rand der Hyperebene liegen. Diese Punkte werden als *Stützvektoren* (im Englischen *support vectors*) bezeichnet. Alle von der Trenn-Ebene aus gesehen dahinter liegenden Punkte spielen in der Entscheidungsfunktion keine Rolle.

Nicht linear trennbare Daten

Im Fall nicht zu 100 % linear trennbarer Daten – d. h. es gibt Ausreißer, welche im Merkmalsraum inmitten einer fremden Klasse zu liegen kommen[7] – lässt sich der lineare Ansatz über eine *Schlupfvariable* ξ erweitern. Damit wird es möglich, dass Datenpunkte bei der Bestimmung der Trennebene auf der falschen Seite hinsichtlich ihrer Klassenzugehörigkeit zum liegen kommen können. Damit werden aus Glg. D.7 und Glg. D.8 die Gleichungen

$$\min \left(\frac{1}{2} |\vec{w}|^2 + C \sum_{j=1}^{N} \xi_j \right) \tag{D.10}$$

und

$$k_{\mathrm{trn},j} \cdot \left(\langle \vec{w}, \vec{m}_{\mathrm{trn},j} \rangle + b \right) \geq 1 - \xi_j \qquad \forall \quad j \quad . \tag{D.11}$$

Die Konstante C gewichtet dabei die Fehlklassifikationen in Relation zur Randbreite und ist ein problemabhängig zu wählender bzw. während des Trainings zu optimierender Parameter. Es gilt $C > 1$ und $\xi_j \geq 0$.

D.4.3 Nichtlineare Klassifikatoren

Lassen sich einzelne Ausreißer ansonsten linear trennbarer Klassen noch recht gut über die Erweiterung mittels der Schlupfvariablen abfangen, ist es vielfach sinnvoller, den Klassifikator von vornherein aus nichtlinearen Trennflächen zu konstruieren. Ein Beispiel hierfür ist der *Quadratische Klassifikator*

$$\mathfrak{c}_{\mathrm{quad}}(\vec{m}) = \mathrm{sgn}\left(\langle \vec{m}, \boldsymbol{W}, \vec{m} \rangle + \langle \vec{w}, \vec{m} \rangle + b \right) \quad , \tag{D.12}$$

dessen Trennflächen Ellipsoide und Hyperboloide bilden.

Verallgemeinert lässt sich der (binäre) nichtlineare Klassifikator darstellen als

$$\mathfrak{c}_{\mathrm{nonlin}}(\vec{m}) = \mathrm{sgn}\left(\sum_{k=1}^{q} w_k^* \varphi_k(\vec{m}) \right) \quad ,$$

also als gewichtete Summe von (nichtlinearen) *Basisfunktionen* $\varphi_k(\vec{m})$. Die Anzahl q der Basisfunktionen ist dabei zumeist größer als die Dimension p des

---

[7]Ausreißer können z. B. durch eine manuelle Fehlklassifikation des Trainingsdatensatzes oder eine tatsächliche (leichte) Überschneidung der Klassen im Merkmalsraum zustande kommen.

Eingangsvektors $\vec{m}$. Letztendlich entspricht dieser Ansatz der nichtlinearen Projektion Φ des p-dimensionalen Merkmalsraumes auf einen q-dimensionalen Raum

$$\Phi : \mathbb{R}^p \mapsto \mathbb{R}^q \qquad , \tag{D.13}$$

in dem dann eine lineare Trennung durchgeführt wird, d. h. das Skalarprodukt aus Gewichtungsvektor und Merkmalsvektor gebildet wird[8]:

$$\mathfrak{c}_{\text{nonlin}}(\vec{m}) = \text{sgn}\left(\left\langle \vec{w}^*, \Phi(\vec{m}) \right\rangle\right) \tag{D.14}$$

Als Basisfunktionen kommen eine Vielzahl von Funktionen in Betracht. Häufig anzutreffen sind *Monome*

$$\varphi_{\text{Monom}}(\vec{m}) = \prod_{i=1}^{p} m_i^{n_i}$$

mit $n_i \in \mathbf{N_0}$ oder *radiale Basisfunktionen* (RBF), also Funktionen, die die Eigenschaft

$$\varphi_{\text{RBF}, \vec{c}}(\vec{m}) = f(|\vec{m} - \vec{c}|)$$

erfüllen.

Fluch der Dimensionalität   Je größer die Anzahl der Basisfunktionen gewählt wird, desto komplexer kann die Trennfläche im ursprünglichen Merkmalsraum dargestellt werden. Allerdings erhöht sich neben dem Rechenaufwand auch die benötigte Anzahl an Trainingsobjekten für eine vernünftige Anpassung der Trennfläche. Auch die Gefahr einer Überanpassung an den Trainingsdatensatz besteht. Der Begriff *Curse of dimensionality* für diesen Sachverhalt wurde von R. E. BELLMAN (1920 – 1984) geprägt.

---

[8]Den quadratischen Klassifikator Glg. D.12 für zwei Merkmalsdimensionen erhält man z. B. durch

$$
\begin{aligned}
w_1^* &= W_{11} & \varphi_1(\vec{m}) &= m_1^2 \, , \\
w_2^* &= W_{22} & \varphi_2(\vec{m}) &= m_2^2 \, , \\
w_3^* &= W_{12} + W_{21} & \varphi_3(\vec{m}) &= m_1 \cdot m_2 \, , \\
w_4^* &= w_1 & \varphi_4(\vec{m}) &= m_1 \, , \\
w_5^* &= w_2 & \varphi_5(\vec{m}) &= m_2 \, , \\
w_6^* &= b & \varphi_6(\vec{m}) &= 1 \, .
\end{aligned}
$$

Der 2-dimensionale Merkmalsvektor $\vec{m}$ wird also in einen 6-dimensionalen Raum projiziert und dort linear getrennt.

Nichtlinearer SVM-Klassifikator

Auch der lineare SVM-Klassifikator lässt sich nichtlinear erweitern, indem die Merkmalsvektoren in einen höher dimensionalen Raum projiziert werden. Aus Glg. D.9 wird dann in Kombination mit Glg. D.13

$$c_{\mathrm{nlSVM}}(\vec{m}) = \mathrm{sgn}\left(\sum_{j=1}^{N}\left(\alpha_j \cdot k_{\mathrm{trn},j} \cdot \langle \Phi(\overrightarrow{m_{\mathrm{trn},j}}), \Phi(\vec{m})\rangle\right) + b\right) \quad . \text{(D.15)}$$

Um allerdings die oben angesprochenen Probleme eines hoch dimensionalen Merkmalsraumes zu umgehen, bedient man sich des so genannten *Kernel-Tricks* [3]. Ein *Kernel* ist eine symmetrische, positiv semi-definite Funktion

$$K : \mathbb{R}^p \times \mathbb{R}^p \mapsto \mathbb{R} \quad ,$$

die sich mittels der Projektion Glg. D.13 darstellen lässt als

$$K(\vec{m}_1, \vec{m}_2) = \langle \Phi(\vec{m}_1), \Phi(\vec{m}_2)\rangle \quad ,$$

d. h. als Skalarprodukt im $\mathbb{R}^q$ (*Theorem von Mercer* [118]).
Damit lässt sich Glg. D.15 schreiben als

$$c_{\mathrm{nlSVM}}(\vec{m}) = \mathrm{sgn}\left(\sum_{j=1}^{N}\left(\alpha_j \cdot k_{\mathrm{trn},j} \cdot K(\overrightarrow{m_{\mathrm{trn},j}}, \vec{m})\right) + b\right) \quad . \text{(D.16)}$$

Solange K das Theorem von Mercer erfüllt, wird die konkrete Darstellung der Projektion Φ nicht benötigt.

Beispiel für einen Kernel ist die radiale Basisfunktion

$$K_{\mathrm{RBF}}(\vec{m}_1, \vec{m}_2) = \exp\left(-g \cdot |\vec{m}_1 - \vec{m}_2|^2\right) \tag{D.17}$$

mit dem freien Parameter $g > 0$, die im Rahmen dieser Arbeit für den SVM-Klassifikator gewählt wurde.

D.4.4 k-NN-Klassifikatoren

Ein *k-NN-Klassifikator*[9] berechnet den Abstand eines Objekts im Merkmalsraum zu allen im Trainingsdatensatz vorhandenen Elementen und ordnet es der Mehrheitsklasse der k nächsten Nachbarn zu, $k \in \mathbf{Z}$. Wie intuitiv zu erkennen ist, spielt

---

[9]k-NN ... k nächste Nachbarn bzw. k nearest neighbours

hierbei die Skalierung des Merkmalsraumes bzw. die gewählte Metrik für die Nachbarschafts- resp. Entfernungsbestimmung eine herausragende Rolle. Ein k-NN-Klassifikator liefert in der Regel sehr gute Klassifizierungsergebnisse, benötigt aber aufgrund der Entfernungsbestimmung zu allen im Trainingsdatensatz vorhandenen Elementen in der Ausführung eine hohe Rechenleistung. Zum Teil kann auch eine Gewichtung der Abstände bei der Mehrheitsfindung sinnvoll sein [83].

D.4.5 Schwellwertbasierter Klassifikator

Der im Rahmen dieser Arbeit implementierte, sehr einfache schwellwertbasierte Klassifikator vergleicht jedes Merkmal m_i mit einem im Training für dieses Merkmal festgelegten Referenzwert $m_{r,i}$. Die Klassifikation geschieht anhand der Anzahl der über- bzw. unterschrittenen Schwellen[10].

D.5 Training

Ja nach Art des verwendeten Klassifikators kann eine Trainigsphase vor dem eigentlichen Einsatz notwendig sein. Mittels einer manuell oder natürlicherweise klassifizierten (Unter-)Menge von Objekten werden die Parameter des Klassifikators resp. die Trennflächen im Merkmalsraum bestimmt. Daneben kann auch eine Optimierung der ausgewählten Merkmale sowie des Merkmalsraumes an sich (Skalierung, Dimensionsreduktion) stattfinden.

Prinzipiell ist es ratsam, den fürs Training zur Verfügung stehenden vorklassifizierten Datensatz zunächst disjunkt aufzuteilen – in einen Trainingsdatensatz $\{\vec{m}_{\text{trn},j}, k_{\text{trn},j}\}_{j=1}^{N_{\text{trn}}}$ und einen Testdatensatz $\{\vec{m}_{\text{tst},j}, k_{\text{tst},j}\}_{j=1}^{N_{\text{tst}}}$. Die Aufteilung sollte zufällig geschehen, dabei aber die Struktur des Datensatzes (Verteilung der Merkmale, Klassen, usw.) in beiden Untermengen widerspiegeln. Hintergrund dafür ist eine sich an das Training anschließende Überprüfung der Qualität des trainierten Klassifikators.

Das Vorgehen ist also das folgende: Die Klassifikator-Parameter werden unter Einsatz des Lerndatensatzes und seiner vorgegebenen Klassifikation bestimmt. Im Fall des SVM-Klassifikators bedeutet dies, das Optimierungsproblem Glg. D.7 mit Glg. D.8 zu lösen. Beim k-NN-Klassifikator findet kein Training im eigentlichen Sinne statt, da bei der späteren Anwendung jedes Mal aufs Neue die Abstände

---

[10]In gewisser Weise ähnelt der Schwellwert-Klassifikator dem naiven Bayes-Klassifikator insofern, als dass auch hier jedes Merkmal unabhängig von den anderen betrachtet wird. Anders als beim Bayes-Klassifikator ergibt sich die Entscheidung aber nicht aus dem Produkt aller Einzelwahrscheinlichkeiten, sondern aus der Summe der binarisierten Einzelwahrscheinlichkeiten.

| | | Realität | |
		positiv (niO)	negativ (iO)
Klassifikator	positiv (niO)	TP (true positive)	FP (false positive)
	negativ (iO)	FN (false negative)	TN (true negative)

Tabelle D.3 Konfusionsmatrix. Ein negatives Ergebnis bedeutet, dass kein Fehler gefunden wird, das begutachtete Teil also in Ordnung (iO) ist.

der zu klassifizierenden Objekte zu allen Elementen im Lerndatensatz berechnet werden.

Der parametrierte Klassifikator wird dann auf den Testdatensatz angewendet und das Klassifikationsergebnis mit dem vorgegebenen verglichen.

D.6 Beurteilung eines Klassifikators

Die Qualität eines Klassifikationsergebnisses lässt sich mit Hilfe einer *Konfusionsmatrix* darstellen. In dieser Matrix (Tbl. D.3) werden Realität und Klassifikationsergebnis gegeneinander aufgetragen. Die falsch-positiven Elemente werden auch als *Fehler 1. Art* bezeichnet, die falsch-negativen Elemente als *Fehler 2. Art*. Relevante Kennwerte sind die

- *Sensitivität*

$$Q_{\text{sensitivity}} = \frac{TP}{TP + FN} \quad , \tag{D.18}$$

d. h. das Verhältnis von korrekt positiver Klassifikation zu tatsächlich positiven Elementen, sowie die

- *Spezifität*

$$Q_{\text{specificity}} = \frac{TN}{FP + TN} \quad , \tag{D.19}$$

d. h. das Verhältnis von korrekt negativ klassifizierten Elementen zu tatsächlich negativen Elementen. Die

- *Relevanz*

$$Q_{\text{precision}} = \frac{TP}{TP + FP} \tag{D.20}$$

gibt an, welcher Anteil der als vom Klassifikator positiv erkannten Elemente tatsächlich positiv ausfallen. Ebenfalls von Interesse ist häufig die

- *Korrektklassifikationsrate*

$$Q_{\text{accuracy}} = \frac{TP + TN}{TP + FP + TN + FN} \quad , \tag{D.21}$$

also die Rate der korrekt klassifizierten Elemente. Für die Qualitätskontrolle im Speziellen von Interesse ist die

- *Segreganz*[11]

$$Q_{\text{NPV}} = \frac{TN}{FN + TN} \quad . \tag{D.22}$$

Sie gibt an, welcher Anteil der als für iO befundenen Elemente (also Elemente mit negativer Klassifikation) dies auch tatsächlich ist.

---

[11] Die Segreganz wird auch als *Negativer Vorhersagewert* (negative prediction value, NPV) bezeichnet.

E Kantendetektion

Ziel der *Kantendetektion* in der Bildverarbeitung ist die Erzeugung eines Binärbildes B_{edge}, welches die im Bild I enthaltenen Kanten möglichst gut wiedergibt. Die gängigsten Algorithmen zur Kantendetektion basieren auf der Faltung eines zu analysierenden Grauwertbildes I_g ($I_g \equiv \mathbb{N}_0^{w \times h}$, w die Breite, h die Höhe des Bildes) mit einem *Kernel* K, einer $n \times n$-Matrix[1] ($K \in \mathbb{R}^{n \times n}$). Durch diese Faltungsoperation wird zunächst ein reellwertiges Kantenbild G_{preedge} ($G_{\mathrm{preedge}} \in \mathbb{R}^{(w-n+1) \times (h-n+1)}$) erzeugt:

$$G_{\mathrm{preedge}} = K * I_g \quad .$$

Teilweise ist der verwendete Kernel richtungsabhängig. In diesem Fall werden weitere Kantenbilder mit gedrehten Kernels (45° oder 90°) berechnet und diese Bilder anschließend zusammengeführt.

Bei zwei um 90° gedrehten Kernels K und K^T geschieht dies zumeist über das quadratische Mittel

$$G_{\mathrm{preedge}} = \sqrt{G_{\mathrm{preedge,x}}^2 + G_{\mathrm{preedge,y}}^2}$$

oder zur schnelleren Berechnung

$$G_{\mathrm{preedge}} = |G_{\mathrm{preedge,x}}| + |G_{\mathrm{preedge,y}}| \quad .$$

Damit gilt $G_{\mathrm{preedge}} \in \mathbb{R}_+^{(w-n+1) \times (h-n+1)}$. Bei dieser Gelegenheit lässt sich auch ein Kantenwinkelbild Θ_{cont}

$$\Theta_{\mathrm{cont}} = \arctan\left(\frac{G_{\mathrm{preedge,y}}}{G_{\mathrm{preedge,x}}}\right) \quad , \quad \Theta_{\mathrm{cont}} \in \left[-\frac{\pi}{2}, \frac{\pi}{2}\right]^{(w-n+1) \times (h-n+1)} \quad ,$$

---

[1] Diese Operation entspricht einer elementweisen Multiplikation der Kernel-Matrix mit der Umgebung des jeweils betrachteten Bildpixels und anschließender Aufsummierung, durchgeführt für jedes Pixel des Bildes.

bzw., da es sich bei I_g um ein gerastertes Bild handelt,

$$\Theta_{\mathrm{disk}} = \frac{\pi}{4} \left\lfloor \left(\Theta_{\mathrm{cont}} \cdot \frac{4}{\pi} + 0\,5 \right) \right. \quad ,$$

$$\Theta_{\mathrm{disk}} \in \{ -\frac{\pi}{2}, -\frac{\pi}{4}, 0, \frac{\pi}{4}, \frac{\pi}{2} \}^{(w-n+1)\times(h-n+1)} ,$$

bestimmen. Diese Richtungsinformation kann zur Weiterverarbeitung des Kantenbildes verwendet werden (siehe Kap. E.1).

Die sogenannten *Kompassfilter* bestehen typischerweise aus acht um jeweils $45°$ gedrehte Kernel-Matrizen $K_0, K_{\frac{\pi}{4}}, \ldots, K_{\frac{7\pi}{4}}$. Hierbei wird der Kantenwinkel für jedes Pixel durch den größten der acht berechneten Werte definiert:

$$G_{\mathrm{preedge}} = \max \left(G_{\mathrm{preedge},0}, G_{\mathrm{preedge},\frac{\beta}{4}}, \ldots, G_{\mathrm{preedge},\frac{7\beta}{4}} \right) \quad .$$

Der diskrete Kantenwinkel Θ_{disk} ergibt sich dann aus der Richtungscharakteristik des jeweiligen Kernels.

Im einfachsten Fall wird das erzeugte reellwertige Kantenbild G_{preedge} über eine Schwellwertbetrachtung in ein binäres Kantenbild B_{edge} überführt.

Die bekanntesten Beispiele sind die *gradientenbasierten Sobel-, Prewitt-* oder *Roberts-Filter*. Bei diesen wird durch zwei um $90°$ verdrehte Kernel die erste Ableitung resp. der Gradient des Bildes berechnet, d. h. ein Maß für die Helligkeitsänderung im Umfeld jedes Pixels. Eine Kante ist hierbei also als starke Helligkeitsänderung im Bild definiert. Beispiele für einen gradientenbasierten Kompassfilter sind das *Kirsch-Filter* und das *Robinson*-Filter[2].

Ebenfalls Verwendung findet das *Laplace-Filter* in Kombination mit einem *zero-crossing-Verfahren*, d. h. es wird nach den Nulldurchgängen der durch den Laplace-Operator erzeugten zweiten Ableitung gesucht. Bei einer vorherigen Glättung mittels Gauss-Filters spricht man vom *Laplace-of-Gaussian-Filter* resp. dem *Marr-Hildreth-Operator*. Diese Filter sind richtungsunabhängig, d. h. sie liefern nur eine Kantenstärke zurück.

E.1 Canny-Filter

Das 1986 von J. F. CANNY ($\star$1953) vorgestellte *Canny-Filter* [27] beschreibt eine theoretisch unterfütterte Ausgestaltung des oben angeführten Vorgehens. Ausgangspunkt der hierbei angestellten Überlegungen sind die Forderungen

---

[2]Die Robinson-Kernel entsprechen dem Sobel-Kernel, rotiert im $45°$-Raster.

- *gute Detektion*, d. h. das sich ergebende Kantenbild soll möglichst viele real vorhandene Kantenpixel und möglichst wenige Nicht-Kantenpixel enthalten,
- *gute Lokalisierung*, d. h. die gefundenen Kanten sollen möglichst gut über den realen Kanten zu Liegen kommen, und
- *Eindeutigkeit*, d. h. jede reale Kante soll nur einmal im Kantenbild enthalten sein (implizit im ersten Punkt enthalten).

Eine konkrete Ausgestaltung des Canny-Filters kann beispielweise folgendermaßen aussehen:

E.1.1 Glättung

Zunächst wird das Bild mittels Faltung mit einem *Gauss-Kernel* geglättet, d. h. der Rauschanteil im Bild reduziert. Diese Glättung geht, abhängig von der Größe des Kernels, einher mit einem Verlust an örtlicher Information (siehe Anh. E.2).

E.1.2 Gradientenfilter

Im nächsten Schritt wird das Sobel- oder ein anderes Gradientenfilter auf das geglättete Bild angesetzt und damit das Gradientenbild G_{preedge} und das Winkelbild Θ_{disk} erzeugt. Für jedes Pixel des Bildes liegt jetzt also ein Maß für die Helligkeitsänderung an dieser Position und ein Hinweis auf deren Richtung im Bild vor.

E.1.3 Verdünnung

Anschließend erfolgt die sogenannte *Nichtmaxima-Unterdrückung*. Ziel dieses Schrittes ist es, die im Gradientenbild hervorgehobenen Kanten auf eine Breite von einem Pixel, die jeweils stärkste Helligkeitsänderung, zu verdünnen, um so die Lage der Kante möglichst gut wiederzugeben. Dabei wird zumeist analysiert, ob das betrachtete Pixel senkrecht zum Kantenverlauf ein Maximum darstellt. Ist dies der Fall, wird das Pixel in ein neues Kantenbild G_{nms} übernommen, ansonsten dort auf null gesetzt.

E.1.4 Selektion

Der letzte Schritt besteht aus einer Selektion der verbliebenen Pixel in G_{nms} hinsichtlich der Wahrscheinlichkeit einer Kantenzugehörigkeit. Hierbei kommt das sogenannte *Hysterese-Verfahren* zum Einsatz. Es werden zwei Schwellwerte

T_{low} und T_{high}, $T_{\text{low}} < T_{\text{high}}$, definiert. T_{high} stellt dabei die Schwelle für Kanten-Saatpunkte dar. Ausgehend von den Pixeln $g_{xy} \geq T_{\text{high}}$ aus dem Kantenbild $\boldsymbol{G}_{\text{nms}}$ werden alle Pixel als Kantenpixel selektiert und in $\boldsymbol{B}_{\text{edge}}$ markiert, deren Wert größer-gleich T_{low} ist und über weitere Pixel mit dieser Eigenschaft mit den Saatpixeln verbunden sind.

E.2 Glättung

Die Glättungsoperation dient zum Einen der Reduzierung des Rauschanteils eines Bildes, d. h. der Unterdrückung von (unerwünschten) hochfrequenten Bildanteilen sowie zum Anderen der Hervorhebung relevanter Bildstrukturen. Neben einem einfachen *Mittelwert-Filter*, auch als *Boxcar-Filter* oder *Rechteck-Filter* bezeichnet (alle Einträge der Kernelmatrix besitzen den selben Wert), kommen hier vor allem der *Gauss-Filter* sowie der *Binomial-Filter* zum Einsatz.

Der Kernel $\boldsymbol{K}_{\text{Gauss}}(\sigma, l)$ des Gauss-Filters wird durch eine Matrix der Größe $l \times l$ gebildet, deren Einträge $k_{i,j}$ einer zweidimensionalen Gaussschen Normalverteilung folgen:

$$k_{i,j}(\sigma, l) = \exp\left(-\frac{(i - \frac{l-1}{2})^2 + (j - \frac{l-1}{2})^2}{2\sigma^2} \right) \qquad i, j \in (0, 1, \ldots, l-1) \qquad .$$

Die Einträge der Matrix werden noch mit dem Faktor α^{-1},

$$\alpha = \sum_{i=0}^{l-1} \sum_{j=0}^{l-1} k_{i,j} \qquad ,$$

normiert, um die Helligkeit des geglätteten Bildes nicht zu verändern.

Alternativ zur Gaussschen Normalverteilung bietet sich die Verwendung einer Binomialverteilung zur Besetzung der Kernel-Matrixeinträge an. Die (eindimensionale) Binomialverteilung

$$B_{p,n}[k] = \binom{n}{k} p^k (1 - p)^{n-k} \qquad k \in (0, 1, \ldots, n) \tag{E.1}$$

konvergiert für $n \to \infty$ gegen eine Gaussche Normalverteilung mit $\mu = np$ und $\sigma^2 = np(1 - p)$, approximiert diese aber auch für kleinere Werte von n (bei $p \approx 0{,}5$) schon recht gut. Der Binomialkoeffizient $\binom{n}{k}$ liefert bei ganzzahligen n und k immer ein ganzzahliges Ergebnis. Für $p = 0{,}5$ wird der hintere Teil von (E.1) zu 2^{-n}. Somit lassen sich mit solch einem *Binomial-Filter* computergestützte

Berechnungen sehr effizient durchführen. Der zweidimensionale *Binomial-Kernel* K_Binomial der Größe $l \times l$ ergibt sich aus

$$K_\text{Binomial} = \vec{B}^t_{0,5,(l-1)} \, \vec{B}_{0,5,(l-1)} \qquad .$$

Gegenüber dem Mittelwert-Filter haben diese beiden Filter den Vorteil, keine oder nur geringe Artefakte im Bild zu hinterlassen.

Zur reinen Rauschunterdrückung kann, je nach Art des Rauschens, auch ein *Median-Filter* sinnvoll sein.

F Mathematischer Hintergrund zur statistischen Bildanalyse

Die in Kap. 5.5 zur Unterscheidung der Texturen verwendeten Divergenzen entstammen der Wahrscheinlichkeits- bzw. Informationstheorie. Hier sollen kurz die Grundzüge dieser beiden mathematischen Teilgebiete dargestellt werden sowie die zum Regionenvergleich verwendeten Divergenzen näher erläutert werden.

F.1 Wahrscheinlichkeitstheorie

Die *Wahrscheinlichkeitstheorie* bildet, zusammen mit der Statistik, das mathematische Teilgebiet der Stochastik. Betrachtet werden darin zufällig Vorgänge und Ereignisse.

A. N. KOLMOGOROV (1903 – 1987) schuf 1933 mit seiner Veröffentlichung *Grundbegriffe der Wahrscheinlichkeitsrechnung* [101] die axiomatische Basis der modernen Wahrscheinlichkeitstheorie. Basierend auf der Mengenlehre bzw. Maßtheorie stellte er 6 Axiome auf, welche die bis dahin herrschenden vielfältigen Begrifflichkeiten vereinheitlichten.

F.1.1 Wahrscheinlichkeitsraum

Basis dieser Darstellung ist die Ergebnismenge Ω, welche alle möglichen *Ergebnisse* ω_n eines zufallgesteuerten Vorganges umfasst. Ein *Ereignis S* repräsentiert das Eintreten eines Ergebnisses und ist als Teilmenge von Ω definiert[1]. Die Elemente ω der Ergebnismenge werden auch als *Elementarereignisse* bezeichnet.

---

[1] Ein Ereignis kann also nicht nur *A ist eingetreten* sein, sondern auch *A oder B ist eingetreten*.

Die Ereignisse bilden den *Ereignisraum* Σ, eine σ-*Algebra*[2]. Die Zuordnung einer Eintrittswahrscheinlichkeit zu einem Ereignis geschieht mittels einer Abbildung $P : \Sigma \rightarrow [0,1]$, welche als *Wahrscheinlichkeitsmaß* bezeichnet wird[3]. $P(S) = 1$ bedeutet dabei ein sicheres Eintreten, $P(S) = 0$ ein sicheres Nichteintreten eines Ereignisses S[4].

F.1.2 Wahrscheinlichkeitsfunktion

Im Fall einer diskreten, abzählbaren Ergebnismenge kann jedem Elementarereignis ω_n eine Wahrscheinlichkeit p_n zugeordnet werden:

$$P(\omega_n) = p_n \qquad .$$

Es gilt $p_n \geq 0 \ \forall \, n$ und $\sum_n p_n = 1$. P wird in diesem Fall auch als *Wahrscheinlichkeitsfunktion* bezeichnet.

F.1.3 Verteilungsfunktion

Durch Integration bzw. Summierung der Wahrscheinlichkeitsfunktion erhält man die *Verteilungsfunktion*

$$\mathscr{P}(n) = \sum_{i \leq n} p_i \qquad .$$

Zur Verdeutlichung wird diese teilweise auch als *kumulierte* Verteilungsfunktion bezeichnet.

---

[2] Als σ-Algebra wird ein Mengensystem auf einer Grundmenge Ω bezeichnet, d. h. eine Menge an Teilmengen von Ω, $\Sigma(\Omega) := \{S | S \subseteq \Omega\}$, für die gilt:

$$\Omega \in \Sigma$$
$$S \in \Sigma \Rightarrow S^c \in \Sigma$$
$$S_1, S_2, \cdots \in \Sigma \Rightarrow \bigcup_{n \in \mathbb{N}} S_n \in \Sigma \qquad .$$

[3] Die Gesamtheit aus Ergebnismenge Ω, Ereignismenge Σ sowie Wahrscheinlichkeitsmaß P bildet den *Wahrscheinlichkeitsraum* (Ω, Σ, P).

[4] Zur Veranschaulichung sei das Beispiel eines Münzwurfes genannt. Die möglichen Ergebnisse sind hier Kopf (K) oder Zahl (Z). Die Ergebnismenge besteht also aus den Elementen $\Omega = \{K, Z\}$. Ein Ereignis kann in diesem Fall die leere Menge $\{\}$, Kopf $\{K\}$, Zahl $\{Z\}$ oder Kopf oder Zahl $\{K, Z\}$ sein, der Ereignisraum stellt sich also dar als $\Sigma = \{\varnothing, K, Z, \Omega\}$. Für eine faire Münze gilt: $P(\varnothing) = 0$, $P(K) = 0{,}5$, $P(Z) = 0{,}5$ und $P(\Omega) = 1$.

F.1.4 Statistische Tests

Einige der in dieser Arbeit verwendeten Divergenzen entstammen insofern der Wahrscheinlichkeitstheorie, als dass sie hier zum Vergleich bzw. Abgleich von Wahrscheinlichkeitsverteilungen mit einer gegebenen Verteilung (Hypothese) herangezogen werden, z. B. in Form des χ^2-Tests oder des Kolmogorov-Smirnov-Tests.

F.2 Informationstheorie

Die *Informationstheorie* basiert auf der Wahrscheinlichkeitstheorie. Ziel ist es, Information und die Informationsübertragung mathematisch zu beschreiben.

F.2.1 Shannon-Entropie

Als Begründer der Informationstheorie gilt C. E. SHANNON (1916 – 2001). Die informationstheoretische *Entropie*, auch Shannon-Entropie genannt,

$$H_S(X) = -\sum_n P_{\mathscr{X}}(x_n) \log_b\left(P_{\mathscr{X}}(x_n)\right) \qquad ,$$

als Maß für den Informationsgehalt einer Zeichenfolge $X = (x_1, x_2, \dots)$, geht auf sein 1948 veröffentlichtes Werk *A Mathematical Theory of Communication* zurück [145]. Dabei gibt $P_{\mathscr{X}}(x_n) = p_n$ die Auftrittswahrscheinlichkeit des Zeichens x_n im verwendeten Alphabet $\mathscr{X}$ an. Die Shannon-Entropie bildet die Grundlage für etliche der unten aufgeführten Divergenzen.

Da die Bedeutung der Elemente der Menge X für die Entropie keine Rolle spielen sondern nur die Auftrittswahrscheinlichkeit $p = P_{\mathscr{X}}(X)$, sei die Notation im Folgenden

$$H_S(p) = -\sum_n p_n \log_b(p_n) \qquad . \tag{F.1}$$

Im Fall $p_n = 0$ gilt nach der Regel von l'Hospital[5] $\lim\limits_{x \to 0^+} x \log_b(x) = 0$ [35].

$I_{\mathscr{X}}(x_n) = -\log_b(p_n)$ wird als Informationsgehalt von x_n bezeichnet. Damit kann die Shannon-Entropie auch als *Erwartungswert*[6] des Informationsgehaltes

---

[5]Benannt nach dem französischen Mathematiker G. DE L'HOSPITAL. (1661 – 1704), gefunden allerdings wohl von J. BERNOULLI (1667 – 1748).

[6]Der Erwartungswert ist definiert als $E(X) = \sum_n x_n P_{\mathscr{X}}(x_n)$.

dargestellt werden:

$$H_{\mathrm{S}}(X) = E[I_{\mathscr{X}}(X)] \qquad .$$

F.2.2 Rényi-Entropie

Die Shannon-Entropie lässt sich auch als Spezialfall der 1960 von A. RÉNYI (1921 – 1970) beschriebenen *Rényi-Entropie*

$$H_{\mathrm{R}\alpha}(p) = \frac{1}{1-\alpha} \log_b \left(\sum_n p_n^{\alpha} \right)$$

mit $\alpha \geq 0$ betrachten [137]. Es ist [24]

$$\lim_{\alpha \to 1} H_{\mathrm{R}\alpha} = H_{\mathrm{S}} \qquad .$$

Es lässt sich für die Rényi-Entropie – und damit auch für die Shannon-Entropie – zeigen, dass u. a. gilt:

$$H_{\mathrm{R}\alpha}(p) \geq 0$$
$$H_{\mathrm{R}\alpha}(p) \leq H_{\mathrm{R}\beta}(p) \qquad \text{für} \qquad \alpha > \beta$$

$H_{\mathrm{R}\alpha}(p)$ ist maximal für ein gleichverteiltes $p : p_n = \dfrac{1}{N} \; \forall \, n$,

wobei N die Anzahl der im verwendeten Alphabet vorkommenden Zeichen repräsentiert. Eine Beweisführung[7] findet sich u. a. in [26].

Für $\alpha = 0$ erhält man die *Hartley-Entropie*[8] $H_{\mathrm{R0}}(p) = H_{\mathrm{H}}(p) = \log_b(N)$. Damit gilt für die Shannon-Entropie

$$0 \leq H_{\mathrm{S}} \leq \log_b(N) \qquad .$$

---

[7]Wichtiger Bestandteil der Beweise ist die *Jensensche Ungleichung* [91] (J. JENSEN (1859 – 1925)): Für eine konvexe Funktion f gilt

$$f\left(\frac{\sum_n a_n x_n}{\sum_n a_n} \right) \leq \frac{\sum_n a_n f(x_n)}{\sum_n a_n}$$

mit $a_n \geq 0$. $f := X \to Y$ ist konvex auf X wenn gilt $f(\lambda x_1 + (1-\lambda)x_2) \leq \lambda f(x_1) + (1-\lambda)f(x_2)$ mit $\lambda \in [0,1]$, $x_1, x_2 \in X$. Im Fall $\sum_n a_n = 1$ lässt sich die Jensensche Ungleichung darstellen als

$$f(E(X)) \leq E(f(X)) \qquad . \tag{F.2}$$

Für konkave Funktionen gilt die kleiner-gleich-Beziehung in die andere Richtung.

[8]Die Hartley-Entropie $H_{\mathrm{H}}(p) = \log_b |p|$ wurde 1928 von R. V. L. HARTLEY (1888 – 1970) eingeführt [81].

$H_S = 0$ erhält man im Fall, dass es ein $p_n = 1$ gibt (was bedeutet, dass alle anderen 0 sind), den Maximalwert $H_S = \log_b(N)$ im Fall einer Gleichverteilung.

F.2.3 Kreuzentropie

Neben der Entropie ist die *Kreuzentropie* definiert als

$$H_S(p,q) = -\sum_n p_n \log_b(q_n) \quad .$$

(F.3)

Es gilt nach der Gibbs-Ungleichung (J. W. GIBBS (1839 – 1903)):

$$-\sum_n p_n \log_b(p_n) \leq -\sum_n p_n \log_b(q_n)$$

(F.4)

und somit

$$H_S(p) \leq H_S(p,q) \quad .$$

(F.5)

F.3 Histogramm

Ein Histogramm[9] dient dazu, die Häufigkeitsverteilung von (Mess-)Werten über den Wertebereich hinweg darzustellen. Dazu wird dieser Wertebereich in disjunkte Klassen unterteilt und die Anzahl der in den jeweiligen Klassen liegenden (Mess-) Werte ermittelt.

Sei K die Anzahl der zu betrachtenden (Mess-)Werte $m_k \in \mathscr{A}$, $\mathscr{A}$ der Wertebereich. Die Ermittlung der (Mess-)Werteverteilung erfolgt über N disjunkte Klassen $\alpha_n \subset \mathscr{A}$, wobei gilt $\alpha_i \cap \alpha_j = \varnothing \; \forall \, i \neq j$ sowie $\bigcup_{n=1}^{N} \alpha_n = \mathscr{A}$. Die Anzahl z_n der (Mess-)Werte, welche in die Klasse α_n fallen, ist

$$z_n = \sum_{k=1}^{K} (\delta(m_k \in \alpha_n)) \qquad \text{mit} \qquad \sum_{n=1}^{N} z_n = K \quad .$$

Interessiert nicht die absolute Anzahl der (Mess-)Werte pro Klasse, sondern nur deren relative Häufigkeit, so erhält man die Verteilung $p_n = \frac{1}{K} z_n$ mit $p_n \geq 0 \; \forall \, n$ und $\sum_n p_n = 1$.

---

[9]Bezüglich der Herkunft des Begriffes Histogramm unstrittig ist der hintere Wortteil. Er stammt vom griechischen *gramma* (Niederschrift, Darstellung). Der vordere Wortteil könnte dem ebenfalls griechischen Wort *histos* entstammen, welches u. a. mit ‚aufragend‘, ‚stehend‘ übersetzt werden kann [143].

Die relativen Grauwertverteilungen der Bildregionen können also als Wahrscheinlichkeitsfunktion der Pixelhelligkeit betrachtet werden und auch untereinander verglichen werden.

F.4 Abstands- und Ähnlichkeitsmaße

Der Vergleich zweier Wahrscheinlichkeitsfunktionen p und q kann über eine ganze Reihe von Algorithmen erfolgen. Die Zielrichtung kann dabei sowohl die Feststellung von Gleichheit zweier Verteilungen wie auch eine Aussage über deren Unterscheidbarkeit sein. p und q können auch als Vektoren in einem N-dimensionalen Raum betrachtet werden. In diesem Fall entspricht ein Vergleich einer Distanzmessung. In diesem Rahmen werden einige der unten aufgeführten Algorithmen auch zur Klassifizierung innerhalb eines Merkmalsraumes eingesetzt.

Als *Distanz / Metrik* wird eine Abbildung D auf der Menge X

$$D(p,q) : X \times X \mapsto \mathbb{R} \tag{F.6}$$

bezeichnet, wenn folgende Voraussetzungen erfüllt sind:

$$D(p,q) \geq 0 \tag{F.7}$$
$$D(p,q) = 0 \Leftrightarrow p = q \qquad \text{(Definitheit)} \tag{F.8}$$
$$D(p,q) = D(q,p) \qquad \text{(Symmetrie/kommutativ)} \tag{F.9}$$
$$D(p,q) \leq D(p,m) + D(m,q) \qquad \text{(Dreiecksungleichung)} \tag{F.10}$$

Divergenzen erfüllen nur einen Teil dieser vier Bedingungen. Für die Kantenfindung ist jedoch die Erfüllung der Dreiecksungleichung Glg. F.10 keine zwingende Voraussetzung, da jeweils nur der Unterschied zweier Verteilungen zueinander betrachtet wird. Voraussetzung sind aber die Definitheit (F.8) und die Symmetrie (F.9) der gewählten Funktion.

Aus diesem Zusammenhang heraus wird der Begriff Divergenz in dieser Arbeit zur sprachlichen Vereinheitlichung als Überbegriff auch für Distanzen (Metriken) verwendet.

Eine weitere wichtige Eigenschaft für die Kantendetektion, neben der Symmetrie und der Definitheit, ist das Verhalten der Funktion $D(p,q)$ bei einer Vermischung der Verteilungen p und q. Hierbei sind zwei Fälle zu unterscheiden:
- Rotation der Vergleichsregionen um ein Kantenpixel Abb. 5.19b. Hierbei ist $D(p^*,q^*)$ mit

$$p^* = \lambda p + (1-\lambda)q \qquad \text{und} \tag{F.11}$$
$$q^* = \lambda q + (1-\lambda)p \qquad , \tag{F.12}$$

$0 \leq \lambda \leq 1$, zu betrachten.

- Translation der Vergleichsregionen über eine Kante Abb. 5.19a. Dies lässt sich ausdrücken durch

$$p^* = p \qquad \text{und} \tag{F.13}$$
$$q^* = \lambda q + (1 - \lambda)p \qquad , \tag{F.14}$$

ebenfalls $0 \leq \lambda \leq 1$.

Für eine gute Extrahierbarkeit der Kante muss gelten

$$D(p^*, q^*) \leq D(p, q) \qquad \text{bzw.}$$
$$D(p^*, q^*) < D(p, q) \qquad \forall p \neq q \qquad . \tag{F.15}$$

Einen Überblick über einige der im Folgenden aufgeführten Divergenzen sowie deren Abhängigkeiten bietet [63].

F.4.1 Divergenzklassen

Die hier aufgeführten Divergenzen lassen sich unterschiedlichen Divergenz-Klassen zuordnen, und damit auch die für die Klasse geltenden Eigenschaften. Es seien an dieser Stelle die f-Divergenz, die Rényi-Divergenz sowie die Minkowski-Distanz und die Bregman-Divergenz genannt.

f-Divergenz

Die Klasse der *f-Divergenzen* wurde, unabhängig voneinander, 1966 von Ali und Silvey [4], sowie 1967 von I. CSISZAR ($\star$1938) [33] untersucht. Definiert ist sie als

$$D_{\mathrm{f}}(p, q) = \sum_n q_n f\left(\frac{p_n}{q_n}\right) \tag{F.16}$$

für eine konvexe Funktion $f(x)$ mit der zusätzlichen Forderung $0 \cdot f(0) = 0$ und $f(1) = 0$.

Für die f-Divergenz gilt [111]:

$$D_{\mathrm{f}}(p, q) = 0 \qquad \Leftrightarrow \qquad p = q$$
$$0 \leq D_{\mathrm{f}}(p, q) \leq f(0) + f^*(0)$$
$$D_{\mathrm{f}}(p, q) = D_{\mathrm{f}^*}(q, p) \qquad ,$$

wobei $f^*(x) = x \cdot f(\frac{1}{x})$. Die f-Divergenz selber ist ebenfalls konvex, d. h. es gilt mit $0 \leq \lambda \leq 1$

$$D_\mathrm{f}(\lambda p_\mathrm{a} + (1-\lambda)p_\mathrm{b}, \lambda q_\mathrm{a} + (1-\lambda)q_\mathrm{b})$$
$$\leq \lambda D_\mathrm{f}(p_\mathrm{a}, q_\mathrm{a}) + (1-\lambda)D_\mathrm{f}(p_\mathrm{b}, q_\mathrm{b}) \qquad . \tag{F.17}$$

Für den Fall einer kommutativen f-Divergenz, also $D_\mathrm{f}(p,q) = D_\mathrm{f}(q,p)$, erhält man aus der Konvexität (F.17) mit $p_\mathrm{a} = q_\mathrm{b} = p$ und $q_\mathrm{a} = p_\mathrm{b} = q$ die Beziehung

$$\begin{aligned} D_\mathrm{f}(p^*, q^*) &= D_\mathrm{f}(\lambda p + (1-\lambda)q, \lambda q + (1-\lambda)p) \\ &\leq \lambda D_\mathrm{f}(p,q) + (1-\lambda)D_\mathrm{f}(q,p) \\ &= D_\mathrm{f}(p,q) \qquad . \end{aligned}$$

Eine kommutative f-Divergenz erfüllt also die Bedingung (F.15) für die Rotation.

Zur Betrachtung der Translation setzt man $p_\mathrm{a} = p_\mathrm{b} = q_\mathrm{b} = p$ und $q_\mathrm{a} = q$ und erhält

$$\begin{aligned} D_\mathrm{f}(p^*, q^*) &= D_\mathrm{f}(\lambda p + (1-\lambda)p, \lambda q + (1-\lambda)p) \\ &\leq \lambda D_\mathrm{f}(p,q) + (1-\lambda)\underbrace{D_\mathrm{f}(p,p)}_{=0} \\ &= \lambda D_\mathrm{f}(p,q) \qquad . \end{aligned}$$

Hierbei ist also die Kommutativität keine Voraussetzung für die Erfüllung von (F.15).

Rényi-Divergenz

Parallel zur Rényi-Entropie als Verallgemeinerung der Shannon-Entropie definierte Rényi auch eine verallgemeinerte Größe (ausgehend von der Kullback-Leibler-Divergenz, s.u.) für den Vergleich des Informationsgehalts zweier Verteilungen, die *Rényi-Divergenz* (auch α-Divergenz) [137]:

$$D_{\mathrm{R}\alpha}(p,q) = \frac{1}{\alpha - 1} \log_b \left(\sum_n \frac{p_n^\alpha}{q_n^{\alpha-1}} \right) \qquad . \tag{F.18}$$

Es gilt die Konvention $p_n^\alpha q_n^{1-\alpha} = 0$, wenn $p_n = q_n = 0$. Für $\alpha \to 1$ wird $D_{\mathrm{R}\alpha}(p,q)$ zur Kullback-Leibler-Divergenz (F.21).

Minkowski-Distanz

Die *Minkowski-Distanzen*, benannt nach H. MINKOWSKI (1864 – 1909), sind abgeleitet von der *p-Norm*[10] für endlichdimensionale Räume:

$$D_{\mathrm{M}\alpha}(p,q) = \left(\sum_n |p_n - q_n|^\alpha \right)^{\frac{1}{\alpha}} \tag{F.19}$$

mit $\alpha \geq 1$.

Allgemein gilt für die Minkowski-Distanzen:

$$\alpha > \beta \geq 1 \quad \Rightarrow \quad D_{\mathrm{M}\alpha}(p,q) \leq D_{\mathrm{M}\beta}(p,q)$$

$$D_{\mathrm{M}\infty}(p,q) \leq D_{\mathrm{M}\alpha}(p,q) \leq \sqrt[\alpha]{N} \cdot D_{\mathrm{M}\infty}(p,q)$$

Betrachtet man das Verhalten der Minkowski-Distanzen für den Fall der rotierenden Verteilungsvermischung, so ergibt sich

$$D_{\mathrm{M}}(p^*,q^*) = | \underbrace{2\lambda - 1}_{\in[-1...1]} | \cdot D_{\mathrm{M}}(p,q)$$
$$\leq D_{\mathrm{M}}(p,q) \quad ,$$

d. h. auch die Minkowski-Distanz erfüllt (F.15) für die Rotation. Die translative Vermischung ergibt

$$D_{\mathrm{M}}(p,q^*) = \lambda \cdot D_{\mathrm{M}}(p,q)$$
$$\leq D_{\mathrm{M}}(p,q) \quad .$$

Da es sich um eine Distanz handelt, ist implizit auch die Symmetrie resp. Kommutativität gegeben.

Bregman-Divergenz

Die *Bregman-Divergenz* [23] hat die Form

$$D_{BF}(p,q) = F(p) - F(q) - \langle \nabla F(q), (p-q) \rangle \quad , \tag{F.20}$$

---

[10] Die *p-Norm* auf einem endlichdimensionalen Vektorraum $\mathbb{K}^n$ ist definiert als

$$\|\vec{x}\|_p = \left(\sum_{i=1}^{n} |x_i|^p \right)^{\frac{1}{p}} \quad ,$$

mit $p \geq 1$, $\vec{x} \in \mathbb{K}^n$.

$F : M \mapsto \mathbf{R}$ eine konvexe Funktion, M eine geschlossene, konvexe Menge. Für die Bregman-Divergenz gilt [142]:

$$D_{\mathrm{B}F}(p,q) \geq 0$$
$$D_{\mathrm{B}F}(p,q) = 0 \quad \Leftrightarrow \quad p = q$$

F.4.2 Divergenzen und Distanzmaße

Kullback-Leibler-Divergenz

Die *Kullback-Leibler-Divergenz* wurde 1951 von S. KULLBACK (1907 – 1994) und R. A. LEIBLER (1914 – 2003) beschrieben [107]. Sie ist in der Literatur auch als *I-Divergenz* oder *relative Entropie* zu finden:

$$D_{\mathrm{KL}}(p,q) = \sum_n p_n \log_b \left(\frac{p_n}{q_n} \right) \tag{F.21}$$
$$= -\left(H_{\mathrm{S}}(p) - H_{\mathrm{S}}(p,q) \right) \quad .$$

Die Kullback-Leibler-Divergenz lässt sich sowohl als f-Divergenz darstellen mit $f(x) = -\log_b x$, $D_{\mathrm{KL}}(p,q) = D_f(q,p)$ oder $f(x) = x\log_b x$, $D_{\mathrm{KL}}(p,q) = D_f(p,q)$, als auch als Rényi-Divergenz mit $\alpha \to 1$, $D_{\mathrm{KL}}(p,q) = \lim\limits_{\alpha \to 1} D_{\mathrm{R}\alpha}(p,q)$.

Der Wertebereich der Kullback-Leibler-Divergenz ist $[0,\infty]$. Die Kullback-Leibler-Divergenz ist nicht kommutativ in p und q, d. h. es gilt im Allgemeinen $D_{\mathrm{KL}}(p,q) \neq D_{\mathrm{KL}}(q,p)$. Sie ist damit in ihrer Rohform für die in dieser Arbeit vorgenommenen Regionenvergleiche ungeeignet.

J-Divergenz

Bei der *J-Divergenz* (auch Jeffrey-Divergenz) handelt es sich um die symmetrisierte Form der Kullback-Leibler-Divergenz:

$$D_{\mathrm{J}}(p,q) = D_{\mathrm{KL}}(p,q) + D_{\mathrm{KL}}(q,p)$$
$$= \sum_n (p_n - q_n) \log_b \left(\frac{p_n}{q_n} \right) \quad . \tag{F.22}$$

Sie entspricht einer f-Divergenz mit $f(x) = (x-1)\log_b x = x\log_b x + \log_b \frac{1}{x}$. Auch die J-Divergenz kann Werte in $[0,\infty]$ annehmen. Sie ist kommutativ, was aus der Darstellung über die Kullback-Leibler-Divergenz sofort ersichtlich ist.

Anmerkung: Problematische Nullstellen in den Grauwertverteilungen werden im Rahmen dieser Arbeit vor der Berechnung der J-Divergenz auf einen sehr kleinen Wert $\varepsilon > 0$ gesetzt. Die Wahl dieses Wertes beeinflusst den tatsächlichen Wertebereich der Divergenz und nimmt somit auch Einfluss auf die späteren Schwellwerte während der Weiterverarbeitung der gefundenen, potentiellen Kantenelemente.

Jensen-Shannon-Divergenz

Die *Jensen-Shannon-Divergenz* wurde 1991 von J. LIN eingeführt [113]:

$$D_{\mathrm{JS}}(p,q) = \frac{1}{2}\left(D_{\mathrm{KL}}(p,m) + D_{\mathrm{KL}}(q,m)\right) \tag{F.23}$$

$$= H_{\mathrm{S}}(m) - \frac{1}{2}H_{\mathrm{S}}(p) - \frac{1}{2}H_{\mathrm{S}}(q) \tag{F.24}$$

mit $m = \frac{1}{2}(p+q)$. Es gilt $0 \leq D_{\mathrm{JS}}(p,q) \leq 1$.

Die Jensen-Shannon-Divergenz lässt sich auch für den Vergleich von M Verteilungen $p^1, p^2, \ldots, p^M$ verallgemeinern in der Form[11]

$$D_{\mathrm{JS}}(p^1, p^2, \ldots) = H_{\mathrm{S}}\left(\sum_i \pi_i p^i\right) - \sum_i \pi_i H_{\mathrm{S}}\left(p^i\right)$$

mit den Gewichtungsfaktoren π, $\pi_i \geq 0$, $\sum_i \pi_i = 1$. Mit $M = 2$ und $\pi = \{\frac{1}{2}, \frac{1}{2}\}$ ergibt sich wieder Glg. F.24.

Nachdem die Jensen-Shannon-Divergenz keiner der obigen Divergenzklassen angehört, sei hier noch ihr Verhalten bei vermischten Verteilungen betrachtet. Mit p^* und q^* eingesetzt in Glg. F.24 erhält man

$$D_{\mathrm{JS}}(p^*, q^*) = H_{\mathrm{S}}(m^*) - \frac{1}{2}H_{\mathrm{S}}(p^*) - \frac{1}{2}H_{\mathrm{S}}(q^*) \quad .$$

Wie leicht auszurechnen ist, gilt im Fall der Rotation $m^* = m$, und es ergibt sich

$$D_{\mathrm{JS}}(p^*, q^*) = H_{\mathrm{S}}(m) + \frac{1}{2}\sum_n (\lambda p_n + (1-\lambda)q_n)\log_b(\lambda p_n + (1-\lambda)q_n)$$

---

[11] Aus dieser Darstellung wird auch der gewählte Name Jensen-Shannon-Divergenz ersichtlich. Die Jensen'sche Ungleichung Glg. F.2 angewandt auf die (konkave) Shannon-Entropie, d. h. $f(x) = H_{\mathrm{S}}(x)$, $x = \{p^1, p^2, \ldots, p^M\}$ und π_i die jeweilige Gewichtung für p^i, ergibt

$$0 \leq H_{\mathrm{S}}(E(x)) - E(H_{\mathrm{S}}(x)) \quad .$$

$$+ \frac{1}{2} \sum_n (\lambda q_n + (1-\lambda) p_n) \log_b (\lambda q_n + (1-\lambda) p_n)$$

$$= H_{\mathrm{S}}(m) + \frac{1}{2}\lambda \sum_n p_n \log_b p^* + (1-\lambda) \sum_n q_n \log_b p^*$$

$$+ \frac{1}{2}\lambda \sum_n q_n \log_b q^* + (1-\lambda) \sum_n p_n \log_b q^*$$

$$= H_{\mathrm{S}}(m) - \frac{1}{2}\left(\lambda \underbrace{H_{\mathrm{S}}(p,p^*)}_{\geq H_{\mathrm{S}}(p)} + (1-\lambda) \underbrace{H_{\mathrm{S}}(q,p^*)}_{\geq H_{\mathrm{S}}(q)} \right.$$

$$\left. + \lambda \underbrace{H_{\mathrm{S}}(q,q^*)}_{\geq H_{\mathrm{S}}(q)} + (1-\lambda) \underbrace{H_{\mathrm{S}}(p,q^*)}_{\geq H_{\mathrm{S}}(p)} \right)$$

$$\leq H_{\mathrm{S}}(m) - \frac{1}{2} (\lambda H_{\mathrm{S}}(p) + (1-\lambda) H_{\mathrm{S}}(q)$$

$$+ \lambda H_{\mathrm{S}}(q) + (1-\lambda) H_{\mathrm{S}}(p))$$

$$= H_{\mathrm{S}}(m) - \frac{1}{2} (H_{\mathrm{S}}(p) + H_{\mathrm{S}}(q)) \quad = D_{\mathrm{JS}}(p,q) \quad .$$

Die Größer-gleich-Beziehungen für die Shannon-Entropien basieren auf der Gibbs-Ungleichung Glg. F.4. Es gilt also

$$D_{\mathrm{JS}}(p^*,q^*) \leq D_{\mathrm{JS}}(p,q) \qquad ,$$

womit Bedingung (F.15) hinsichtlich der Rotation für die Jensen-Shannon-Divergenz erfüllt ist.

Eine Herleitung für die Translation findet sich in [67], ebenso wie weitere Eigenschaften der Jensen-Shannon-Divergenz in Bezug auf die statistische Kantendetektion.

χ^2-Divergenz

Die χ^2-*Divergenz*

$$D_{\emptyset^2}(p,q) = \sum_n \frac{p_n^2 - q_n^2}{q_n} \tag{F.25}$$

stellt eine f-Divergenz mit $f(x) = (x-1)^2$ dar. Der Wertebereich ist $[0,\infty]$. Aufgrund der fehlenden Symmetrie kommt sie für die statistische Kantendetektion nicht in Frage.

Bhattacharyya-Distanz

Die *Bhattacharyya-Distanz*

$$D_{\mathrm{B}}(p,q) = -\log_b\left(\sum_n \sqrt{p_n q_n}\right) \tag{F.26}$$

ist proportional zur Rényi-Divergenz mit $\alpha = \frac{1}{2}$, $D_{\mathrm{B}}(p,q) = \frac{1}{2}D_{\mathrm{R}\frac{1}{2}}(p,q)$. Der Term $k_{\mathrm{BC}} = \sum_n \sqrt{p_n q_n}$ wird als *Bhattacharyya-Koeffizient* bezeichnet. Der Wertebereich der Bhattacharyya-Distanz ist $[0,\infty]$. Da sie die Dreiecksungleichung nicht erfüllt, handelt es sich hierbei im mathematischen Sinne nicht um eine Distanz sondern um eine Divergenz.

Für das Verhalten bei drehender Verteilungsvermischung ist zu untersuchen, ob gilt:

$$\begin{aligned}
D_{\mathrm{B}}(p^*,q^*) &= -\log_b\left(\sum_n \sqrt{(\lambda p_n + (1-\lambda)q_n)(\lambda q_n + (1-\lambda)p_n)}\right) \\
&= -\log_b\left(\sum_n \sqrt{p_n q_n + \lambda(1-\lambda)(p_n - q_n)^2}\right) \\
&\overset{?}{\leq} -\log_b\left(\sum_n \sqrt{p_n q_n}\right) = D_{\mathrm{B}}(p,q) \quad .
\end{aligned}$$

Daraus ergibt sich durch Umformen

$$\sum_n \sqrt{p_n q_n + \underbrace{\lambda(1-\lambda)(p_n - q_n)^2}_{\gamma \geq 0}} \overset{?}{\geq} \sum_n \sqrt{p_n q_n}$$

$$\sum_n \sqrt{p_n q_n + \gamma} > \sum_n \sqrt{p_n q_n} \quad .$$

Damit erfüllt die Bhattacharyya-Distanz die Bedingung Glg. F.15 im Fall der Rotation auf der Kante.

Untersucht man die Vermischung durch Translation, so erhält man den Term

$$D_{\mathrm{B}}(p,q^*) = -\log_b\left(\sum_n \sqrt{p_n(\lambda q_n + (1-\lambda)p_n)}\right)$$

$$= -\log_b\left(\sum_n \sqrt{\lambda p_n q_n + (1-\lambda)p_n^2}\right)$$

$$\overset{?}{\leq} -\log_b\left(\sum_n \sqrt{p_n q_n}\right) = D_{\mathrm{B}}(p,q) \qquad .$$

Auch daraus ergibt sich durch Umformen

$$\sum_n \sqrt{\lambda p_n q_n + (1-\lambda)p_n^2} \overset{?}{\geq} \sum_n \sqrt{p_n q_n} \qquad .$$

Ein einfaches Beispiel zeigt, dass diese Bedingung jedoch nicht allgemeingültig ist. Es sei $q_n = 0 \quad \forall \quad n \neq m$ und $q_m = 1$, d. h. man hat es auf der einen Seite der Kante mit einer homogene Fläche zu tun. Damit erhält man

$$\sqrt{\lambda p_m + (1-\lambda)p_m^2} \overset{?}{\geq} \sqrt{p_m}$$

$$\sqrt{p_m} \cdot \underbrace{\sqrt{\lambda + (1-\lambda)p_m}}_{<1 \text{ wenn } p_m < 1} \overset{?}{\geq} \sqrt{p_m} \qquad .$$

Es ist leicht einzusehen, dass diese Bedingung nicht erfüllt ist, solange wir von unterschiedlichen Verteilungen p und q ausgehen ($p_m = 1$ würde hier ja $p = q$ bedeuten), wie es für eine Kante charakteristisch ist.

Damit ist die Bhattacharyya-Distanz für die statistische Kantendetektion nicht geeignet.

Hellinger-Distanz

Die *Hellinger-Distanz*

$$D_{\mathrm{H2}}(p,q) = \frac{1}{2}\sum_n \left(\sqrt{p_n} - \sqrt{q_n}\right)^2 \tag{F.27}$$

ergibt sich aus der f-Divergenz mit $f(x) = (\sqrt{x} - 1)^2$, der Wertebereich ist $[0,1]$. Die Symmetrie ist sofort ersichtlich, womit die Hellinger-Distanz prinzipiell für die statistische Kantendetektion geeignet ist.

Die Hellinger-Distanz lässt sich auch über den Bhattacharyya-Koeffizient $k_{\mathrm{BC}} = \sum_n \sqrt{p_n q_n}$ ausdrücken als $D_{\mathrm{H2}}(p,q) = 1 - k_{\mathrm{BC}}$.

Cityblock-Distanz

Die so genannte *Cityblock-Distanz* (1-Norm, Variational Distance) ergibt sich aus der Minkowski-Distanz für $\alpha = 1$:

$$D_V(p,q) = \sum_n |p_n - q_n| \tag{F.28}$$

Sie stellt eine f-Divergenz mit $f(x) = |t - 1|$. Unter den für p und q angenommenen Voraussetzungen besitzt die Cityblock-Distanz den Wertebereich $[0, N]$.

Euklidische Distanz

Die *Euklidische Distanz* stellt die wohl geläufigste Distanz dar:

$$D_{M2}(p,q) = \sqrt{\sum_n |p_n - q_n|^2} \quad . \tag{F.29}$$

Hier ist der Wertebereich auf $[0, \sqrt{N}]$ beschränkt. Die Euklidische Distanz kann sowohl von der Minkowski-Distanz (mit $\alpha = 2$) abgeleitet werden wie auch als Bregman-Divergenz ($F(x) = |x|$) betrachtet werden.

Tschebyschow-Distanz

Die *Tschebyschow-Distanz* (auch als *Maximumsdistanz* bezeichnet) entsteht im Grenzfall $\alpha \to \infty$ aus der Minkowski-Distanz:

$$\begin{aligned} D_{M\infty}(p,q) &= \lim_{\alpha \to \infty} \left(\sum_n |p_n - q_n|^\alpha \right)^{\frac{1}{\alpha}} \\ &= \max\left(|p_1 - q_1|, |p_2 - q_2|, \ldots \right) \quad . \end{aligned} \tag{F.30}$$

Der Wertebereich liegt hier zwischen 0 und 1.

Kolmogorov-Smirnov-Distanz

Im Gegensatz zu den oben vorgestellten Divergenzen arbeitet die *Kolmogorov-Smirnov-Distanz*, benannt nach A. N. KOLMOGOROV (1903 – 1987) und V. I. SMIRNOV (1887 – 1974) nicht auf den Wahrscheinlichkeitsfunktionen p, q, sondern den Verteilungsfunktionen $\mathscr{P}, \mathscr{Q}$:

$$D_{KS}(\mathscr{P}, \mathscr{Q}) = \max\left(|\mathscr{P}_1 - \mathscr{Q}_1|, |\mathscr{P}_2 - \mathscr{Q}_2|, \ldots \right) \quad . \tag{F.31}$$

Earth-mover's-distance

Die *earth-mover's-distance* berechnet den Unterschied zweier Verteilungen anhand der „Arbeit", die aufgewendet werden muss, um die eine Verteilung in die andere umzuformen. Dabei wird das Minimum aus der Kombination bewegter „Masse" und benötigter „Wegstrecke" ermittelt. Bildlich gesprochen werden die beiden Verteilungen als Erdhaufen betrachtet und es wird geschaut, wie die Erde des einen Haufen umgeschichtet werden muss, damit er die Form des anderen Haufens erhält – mit minimalem Aufwand.

Die earth-mover's-distance leitet sich von der *Wasserstein-Distanz* (oder auch *Vasershtein-Distanz*, benannt nach L. N. VASERSHTEIN [53, 162]), mit dem Koeffizienten $\alpha = 1$ ab.

Mahalanobis-Distanz

Die *Mahalanobis-Distanz* [114] wurde 1936 von P. C. MAHALANOBIS (1893 – 1972) eingeführt. Die Distanz ist skaleninvariant. Dies wird erreicht durch die implizite Skalierung des Abstandes über die Kovarianzmatrix S der Verteilung, aus der p und q stammen:

$$D_{\text{Mah}} = \sqrt{(\vec{p} - \vec{q})^t S^{-1} (\vec{p} - \vec{q})} \qquad . \tag{F.32}$$

Im Fall $S = 1$ wird D_{Mah} zur Euklidischen Distanz. Die Mahalanobis-Distanz ergibt sich aus der Bregman-Divergenz mit $F(x) = \frac{1}{2} x^t S x$.

Die Berechnung der Kovarianzmatrix S erfordert allerdings die vorherige Kenntnis der grundsätzlichen Verteilungen, aus denen p und q stammen. Diese Kenntnis ist bei der Kantendetektion normalerweise nicht gegeben. Zudem spielt die Skaleninvarianz hier nur eine untergeordnete Rolle.

F.4.3 Beschleunigung des Verfahrens

Die Divergenzberechnung lässt sich teilweise durch den Einsatz von *Look-Up-Tables* (LUT) erheblich beschleunigen.

Die gesamte Divergenzfunktion $D(p,q)$ über ein solches Verfahren abzubilden scheitert an der Größe der Wertebereiches. Die Histogramme p und q können jeweils $\binom{N+M-1}{M} = \left(\frac{(N+M-1)!}{M!(N-1)!} \right)$ Formen annehmen[12], wobei N die Anzahl der

---

[12] M Pixel werden auf N Bins verteilt, wobei die Reihenfolge keine Rolle spielt. Dies entspricht dem M-fachen Ziehen einer Kugel aus einer Urne mit N unterschiedlich gefärbten Kugeln, welche anschließend sofort wieder zurück gelegt werden. Erfasst wird die Anzahl der Farben.

Histogramm-Bins und M die Anzahl der Pixel in der Vergleichsregion ist. Der gesamte Wertebereich der Divergenzfunktion umfasst damit $\binom{N+M-1}{M}^2$ Werte[13].

Die hier verwendeten Divergenzfunktionen gehorchen jedoch in den meisten Fällen dem Schema

$$D(p,q) = f\left(\sum_n g(p_n, q_n)\right) \quad .$$

Der Wertebereich der Funktion $g(p_n, q_n)$ besteht aus M^2 Werten. Diese lassen sich ohne Probleme in Form einer LUT ablegen. Damit reduziert sich die Berechnung der Abstandsfunktion auf eine Summation und die Funktion f. Auch die Normierung der Histogramme p und q im Vorfeld der Divergenzberechnung entfällt.

---

[13] Alleine bei $N = 4$ und $M = 9$ sind dies immerhin schon 48400 Werte.

G Approximation des Kantenwinkels

Die Approximation des Kantenwinkels $\alpha_{D_{\max}}$ und der damit verbundenen Kantenstärke $D_{\max}$ nach [7] geht von einem sinusförmigen Verlauf des Divergenzwertes bei der Rotation der Vergleichsregionen um ein Kantenpixel aus (siehe Abb. G.1):

$$D(\phi) = a + b \cdot \cos\left(2 \cdot \phi - \alpha\right) \quad .$$

Dies lässt sich umformen zu

$$D(\phi) = a + c \cdot \sin(2 \cdot \phi) + d \cdot \cos(2 \cdot \phi)$$

mit $c = b \cdot \sin(\alpha)$ und $d = b \cdot \cos(\alpha)$. In diesem Modell mit den drei Parametern a, c und d erhalten wir für die vier berechneten Divergenzwerte

$$D_0 = a + d$$
$$D_{\frac{\pi}{4}} = a + c$$
$$D_{\frac{\pi}{2}} = a - d$$
$$D_{\frac{3\pi}{4}} = a - c \quad .$$

Das System ist also überbestimmt. Daher ist eine Ausgleichsrechnung nach der Methode der kleinsten Quadrate erforderlich. Dies soll hier kurz skizziert werden.

Ziel ist es, die Summe der Fehlerquadrate

$$S = \sum r^2$$

durch die Wahl der Parameter a, c und d zu minimieren. Die Fehler, auch Residuen genannt, berechnen sich als Differenz aus Funktionswert und gegebenem Wert

$$r_\phi = D_\phi - \left(a + c \cdot \sin(2 \cdot \phi) + d \cdot \cos(2 \cdot \phi)\right) \quad .$$

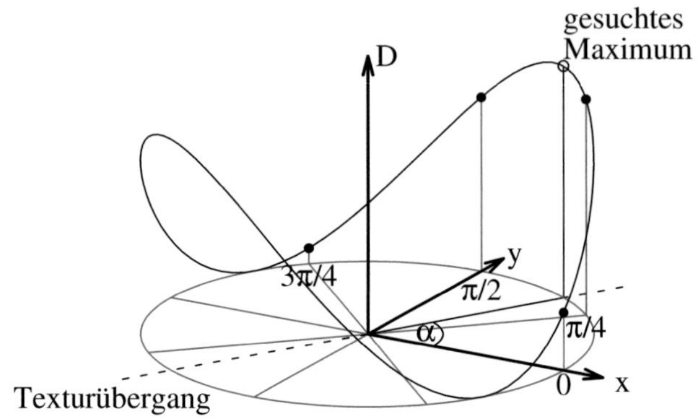

Abbildung G.1 Berechnung des Winkels maximaler Divergenz nach [7].

Das Minimum von S erhält man über die partiellen Ableitungen von S:

$$\frac{\partial S}{\partial a} = 8a - 2(D_0 + D_{\frac{\pi}{4}} + D_{\frac{\pi}{2}} + D_{\frac{3\pi}{4}})$$

$$\frac{\partial S}{\partial c} = 4c - 2(D_{\frac{\pi}{4}} - D_{\frac{3\pi}{4}})$$

$$\frac{\partial S}{\partial d} = 4d - 2(D_0 - D_{\frac{\pi}{2}}) \quad .$$

Daraus ergibt sich für die drei Parameter durch Nullsetzen der partiellen Ableitungen

$$a = \frac{1}{4}(D_0 + D_{\frac{\pi}{4}} + D_{\frac{\pi}{2}} + D_{\frac{3\pi}{4}})$$

$$c = \frac{1}{2}(D_{\frac{\pi}{4}} - D_{\frac{3\pi}{4}})$$

$$d = \frac{1}{2}(D_0 - D_{\frac{\pi}{2}}) \quad .$$

Den Kantenwinkel α sowie die Amplitude b erhält man dann über

$$\alpha = \arctan\left(\frac{c}{d}\right)$$

$$b = \frac{d}{\cos\alpha} \quad .$$

Das heißt Kantenstärke D_{max} und Kantenwinkel $\alpha_{D_{\mathrm{max}}}$ ergeben sich zu

$$D_{\mathrm{max}} = a + b$$

$$= \frac{D_0 + D_{\frac{\pi}{4}} + D_{\frac{\pi}{2}} + D_{\frac{3\pi}{4}}}{4} + \left(\frac{D_0 - D_{\frac{\pi}{2}}}{2} \cdot \sqrt{1 + \left(\frac{D_{\frac{\pi}{4}} - D_{\frac{3\pi}{4}}}{D_0 - D_{\frac{\pi}{2}}}\right)^2}\right)$$

$$\alpha_{D_{\mathrm{max}}} = \arctan\left(\frac{c}{d}\right)$$

$$= \arctan\left(\frac{D_{\frac{\pi}{4}} - D_{\frac{3\pi}{4}}}{D_0 - D_{\frac{\pi}{2}}}\right) \quad .$$

H Analysen der Kantendetektionsqualität

Im Folgenden sollen beispielhaft mehrere Vergleiche der Kantendetektionsqualität dargestellt werden. Hierfür kommen drei Bilder mit unterschiedlichen Geometrien (Achteck und Kreis) und Grauwertverteilungen (Rauschen, Abb. 5.15b, zufällig, Abb. 5.15c) zum Einsatz. Tabellarisch sind zunächst für die gewählten Divergenzen sowie unterschiedliche Konfigurationen der Histogramm-Bins die Anzahl der richtig (TP) und falsch (FP) als Kante detektierten Pixel zusammengefasst. Zudem sind die sich daraus ergebende Sensitivität, Spezifität und Relevanz (siehe Anh. D.6) aufgeführt. Anschließend sind die Detektionsergebnisse jeweils für die Histogramm-Bin-Anzahl 6 visualisiert.

Als richtig wird ein detektiertes Pixel gewertet (TP), wenn es auf der Doppelkante der Struktur (d. h. Innen- oder Außenkante) zu liegen kommt. Diese Doppelkante wird gewählt, da die eigentliche Kante zwischen den Pixeln verläuft. Für die Berechnung der Sensitivität werden die Anzahl der TP-Pixel jedoch mit der wahren Kantenlänge (sowohl beim Achteck wie auch beim Kreis $N_{\mathrm{edge}} = 114$) aus dem Geometriebild ins Verhältnis gesetzt. Dadurch kann es zu Sensitivitätswerten $Q_{\mathrm{sens}} > 1$ kommen. Alle detektierten Kantenpixel, welche nicht auf der Doppelkante zu liegen kommen, werden als FP klassifiziert.

Es handelt sich bei den Werten in den folgenden Tabellen um die Auswertung jeweils eines einzelnen Bildes. In Abb. 5.25 und Abb. 5.26 sind die über jeweils 10 Bilder gemittelten Werte sowie deren Standardabweichungen aufgetragen.

Divergenz	Anzahl Bins				
	4	6	8	12	16
			TP　FP Q_{sens} Q_{spec} Q_{prec}		
CBD	74　47 0,65 0,98 0,61	74　43 0,65 0,98 0,63	78　51 0,68 0,98 0,60	51　58 0,45 0,98 0,47	46　96 0,40 0,96 0,32
ED	81　40 0,71 0,98 **0,67**	65　39 0,57 0,98 0,63	76　60 0,67 0,98 0,56	57　47 0,50 0,98 0,55	60　97 0,53 0,96 0,38
EMD	49　90 0,43 0,97 0,35	56　66 0,49 0,97 0,46	52　66 0,46 0,97 0,44	72　83 0,63 0,97 0,46	64　89 0,56 0,97 0,42
HD	63　39 0,55 0,98 0,62	**94**　49 **0,82** 0,98 0,66	74　43 0,65 0,98 0,63	53　54 0,46 0,98 0,50	46　**109** 0,40 **0,96 0,30**
JD	56　38 0,49 0,99 0,60	77　**36** 0,68 **0,99 0,68**	84　49 0,74 0,98 0,63	47　58 0,41 0,98 0,45	40　97 0,35 0,96 0,29
JSD	70　42 0,61 0,98 0,63	**90**　43 **0,79** 0,98 **0,68**	70　42 0,61 0,98 0,63	54　53 0,47 0,98 0,50	39　**102** 0,34 **0,96** 0,28
KSD	65　**102** 0,57 **0,96** 0,39	61　77 0,54 0,97 0,44	54　70 0,47 0,97 0,44	64　79 0,56 0,97 0,45	62　76 0,54 0,97 0,45
TD	68　61 0,60 0,98 0,53	63　57 0,55 0,98 0,53	57　61 0,50 0,98 0,48	46　71 0,40 0,97 0,39	32　**109** 0,28 **0,96** 0,23
Canny			86　873 0,75 0,77 0,09		

Tabelle H.1 Divergenzvergleich: Achteckstruktur, zufällige Grauwertverteilung (siehe Abb. 5.15c), $l_{\text{WS}} = 5$, $N_{\text{edge}} = 114$, $N_{\text{bg}} = 2596$ (Canny: $N_{\text{bg}} = 3776$).

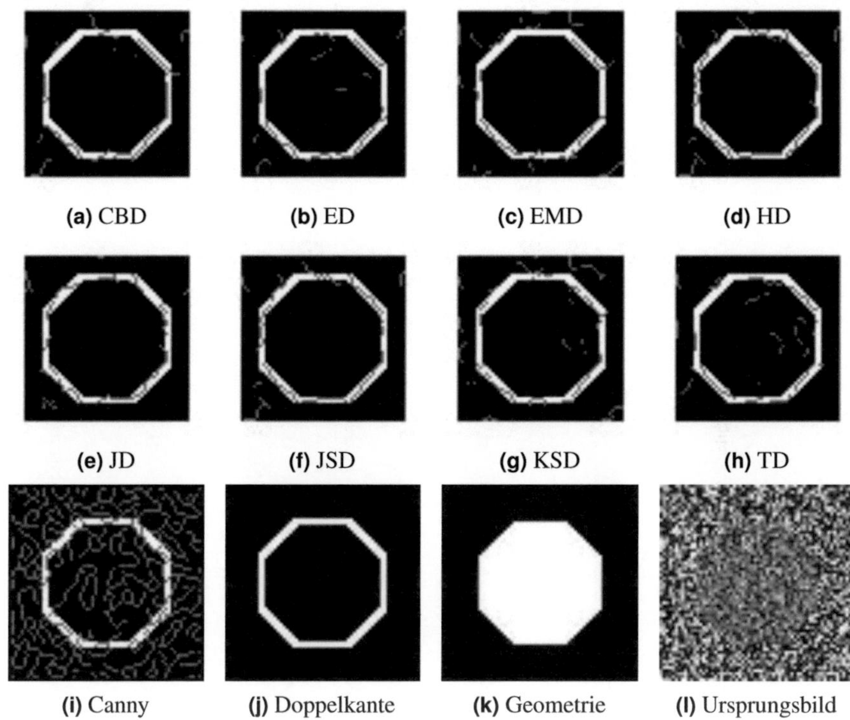

(a) CBD   (b) ED   (c) EMD   (d) HD

(e) JD   (f) JSD   (g) KSD   (h) TD

(i) Canny   (j) Doppelkante   (k) Geometrie   (l) Ursprungsbild

Abbildung H.1   Vergleich der Kantendetektionsqualität anhand der Achteckstruktur mit zufälliger Grauwertverteilung (siehe Abb. 5.15c), Regionengröße $l_{\mathrm{WS}} = 5$, Histogramm-Bins $N_{\mathrm{Bins}} = 6$.

Divergenz	Anzahl Bins				
	4	6	8	12	16
			TP $\quad$ FP		
			Q_{sens} Q_{spec} Q_{prec}		
CBD	115 $\quad$ 4	112 $\quad$ 5	113 $\quad$ 4	113 $\quad$ 6	112 $\quad$ 6
	1,01 1,00 0,97	0,98 1,00 0,96	0,99 1,00 0,97	0,99 1,00 0,95	0,98 1,00 0,95
ED	112 $\quad$ 4	113 $\quad$ 9	106 $\quad$ 20	108 $\quad$ 15	101 $\quad$ 37
	0,98 1,00 0,97	0,99 1,00 0,99	0,93 0,99 0,84	0,95 0,99 0,88	0,89 0,99 0,73
EMD	117 $\quad$ 3	113 $\quad$ 3	114 $\quad$ 2	116 $\quad$ 1	115 $\quad$ 1
	1,03 1,00 0,98	0,99 1,00 0,97	1,00 1,00 0,98	1,02 1,00 0,99	1,01 1,00 0,99
HD	117 $\quad$ 4	116 $\quad$ 2	**118** $\quad$ 1	114 $\quad$ 3	110 $\quad$ 2
	1,03 1,00 0,97	1,02 1,00 0,98	**1,04** 1,00 **0,99**	1,00 1,00 0,97	0,96 1,00 0,98
JD	110 $\quad$ 7	110 $\quad$ 2	114 $\quad$ 2	116 $\quad$ 8	110 $\quad$ 2
	0,96 1,00 0,94	0,96 1,00 0,98	1,00 1,00 0,98	1,02 1,00 0,94	0,96 1,00 0,98
JSD	**119** $\quad$ 3	117 $\quad$ 1	117 $\quad$ 1	111 $\quad$ 4	113 $\quad$ 3
	1,04 1,00 0,98	1,03 1,00 **0,99**	1,03 1,00 **0,99**	0,97 1,00 0,97	0,99 1,00 0,97
KSD	112 $\quad$ 6	116 $\quad$ 4	114 $\quad$ 4	115 $\quad$ 2	115 $\quad$ 4
	0,98 1,00 0,95	1,02 1,00 0,97	1,00 1,00 0,97	1,01 1,00 0,98	1,01 1,00 0,97
TD	102 $\quad$ 16	90 $\quad$ 34	84 $\quad$ 56	77 $\quad$ **67**	35 $\quad$ **66**
	0,89 0,99 0,86	0,79 0,99 0,73	0,74 0,98 0,60	0,68 **0,97** 0,53	0,31 **0,97** 0,35
Canny			120 $\quad$ 780		
			1,05 0,79 0,13		

Tabelle H.2 Divergenzvergleich: Achteckstruktur, verrauschte Grauwertverteilung (siehe Abb. 5.15b), $l_{\text{WS}} = 5$, $N_{\text{edge}} = 114$, $N_{\text{bg}} = 2596$ (Canny: $N_{\text{bg}} = 3776$).

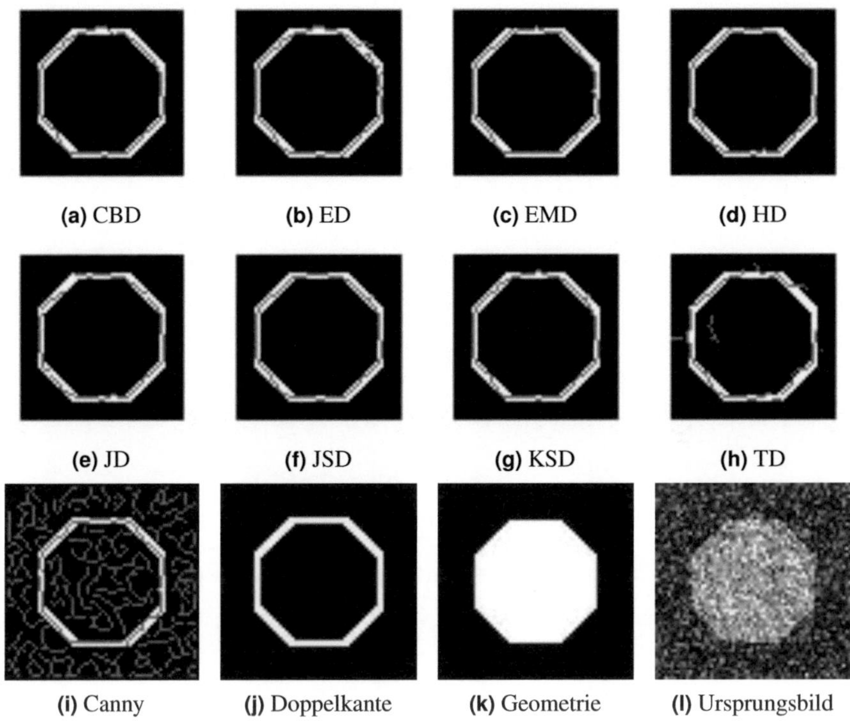

Abbildung H.2 Vergleich der Kantendetektionsqualität anhand der Achteckstruktur mit verrauschter Grauwertverteilung (siehe Abb. 5.15b), Regionengröße $l_{\mathrm{WS}} = 5$, Histogramm-Bins $N_{\mathrm{Bins}} = 6$.

Divergenz	Anzahl Bins				
	4	6	8	12	16
			TP FP Q_sens Q_spec Q_prec		
CBD	72 60 0,63 0,98 0,55	64 55 0,56 0,98 0,54	74 53 0,65 0,98 0,58	68 73 0,60 0,97 0,48	69 71 0,61 0,97 0,49
ED	70 58 0,61 0,98 0,55	68 45 0,60 0,98 0,60	68 45 0,60 0,98 0,60	66 66 0,58 0,97 0,50	52 74 0,46 0,97 0,41
EMD	59 78 0,52 0,97 0,43	49 93 0,43 0,96 0,35	65 86 0,57 0,97 0,43	62 79 0,54 0,97 0,44	55 82 0,48 0,97 0,40
HD	72 23 0,63 0,99 **0,76**	**75** 34 **0,66** 0,99 0,69	**80** 41 **0,70** 0,98 0,70	65 61 0,57 0,98 0,57	47 71 0,41 0,97 0,40
JD	55 42 0,48 0,98 0,57	63 39 0,55 0,98 0,62	61 35 0,54 0,99 0,64	58 67 0,51 0,97 0,46	43 74 0,38 0,97 0,37
JSD	71 27 0,62 0,99 **0,72**	**80** 40 **0,70** 0,98 0,67	73 35 0,64 0,99 0,68	69 59 0,61 0,98 0,54	55 63 0,48 0,98 0,47
KSD	54 87 0,47 0,97 0,38	52 **111** 0,46 **0,96** 0,32	51 71 0,45 0,97 0,42	65 **99** 0,57 **0,96** 0,40	55 85 0,48 0,97 0,39
TD	70 76 0,61 0,97 0,48	56 65 0,49 0,97 0,46	63 80 0,55 0,97 0,44	38 75 0,33 0,97 0,34	36 74 0,32 0,97 0,33
Canny			70 871 0,61 0,77 0,07		

Tabelle H.3 Divergenzvergleich: Kreisstruktur, zufällige Grauwertverteilung (siehe Abb. 5.15c), $l_\text{WS} = 5$, $N_\text{edge} = 114$, $N_\text{bg} = 2596$ (Canny: $N_\text{bg} = 3776$).

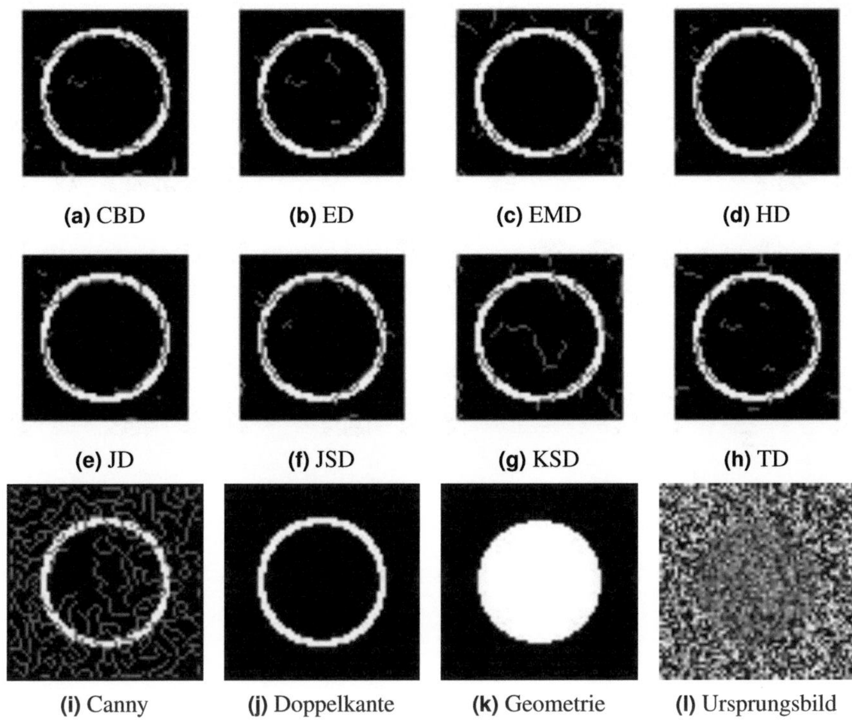

(a) CBD   (b) ED   (c) EMD   (d) HD

(e) JD   (f) JSD   (g) KSD   (h) TD

(i) Canny   (j) Doppelkante   (k) Geometrie   (l) Ursprungsbild

Abbildung H.3 Vergleich der Kantendetektionsqualität anhand einer Kreisstruktur mit zufälliger Grauwertverteilung (siehe Abb. 5.15c), Regionengröße $l_{\mathrm{WS}} = 5$, Histogramm-Bins $N_{\mathrm{Bins}} = 6$.

I Werkstoffzusammensetzungen und Elementeigenschaften

Werkstoffnummer	1.0037		1.4301	
Bezeichnung	St37-2		X5CrNi18-10	
Norm	DIN EN 10025		DIN EN 10088	

Element	Anteil (Gew.-%)			
C	$\leq 0{,}17$		$\leq 0{,}07$	
Si			$\leq 1{,}00$	
Mn	$\leq 1{,}4$		$\leq 2{,}00$	
P	$\leq 0{,}045$			
S	$\leq 0{,}045$			
Cr			$17{,}0 - 20{,}0$	[19,2]
Ni			$9{,}00 - 11{,}50$	[8,4]
Fe	> 97	[99,4]	> 67	[72,1]

Tabelle I.1 Zusammensetzung der verwendeten Stähle nach Norm. In eckigen Klammern die an den Werkstücken mittels Röntgenfloureszenzanalyse gemessenen Werte [129].

Element	dt. Name	en. Name	Schmelztemperatur (K)	Siedetemperatur (K)
Fe	Eisen	Iron	1808	3023
Cr	Chrom	Chromium	2130	2945
Ni	Nickel	Nickel	1728	3186
Mn	Mangan	Manganese	1517	2235
Si	Silizium	Silicon	1683	2628
Mo	Molybdän	Molybdenum	2896	4912
Na	Natrium	Sodium	370,95	1156
K	Kalium	Potassium	336,65	1032
Cu	Kupfer	Copper	1358	2835
Al	Aluminium	Aluminium	933,47	2792

Tabelle I.2 Physikalische Eigenschaften einiger Elemente [110].

J Physikalische Konstanten

Bezeichnung	Symbol	Wert	Einheit
Boltzmann-Konstante	k_B	$1{,}3806504(24)\times10^{-23}$	$\mathrm{J\,K^{-1}}$
(Vakuum-)Lichtge-schwindigkeit	c	$2{,}99792458\times10^{8}$	$\mathrm{m\,s^{-1}}$
Plancksche Konstante (Plancksches Wirkungs-quantum)	h	$6{,}62606896(33)\times10^{-34}$	$\mathrm{J\,s}$
Stefan-Boltzmann-Konstante	σ	$5{,}670400(40)\times10^{-8}$	$\mathrm{W\,m^{-2}\,K^{-4}}$
Wiensche Verschiebungs-konstante (Wellenlängendarstellung)	b	$2{,}8977685(51)\times10^{-3}$	$\mathrm{m\,K}$

Tabelle J.1 Physikalische Konstanten [123].

K Nebenrechnungen und Herleitungen

K.1 Integration des Planckschen Strahlungsgesetzes

Zur Berechnung der spezifischen Ausstrahlung M_s eines Schwarzen Körpers (Stefan-Boltzmann-Gesetz) bzw. zur Abschätzung der im Experiment von den Sensoren empfangenen Intensität ist es notwendig, das Plancksche Strahlungsgesetz (Glg. B.8)

$$B_{\lambda,s}(\lambda,T) = \frac{2hc^2}{\lambda^5} \frac{1}{\exp(\frac{hc}{\lambda k_B T}) - 1}$$

über den Raumwinkel und die Wellenlänge zu integrieren, um die von einem Flächenelement in einem Wellenlängenbereich $\overline{\lambda} = [\lambda_1, \lambda_2]$ in einen Raumwinkelbereich $\overline{\Omega} = \{[\varphi_1, \varphi_2], [\theta_1, \theta_2]\}$ abgestrahlte Leistung $M_s(\overline{\lambda}, \overline{\Omega}, T)$ zu erhalten:

$$M_s(\overline{\lambda}, \overline{\Omega}, T) = \int_{\lambda_1}^{\lambda_2} d\lambda \int_{\varphi_1}^{\varphi_2} \int_{\theta_1}^{\theta_2} d\Omega \, B_{\lambda,s}(\lambda,T) \qquad . \tag{K.1}$$

Da es sich bei einem Schwarzen Körper um einen Lambert-Strahler handelt, d. h. die spektrale Strahldichte $B_{\lambda,s}$ nicht von φ oder θ abhängt, lassen sich die Integrationswege über die Wellenlänge und den Raumwinkel getrennt voneinander betrachten. Aus Glg. K.1 wird

$$
\begin{aligned}
M_s(\overline{\lambda}, \overline{\Omega}, T) &= \int_{\lambda_1}^{\lambda_2} d\lambda \, B_{\lambda,s}(\lambda,T) \cdot \int_{\varphi_1}^{\varphi_2} \int_{\theta_1}^{\theta_2} d\Omega \\
&= B_s(\overline{\lambda}, T) \cdot C(\overline{\Omega}) \qquad .
\end{aligned}
\tag{K.2}
$$

K.1.1 Raumwinkel

Die Integration des Raumwinkeltermes

$$C(\overline{\Omega}) = \int_{\varphi_1}^{\varphi_2} \int_{\theta_1}^{\theta_2} d\Omega = \int_{\varphi_1}^{\varphi_2} d\varphi \cdot \int_{\theta_1}^{\theta_2} d\theta \, \sin\theta \, \cos\theta$$

ergibt – es gilt $d\Omega = d\varphi \, d\theta \, \sin\theta$ (Abb. K.1), der Cosinus-Term passt die sichtbare Fläche dem Beobachtungswinkel an (Abb. A.3) –

$$C(\overline{\Omega}) = \left[\varphi \right]_{\varphi_1}^{\varphi_2} \cdot \left[\frac{1}{2} \sin^2\theta \right]_{\theta_1}^{\theta_2}$$

$$= (\varphi_2 - \varphi_1) \cdot \frac{1}{2} \left(\sin^2\theta_2 - \sin^2\theta_1 \right) \qquad . \tag{K.3}$$

Betrachtet man den gesamten Halbraum ($\varphi_1 = 0$, $\varphi_2 = 2\pi$, $\theta_1 = 0$, $\theta_2 = \frac{\pi}{2}$), wie z. B. im Fall des Stefan-Boltzmann-Gesetzes, erhält man:

$$C_{\mathrm{HR}} = 2\pi \cdot \frac{1}{2} = \pi \qquad . \tag{K.4}$$

Um abzuschätzen, welche Leistung ein Sensor vom Schwarzen Körper empfängt, ist über den vom Sensor ausgefüllten Raumwinkel zu integrieren. Im Fall der koaxialen Beobachtung gilt $\varphi_1 = 0$, $\varphi_2 = 2\pi$ und $\theta_1 = 0$, $\theta_2 = \alpha$, wobei α der Aperturwinkel des Beobachtungsstrahlenganges ist (Abb. K.2):

$$C_{\mathrm{BA}} = 2\pi \cdot \frac{1}{2} \sin^2\alpha = \pi \sin^2\alpha \qquad . \tag{K.5}$$

K.1.2 Wellenlänge

Die Integration über die Wellenlänge

$$B_{\mathrm{s}}(\overline{\lambda}, T) = \int_{\lambda_1}^{\lambda_2} d\lambda \, \frac{2hc^2}{\lambda^5} \frac{1}{\exp\left(\frac{hc}{\lambda k_{\mathrm{B}} T}\right) - 1} \tag{K.6}$$

gestaltet sich etwas schwieriger. Zunächst substituiert man $\lambda = \frac{hc}{k_{\mathrm{B}} T} \frac{1}{\rho}$, $d\lambda = -\frac{hc}{k_{\mathrm{B}} T} \frac{1}{\rho^2} d\rho$, $\rho_i = \frac{hc}{k_{\mathrm{B}} T} \frac{1}{\lambda_i}$ und erhält damit

$$B_{\mathrm{s}}^{*}(\overline{\rho}, T) = 2hc^2 \left(\frac{k_{\mathrm{B}} T}{hc} \right)^4 \int_{\rho_2}^{\rho_1} d\rho \, \frac{\rho^3}{\exp(\rho) - 1} \qquad . \tag{K.7}$$

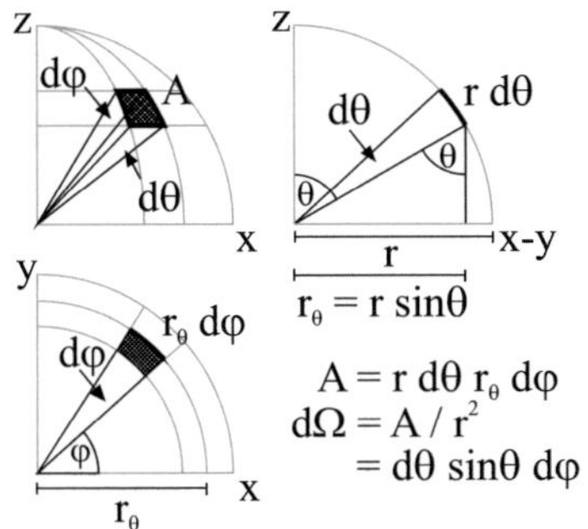

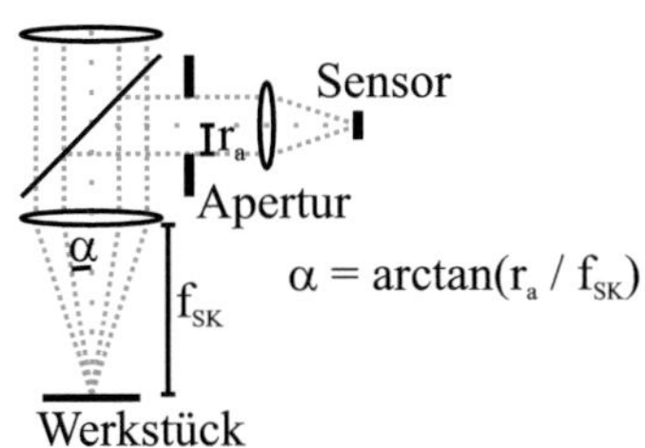

Abbildung K.1 Zusammenhang zwischen Raumwinkel und (Kugelober-)Fläche.

Abbildung K.2 Aperturwinkel des Beobachtungsstrahlenganges bei koaxialer Konfiguration.

Das heißt zu lösen ist das Integral

$$\Sigma_n(x_1, x_2) = \int_{x_1}^{x_2} dx \, \frac{x^n}{\exp(x) - 1} \qquad . \tag{K.8}$$

Gesamter Wellenlängenbereich

Im Fall der Integration über den gesamten Wellenlängenbereich (d. h. $x_1 = 0$, $x_2 = \infty$, unter Berücksichtigung der vorherigen Substitution und der Vertauschung der Integrationsgrenzen) kann man Zähler und Nenner mit $\exp(-x)$ erweitern

$$\Sigma_n = \int_0^\infty dx \, x^n \exp(-x) \, \frac{1}{1 - \exp(-x)} \qquad ,$$

und erhält daraus mittels der geometrischen Reihe $\sum_{k=0}^{\infty} q^k = \frac{1}{1-q}$ (für $q < 1$)

$$\begin{aligned}
\Sigma_n &= \int_0^\infty dx \, x^n \exp(-x) \sum_{k=0}^{\infty} \exp(-kx) \\
&= \int_0^\infty dx \, x^n \sum_{k=1}^{\infty} \exp(-kx) \\
&= \sum_{k=1}^{\infty} \int_0^\infty dx \, x^n \exp(-kx) \qquad .
\end{aligned} \tag{K.9}$$

Eine weitere Substitution $x = \frac{z}{k}$, $\mathrm{d}x = \frac{1}{k}\mathrm{d}z$, $z_i = kx_i$ ergibt

$$\Sigma_n = \sum_{k=1}^{\infty} \int_0^{\infty} \mathrm{d}z\,\frac{1}{k}\left(\frac{z}{k}\right)^n \exp(-z)$$

$$= \sum_{k=1}^{\infty} \frac{1}{k^{n+1}} \cdot \int_0^{\infty} \mathrm{d}z\,z^n \exp(-z) \qquad . \tag{K.10}$$

Die Summe entspricht der *Riemannschen ζ-Funktion*

$$\zeta(s) = \sum_{k=1}^{\infty} \frac{1}{k^s} \quad , \quad s \in \mathbb{C} \qquad ,$$

das Integral der *Gammafunktion*

$$\Gamma(n+1) = \int_0^{\infty} \mathrm{d}z\,z^n \exp(-z) = n! \quad , \quad n \in \mathbb{N} \qquad .$$

Somit erhält man

$$\Sigma_n = \zeta(n+1) \cdot \Gamma(n+1) \qquad , \tag{K.11}$$

womit sich für $n = 3$ der Wert

$$\Sigma_3 = \frac{\pi^4}{90} \cdot 6 = \frac{\pi^4}{15}$$

ergibt und damit

$$B_\mathrm{s}(T) = 2hc^2 \left(\frac{k_\mathrm{B}\,T}{hc}\right)^4 \cdot \frac{\pi^4}{15} = \frac{2(\pi k_\mathrm{B}\,T)^4}{15\,c^2\,h^3} \qquad . \tag{K.12}$$

Kombiniert mit Glg. K.4 folgt das Stefan-Boltzmann-Gesetz (Glg. B.12) und der Wert der Stefan-Boltzmann-Konstante (Glg. B.13)

$$M_\mathrm{s}(T) = \frac{2\pi^5 k_B^4}{15c^2 h^3} T^4 \qquad .$$

Beliebiger Wellenlängenbereich

Die analytische Lösung des Integrals Glg. K.8 für den Fall beliebiger Grenzen x_1, x_2 würde den Rahmen dieser Arbeit sprengen. Des Weiteren ist die dadurch gewonnene Exaktheit bezüglich der vorgenommenen Abschätzungen unerheblich. Hier bietet sich daher eine numerische Integration oder eine grobe Abschätzung anhand des Mittelpunktes bzw. der Randpunkte des betrachteten Wellenlängenbereiches an.

K.2 Differenzierung des Planckschen Strahlungsgesetzes

Eine Differentiation des Planckschen Strahlungsgesetzes

$$B_{\lambda,\mathrm{s}}(\lambda,T) = \frac{2hc^2}{\lambda^5} \frac{1}{\exp(\frac{hc}{\lambda k_\mathrm{B} T}) - 1}$$

liefert Informationen darüber, wie sich die thermische Strahlung hinsichtlich Temperaturänderungen oder einer Veränderung der Beobachtungswellenlänge verhält.

K.2.1 Wellenlänge

Zur Herleitung des Wienschen Verschiebungsgesetzes (Kap. B.3.3) aus dem Planckschen Strahlungsgesetz benötigt man die Ableitung desselben nach der Wellenlänge:

$$
\begin{aligned}
\frac{\partial}{\partial \lambda} B_{\lambda,\mathrm{s}}(\lambda,T) &= 2hc^2 \left(\frac{-5}{\lambda^6} \frac{1}{\exp(\frac{hc}{\lambda k_\mathrm{B} T}) - 1} + \right. \\
&\qquad \left. \frac{1}{\lambda^5} \frac{-\exp(\frac{hc}{\lambda k_\mathrm{B} T})}{(\exp(\frac{hc}{\lambda k_\mathrm{B} T}) - 1)^2} \frac{-hc}{\lambda^2 k_\mathrm{B} T} \right) \\
&= \frac{2hc^2}{\lambda^6} \frac{-1}{\exp(\frac{hc}{\lambda k_\mathrm{B} T}) - 1} \left(5 - \right. \\
&\qquad \left. \frac{hc}{\lambda k_\mathrm{B} T} \frac{\exp(\frac{hc}{\lambda k_\mathrm{B} T})}{\exp(\frac{hc}{\lambda k_\mathrm{B} T}) - 1} \right) \\
&= \underbrace{\frac{B_{\lambda,\mathrm{s}}(\lambda,T)}{\lambda}}_{>0} \left(\frac{hc}{\lambda k_\mathrm{B} T} \frac{1}{1 - \exp(-\frac{hc}{\lambda k_\mathrm{B} T})} - 5 \right) .
\end{aligned}
\tag{K.13}
$$

Damit dieser Ausdruck 0 wird, muss die Klammer 0 werden.

K.2.2 Temperatur

Die Differentiation nach der Temperatur ergibt

$$\frac{\partial}{\partial T}B_{\lambda,\mathrm{s}}(\lambda,T) = \frac{2hc^2}{\lambda^5}\,\frac{\exp\left(\frac{hc}{\lambda k_{\mathrm{B}}T}\right)}{\left(\exp\left(\frac{hc}{\lambda k_{\mathrm{B}}T}\right)-1\right)^2}\,\frac{hc}{\lambda k_{\mathrm{B}}}\,\frac{1}{T^2}$$

$$= \underbrace{B_{\lambda,\mathrm{s}}(\lambda,T)}_{>0}\,\underbrace{\frac{1}{1-\exp\left(-\frac{hc}{\lambda k_{\mathrm{B}}T}\right)}}_{>0^{1}}\,\underbrace{\frac{hc}{\lambda k_{\mathrm{B}}}\,\frac{1}{T^2}}_{>0} > 0 \quad , \qquad \text{(K.14)}$$

d. h. bei konstanter Wellenlänge und sich ändernder Temperatur ist das Plancksche Strahlungsgesetz streng monoton steigend.

Relative Strahlungsdichteänderung

Interessant für die Beobachtung von Temperaturschwankungen ist die relative Strahlungsdichteänderung R_{B} bei verschiedenen Wellenlängen:

$$R_{\mathrm{B}}(\lambda,T) = \frac{\frac{\partial}{\partial T}B_{\lambda,\mathrm{s}}(\lambda,T)}{B_{\lambda,\mathrm{s}}(\lambda,T)}$$

$$= \frac{1}{1-\exp\left(-\frac{hc}{\lambda k_{\mathrm{B}}T}\right)}\,\frac{hc}{\lambda k_{\mathrm{B}}}\,\frac{1}{T^2} \qquad (\mathrm{K}^{-1}) \qquad . \qquad \text{(K.15)}$$

Hieran lassen sich folgende Aussagen treffen:

Monotonie Diese relative Änderung R_{B} der Strahlungsdichte ist, wie im Folgenden gezeigt wird, in Bezug auf die Wellenlänge immer streng monoton fallend. Dafür wird $R_{\mathrm{B}}(\lambda,T)$ nach λ differenziert, zur Verbesserung der Übersichtlichkeit sei $a = \frac{hc}{k_{\mathrm{B}}T}$:

$$\frac{\partial}{\partial \lambda}R_{\mathrm{B}}(\lambda,T) = \frac{\partial}{\partial \lambda}\left(\frac{1}{1-\exp\left(-\frac{a}{\lambda}\right)}\,\frac{a}{T}\,\frac{1}{\lambda}\right)$$

$$= -\underbrace{\frac{a}{T\lambda^2}}_{>0}\,\underbrace{\frac{1}{1-\exp\left(-\frac{a}{\lambda}\right)}}_{>0}\,\underbrace{\left(1-\frac{a}{\lambda}\,\frac{1}{\exp\left(\frac{a}{\lambda}\right)-1}\right)}_{>0} < 0\,.$$

$$\text{(K.16)}$$

---

[1] Es gilt $\frac{hc}{\lambda k_{\mathrm{B}}T} > 0 \;\Leftrightarrow\; \exp\left(-\frac{hc}{\lambda k_{\mathrm{B}}T}\right) < 1 \;\Leftrightarrow\; 1-\exp\left(-\frac{hc}{\lambda k_{\mathrm{B}}T}\right) > 0$

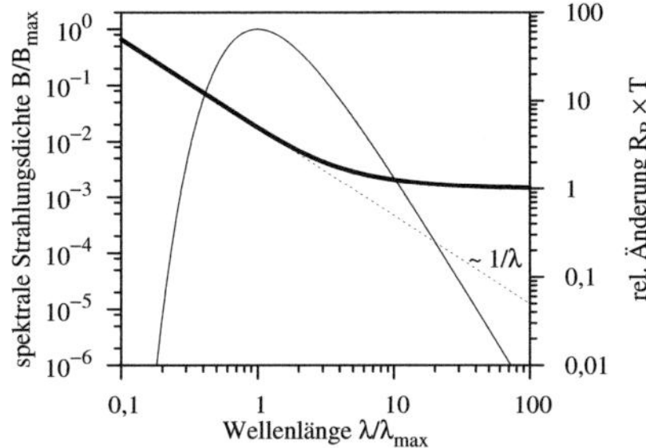

Abbildung K.3 Relative Änderung der Strahlungsdichte bei Temperaturschwankungen bzgl. der Wellenlänge.

Für den dritten, geklammerten Term gilt mit $x = \frac{a}{\lambda} > 0$

$$\left(1 - x\frac{1}{\exp(x)-1}\right) \overset{?}{>} 0 \quad \Leftrightarrow \quad \cdots \quad \Leftrightarrow \quad \exp(x) > 1+x \quad \Box \quad .$$

Der letzte Schritt folgt hier aus der Reihenentwicklung der exp-Funktion.

Kleine Wellenlängen Für Wellenlängen λ kleiner als die Wellenlänge maximaler Strahlungsdichte $\lambda_{max}(T)$ (siehe Kap. B.3.3), also $\lambda T < b$ ($b \approx 0{,}0029\,\text{m K}$ die Wiensche Verschiebungskonstante), wird Glg. K.15 näherungsweise zu

$$R_B(\lambda, T) \approx \frac{hc}{\lambda\, k_B}\frac{1}{T^2} \quad , \tag{K.17}$$

da $\exp\left(-\frac{hc}{\lambda k_B T}\right) \approx \exp\left(-\frac{0{,}144\,\text{m K}}{\lambda T}\right) \ll 1$ vernachlässigbar wird. Je kurzwelliger also die Strahlung, desto stärker fällt die relative Änderung der Strahlungsdichte aus, und zwar $\propto \frac{1}{\lambda}$.

Tabellenverzeichnis

Abbildungsverzeichnis

Abkürzungen und Symbole

$\mathrm{d}\vec{A}$ Normalenvektor eines Oberflächenelementes, dessen Betrag der Fläche der Elementes entspricht m^2

α_λ Absorptionsvermögen, spektrales $\in [0,1]$

B Strahlungsdichte $\mathrm{W\,m^{-2}\,sr^{-1}}$

b Wiensche Verschiebungskonstante (Wellenlängendarstellung) $\mathrm{m\,K}$

B_λ Strahlungsdichte, spektrale $\mathrm{W\,m^{-3}\,sr^{-1}}$

c Kalibrierkurve Spektrometer $\mathrm{J\,counts^{-1}\,m^{-2}\,nm^{-1}}$

c Lichtgeschwindigkeit (im Vakuum) $\mathrm{m\,s^{-1}}$

$\vec{D}$ Strahlungsstromdichte, Intensität $\mathrm{W\,m^{-2}}$

D Divergenz

E Bestrahlungsstärke $\mathrm{W\,m^{-2}}$

$\mathscr{E}_\lambda$ Emissionsvermögen, spektrales $\mathrm{W\,m^{-3}\,sr^{-1}}$

Φ Strahlungsfluss / Strahlungsleistung einer Quelle W

f Frequenz Hz

H Entropie

h Plancksche Konstante $\mathrm{J\,s}$

$\hbar$ Diracsche Konstante ($\hbar = \frac{h}{2\pi}$) $\mathrm{J\,s}$

$\mathscr{I}$ Bildmenge

I	Bild	
I_λ	Intensität, spektrale	$\mathrm{W\,m^{-2}\,nm^{-1}}$
I_g	Grauwertbild	
J	Strahlungsstärke	$\mathrm{W\,sr^{-1}}$
$\mathscr{K}$	Klassen	
k_B	Boltzmann-Konstante	$\mathrm{J\,K^{-1}}$
κ_λ	Absorptionskoeffizient, spektraler	$\mathrm{m^{-1}}$
λ	Wellenlänge	m
$\mathscr{M}$	Merkmalsraum	
$\vec{m}$	Merkmalsvektor, $\vec{m} \in \mathscr{M}$	
M	Ausstrahlung, spezifische	$\mathrm{W\,m^{-2}}$
$\mathscr{M}^*$	selektierter Merkmalsraum	
N	gemessenes Dunkelspektrum	counts
n	Teilchendichte	$\mathrm{m^{-3}}$
N_Bins	Anzahl Histogramm-Bins	
$\mathrm{d}\Omega$	Raumwinkel	sr
Ω	Ergebnismenge	
ω	Elementarereignis	
$\mathscr{P}$	Verteilungsfunktion	
P	Leistung	W
P	Wahrscheinlichkeitsmaß	
p	Wahrscheinlichkeitsfunktion	
Σ	Ereignisraum	
σ	Stefan-Boltzmann-Konstante	$\mathrm{W\,m^{-2}\,K^{-4}}$

S	Skalierungsfunktion	
σ_λ	Wirkungsquerschnitt, spektraler	m^2
S	Ereignis	
Θ	Beobachtungswinkel	
t	Zeit	s
U	gemessenes Spektrum	counts
W	Energie	J

Sach- und Personenverzeichnis

Literaturverzeichnis

[1] **Abramov, D.** *Visualization of the welding of optical fibers with the help of a laser brightness amplifier.* In: *Pis'ma v Zhurnal Tekhnicheskoi Fizika* 22.9 (1996), S. 691–692.

[2] **Abt, F.** *Real Time Closed Loop Control of Full Penetration Keyhole Welding with Cellular Neural Network Cameras.* In: *Journal of Laser Micro/Nanoengineering. Online journal* 6.2 (2011), S. 131–137.

[3] **Aizerman, A., Braverman, E. M. und Rozoner, L. I.** *Theoretical foundations of the potential function method in pattern recognition learning.* In: *Automation and Remote Control* 25 (1964), S. 821–837.

[4] **Ali, S. und Silvey, S.** *A General Class of Coefficients of Divergence of One Distribution from Another.* In: *Journal of the Royal Statistical Society, Series B (Methodological)* 28.1 (1966), S. 131–142.

[5] **Ancona, A.** *Optical Sensor for real-time Monitoring of CO2 Laser Welding Process.* In: *Applied Optics* 40.33 (2001), S. 6019–6025.

[6] **Atae Allah, C.** *Image segmentation by Jensen-Shannon divergence. Application to measurement of interfacial tension.* In: *Proc. 15th International Conference on Pattern Recognition.* Bd. 3. 2000, S. 379–382.

[7] **Atae Allah, C.** *Measurement of surface tension and contact edges using entropic edge detection.* In: *Measurement Science and Technology* 12 (2001), S. 288–298.

[8] **Barbini, R.** *Laser-induced breakdown spectroscopy for quantitative elemental analysis.* In: *Proc. SPIE.* Bd. 4070. 2000, S. 444–449.

[9] **Bardin, F.** *Evaluation of coaxial process control systems for Nd:YAG laser welding in aeronautics application.* EN. In: *Proc. ICALEO 2002.* Bd. 2. 2002, S. 1043–1052.

[10] **Barranco Lopez, V.** *Entropic texture-edge detection for image segmentation.* In: *Electronics Letters* 31.11 (1995), S. 867–869.

[11] **Bayes, T.** *An Essay towards solving a Problem in the Doctrine of Chances.* In: *Philosophical Transactions of the Royal Society of London* 53 (1763), S. 370–418.

[12] **Beersiek, J.** *A camera based in-process monitoring system for laser processes.* EN. In: *DVS-Berichte* 229 (2004), S. 35–39.

[13] **Behler, K., Sokolowski, W. und Beyer, E.** *Porenbildung beim Laser-strahlschweissen.* DE. In: *Laser - Optoelektronik in der Technik, Vorträge des 8. internationalen Kongresses in Muenchen.* Okt. 1987, S. 529–532.

[14] **Behroozi, F. und Podolefsky, N.** *Dispersion of capillary-gravity waves: a derivation based on conservation of energy.* In: *European Journal of Physics* 22.3 (2001), S. 225–231.

[15] **Beyer, E.** *Einfluss des laserinduzierten Plasmas beim Schweissen mit CO2-Lasern - Schweisstechnische Forschungsberichte Bd. 2.* Diss. DVS, 1985.

[16] **Beyer, R. E.** *Schweißen mit Laser – Grundlagen.* Hrsg. von G. Herziger und H. Weber. Laser in Technik und Forschung. Springer-Verlag, 1995.

[17] **Bilz, H., Strauch, D. und Wehner, R.** *Handbuch der Physik - Licht und Materie I.* In: Hrsg. von S. Flügge und L. Genzel. Bd. 25/2d. Springer-Verlag, 1984. Kap. Interaction of photons with matter, S. 77–125.

[18] **Bishop, C.** *Pattern Recognition and Machine Learning.* New York, NY: Springer, Feb. 2006.

[19] **Blug, A.** *CNN: Pixelparallele Bildverarbeitung ermöglicht Prozessregelung beim Laserschweißen.* In: *Photonik* 6 (Juni 2008), S. 30–32.

[20] **Boltzmann, L.** *Ableitung des Stefan'schen Gesetzes, betreffend die Abhängigkeit der Wärmestrahlung von der Temperatur aus der electromagnetischen Lichttheorie.* In: *Annalen der Physik und Chemie* 22 (1884), S. 291–294.

[21] **Borghese, A. und Merola, S.** *Time-resolved spectral and spatial description of laser-induced breakdown in air as a pulsed, bright, and broadband ultraviolet-visible light source.* In: *Applied Optics* 37.18 (1998), S. 3977–3983.

[22] **Brassel, J.-O., Glasmacher, M. und Schmidt, M.** *Observation of laser micro welding process by two-colour-pyrometry and measurement of backreflection.* In: *Proc. LANE 97.* Bd. 30. 1997, S. 339–344.

[23] **Bregman, L.** *The relaxation method of finding the common points of convex sets and its application to the solution of problems in convex programming.* In: *USSR Computational Mathematics and Mathematical Physics* 7.3 (1967), S. 200–217.

[24] **Bromiley, P., Thacker, N. und Bouhova-Thacker, E.** *Shannon Entropy, Renyi Entropy, and Information.* Techn. Ber. Imaging Science, Biomedical Engineering, School of Cancer und Imaging Sciences, Tina Memo No. 2004-004, 2004.

[25] **Burges, C.** *A Tutorial on Support Vector Machines for Pattern Recognition.* In: *Data Mining and Knowledge Discovery* 2 (1998), S. 121–167.

[26] **Cachin, C.** *Entropy Measures and Unconditional Security in Cryptography.* Diss. ETH Zürich, 1997.

[27] **Canny, J.** *A Computational Approach to Edge Detection.* In: *Pattern Analysis and Machine Intelligence, IEEE Transactions on* PAMI-8.6 (Nov. 1986), S. 679–698.

[28] **Chang, C. C. und Lin, C. J.** *LIBSVM: a library for support vector machines.* Software available at http://www.csie.ntu.edu.tw/ cjlin/libsvm. 2001.

[29] **Chen, H.** *Multi-frequency fibre optic sensors for in-process laser welding quality monitoring.* In: *NDT&E International* 26.2 (1993), S. 67–73.

[30] **Chen, W. und Molian, P.** *Dual-beam laser welding of ultra-thin AA 5052-H19 aluminum.* In: *The International Journal of Advanced Manufacturing Technology* 39.9-10 (2008), S. 889–897.

[31] **Clausius, R.** *Ueber die bewegende Kraft der Wärme und die Gesetze, welche sich daraus für die Wärme selbst ableiten lassen - II.* In: *Annalen der Physik* 79 [III-19] (1850), S. 500–524.

[32] **Connolly, J.** *Optical monitoring of laser generated plasma during laser welding.* In: *Proc. SPIE.* Bd. 3935. 2000, S. 132–138.

[33] **Csiszár, I.** *Information-type measures of difference of probability distributions and indirect observation.* In: *Studia Scientiarum Mathematicarum Hungarica* 2 (1967). noch zu besorgen und anzuschauen, S. 229–318.

[34] **Dausinger, F.** *Welding of aluminum: Challenge and chance for laser technology.* EN. In: *Proc. ICALEO 95.* Bd. 80. 1995, S. 1059–1067.

[35] **de l'Hospital, G.** *Analyse des infiniment petits, pour l'intelligence des lignes courbes.* 1696.

[36] *DIN 1910-100:2008-02: Schweißen und verwandte Prozesse - Begriffe - Teil 100: Metallschweißprozesse mit Ergänzungen zu DIN EN 14610:2005.* Norm. Feb. 2008.

[37] *DIN 1912-4:1981-05: Zeichnerische Darstellung - Schweißen, Löten - Begriffe und Benennungen für Lötstöße und Lötnähte.* Norm. Mai 1981.

[38] *DIN 32532:2009-08: Schweißen - Laserstrahlverfahren zur Materialbearbeitung - Begriffe für Prozesse und Geräte.* Norm. Aug. 2009.

[39] *DIN 8580:2003-09: Fertigungsverfahren - Begriffe, Einteilung.* Norm. Sep. 2003.

[40] *DIN 8593-0:2003-09: Fertigungsverfahren Fügen - Teil 0: Allgemeines; Einordnung, Unterteilung, Begriffe.* Norm. Sep. 2003.

[41] *DIN 8593-6:2003-09: Fertigungsverfahren Fügen - Teil 6: Fügen durch Schweißen; Einordnung, Unterteilung, Begriffe.* Norm. Sep. 2003.

[42] *DIN EN 1011-6:2006-03: Schweißen - Empfehlungen zum Schweißen metallischer Werkstoffe - Teil 6: Laserstrahlschweißen.* Norm. März 2006.

[43] *DIN EN 14610:2005-02: Schweißen und verwandte Prozesse - Begriffe für Metallschweißprozesse.* Norm. Feb. 2005.

[44] *DIN EN ISO 13919-1:1996-09: Schweißen - Elektronen- und Laserstrahl-Schweißverbindungen; Leitfaden für Bewertungsgruppen für Unregelmäßigkeiten - Teil 1: Stahl.* Norm. Sep. 1996.

[45] *DIN EN ISO 13919-2:2001-12: Schweißen - Elektronenstrahl- und Laserstrahl-Schweißverbindungen; Richtlinie für Bewertungsgruppen für Unregelmäßigkeiten - Teil 2: Aluminium und seine schweißgeeigneten Legierungen.* Norm. Dez. 2001.

[46] *DIN EN ISO 15607:2004-03: Anforderung und Qualifizierung von Schweißverfahren für metallische Werkstoffe - Allgemeine Regeln.* Norm. März 2004.

[47] *DIN EN ISO 15609-4:2004-10: Anforderung und Qualifizierung von Schweißverfahren für metallische Werkstoffe - Schweißanweisung - Teil 4: Laserstrahlschweißen.* Norm. Okt. 2004.

[48] *DIN EN ISO 15614-11:2002-10: Anforderung und Qualifizierung von Schweißverfahren für metallische Werkstoffe - Schweißverfahrensprüfung - Teil 11: Elektronen- und Laserstrahlschweißen.* Norm. Okt. 2002.

[49] *DIN EN ISO 3834:2006-03: Qualitätsanforderungen für das Schmelzschweißen von metallischen Werkstoffen, Teile 1-5.* Norm. März 2006.

[50] *DIN EN ISO 4063:2000-04: Schweißen und verwandte Prozesse - Liste der Prozesse und Ordnungsnummern.* Norm. Apr. 2000.

[51] *DIN EN ISO 6520-1:2007-11: Schweißen und verwandte Prozesse - Einteilung von geometrischen Unregelmäßigkeiten an metallischen Werkstoffen - Teil 1: Schmelzschweißen.* Norm. Nov. 2007.

[52] *DIN EN ISO 9692-1:2004-05: Schweißen und verwandte Prozesse - Empfehlungen zur Schweißnahtvorbereitung - Teil 1: Lichtbogenhandschweißen, Schutzgasschweißen, Gasschweißen, WIG-Schweißen und Strahlschweißen von Stählen.* Norm. Mai 2004.

[53] **Dobrushin, R. L.** *Prescribing a System of Random Variables by Conditional Distributions.* In: *Theory of Probability and its Applications* 15.3 (1970), S. 458–486.

[54] **Duley, W.** *Laser Welding.* A Wiley - Intersience Publication, 1999.

[55] **Einstein, A.** *Zur Quantentheorie der Strahlung.* In: *Mitteilungen der Physikalischen Gesellschaft Zürich* 18 (1916), S. 47–62.

[56] *Engineering Note - HR4000 and USB4000 Shutter Mode Performance.* Techn. Ber. Ocean Optics Inc., 2005.

[57] **Farson, D.** *Progress in real time laser process monitoring. Theory and practice.* In: *Science and Technology of Welding and Joining* 5.3 (2000), S. 194–201.

[58] **Fisher, R.** *The use of multiple measurements in taxonomic problems.* In: *Annals of Eugenics* 7 (1936), S. 179–188.

[59] **Fox, M.** *Real-time, nonintrusive oxidation detection system for the welding of reactive aerospace materials.* EN. In: *Applied Optics* 40.36 (2001), S. 6606–6610.

[60] **Fuhrich, T., Berger, P. und Hugel, H.** *Marangoni effect in laser deep penetration welding of steel.* In: *Journal of Laser Applications* 13.5 (2001), S. 178–86.

[61] **Gedicke, J.** *Kontrolle beim Mikroschweißen.* In: *Laser Technik Journal* (2006), S. 33–37.

[62] **Geusic, J., Marcos, H. und Van Uitert, L.** *Laser oscillations in Nd-doped yttrium aluminum, yttrium gallium and gadolinium garnets.* In: *Applied Physics Letters* 4.10 (1964), S. 182–184.

[63] **Gibbs, A. und Su, F.** *On Choosing and Bounding Probability Metrics.* In: *International Statistical Review* 70 (2002), S. 419–435.

[64] **Giesen, A.** *Scalable concept for diode-pumped high-power solid-state lasers.* In: *Applied Physics B: Lasers and Optics* 58.5 (1994), S. 365–372.

[65] **Glumann, C.** *Welding with a combination of two CO2-lasers - advantages in processing and quality.* In: *Proc. ICALEO'93.* Hrsg. von P. Denny, I. Miyamoto und B.L. Mordike. Bd. 77. Laser Institute of America (LIA), 1993, S. 672–681.

[66] **Goldsmith, T.** *Vögel sehen die Welt bunter.* In: *Spektrum der Wissenschaft* 1 (Jan. 2007), S. 96–103.

[67] **Gómez Lopera, J.** *An analysis of edge detection by using the Jensen-Shannon divergence.* In: *Journal of Mathematical Imaging and Vision* 13.1 (2000), S. 35–56.

[68] **Goode, S.** *Identifying alloys by laser-induced breakdown spectroscopy with a time-resolved high resolution echelle spectrometer.* In: *Journal of Analytical Atomic Spectrometry* 15 (2000), S. 1133–1138.

[69] **Gordon, J., Zeiger, H. und Townes, C.** *Molecular Microwave Oscillator and New Hyperfine Structure in the Microwave Spectrum of NH3.* In: *Physical Review* 95.1 (1954), S. 282–284.

[70] **Gould, R.** *The LASER, Light Amplification by Stimulated Emission of Radiation.* In: *The Ann Arbor conference on optical pumping.* Hrsg. von P.A. Franken und R.H. Sands. University of Michigan. Juni 1959.

[71] **Greses, J.** *Spectroscopic studies of plume/plasma in different gas environments.* In: *Proc. ICALEO'01.* 2001, S. 1043–1052.

[72] **Griebsch, J.** *Quality assurance in pulsed laser welding.* EN. In: *Proc. ICALEO '95.* Bd. 80. 1995, S. 603–612.

[73] **Griem, H.** *Plasma Spectroscopy.* In: McGraw-Hill, 1964. Kap. Calculation of Line Oscillator Strength, S. 45–61.

[74] **Griem, H.** *Plasma Spectroscopy.* McGraw-Hill, 1964.

[75] **Gu, H. und Duley, W.** *A possible diagnostic signal for monitoring CO2 laser welding of aluminium alloy sheets.* In: *Proc. SPIE - Novel Applications of Lasers and Pulsed Power.* Hrsg. von R.D. Curry. Bd. 2374. März 1995, S. 208–214.

[76] **Haboudou, A., Peyre, P. und Vannes, A.** *Study of keyhole and melt pool oscillations in dual beam welding of aluminum alloys: effect on porosity formation.* EN. In: *Proc. SPIE - First International Symposium on High-Power Laser Macroprocessing.* Hrsg. von I. Miyamoto u. a. Bd. 4831. 2003, S. 295–300.

[77] **Haisch, C.** *Characterization of colloidal particles by laser-induced plasma spectroscopy (LIPS).* In: *Analytica Chimica Acta* 346.1 (1997), S. 23–35.

[78] **Hall, R.** *Coherent Light Emission From GaAs Junctions.* In: *Physical Review Letters* 9.9 (1962), S. 366–368.

[79] **Hand, D.** *Non-intrusive optical sensor for laser welding.* EN. In: *Proc SPIE - 14th International Con on Optical Fiber Sensors.* Bd. 4185. 2000, S. 226–229.

[80] **Hand, D., Peters, C. und Jones, J.** *Nd:YAG laser welding process monitoring by non-intrusive optical detection in the fibre optic delivery system.* EN. In: *Measurement Science and Technology* 6.9 (1995), S. 1389–1394.

[81] **Hartley, R.** *Transmission of Information.* In: *Bell System Technical Journal* (Juli 1928), S. 535–563.

[82] **He, X.** *Liquid metal expulsion during laser spot welding of 304 stainless steel.* In: *Journal of Physics D: Applied Physics* 39.3 (2006), S. 525–534.

[83] **Hechenbichler, K. und Schliep, K.** *Weighted k-Nearest-Neighbor Techniques and Ordinal Classification.* Techn. Ber. Ludwig-Maximilians-Universität München - Sonderforschungsbereich 386, 2004.

[84] **Hillers, O.** *Fehlerklassifizierende Prozesskontrolle mittels multivariater Statistik beim Laserstrahlschweißen.* Diss. Universität Hannover, 2003.

[85] **Holstein, D., Hartmann, H. und Juptner, W.** *Investigation of laser welds by means of digital speckle photography.* EN. In: *Proc. SPIE - Laser Interferometry IX: Techniques and Analysis.* Hrsg. von M. Kujawinska, G.M. Brown und M. Takeda. Bd. 3478. Juni 1998, S. 294–301.

[86] **Holtz, R. und Jokiel, M.** *Optimized laser applications with lamp-pumped pulsed Nd:YAG lasers.* In: *Proc. ICALEO 2002.* Bd. 2. 2002, S. 1207–1216.

[87] **Horn, B. und Brooks, M.,** Hrsg. *Shape from shading.* MIT Press, 1989, S. 577.

[88] **Ignatiev, M., Smurov, I. und Flamant, G.** *Real-time optical pyrometer in laser machining.* In: *Measurement Science and Technology* 5.5 (Mai 1994), S. 563–573.

[89] **Jansson, P.** *Deconvolution of Images and Spectra.* In: Hrsg. von P.A. Jansson. Academic Press, 1997. Kap. Distortion of Optical Spectra, S. 42–75.

[90]   **Jenniskens, P.** *FeO orange arc emission detected in optical spectrum of leonid persistent train.* In: *Earth, Moon and Planets* (1998), S. 429–434.

[91]   **Jensen, J.** *Sur les fonctions convexes et les inégalités entre les valeurs moyennes.* In: *Acta Mathematica* 30.1 (Dez. 1906), S. 175–193.

[92]   **Jones, R. und Wykes, C.** *Holographic and Speckle Interferometry.* Hrsg. von P.L. Knight, W.J. Firth und S.D. Smiths. Cambridge University Press, 1983.

[93]   **Jurca, M.** *On-line Nd-YAG laser welding process monitoring.* In: *Proc. Laser materials processing.* 1994, S. 342–352.

[94]   **Kaplan, A.** *On the mechanism of pore formation during keyhole laser spot welding.* EN. In: *Proc. SPIE - First International Symposium on High-Power Laser Macroprocessing.* Hrsg. von I. Miyamoto u. a. Bd. 4831. 2003, S. 186–191.

[95]   **Kar, A. und Mazumder, J.** *Mathematical modeling of key-hole laser welding.* In: *Journal of Applied Physics* 78.11 (1995), S. 6353–6360.

[96]   **Keil, J.** *Zehn Jahre Laserschweißen im Schiffbau - Ein Erfahrungsbericht.* In: *Schiff & Hafen* 11 (Nov. 2007), S. 64–67.

[97]   **Kerby, F.** *Die-formed sheet metal structures and method of making the same.* Englisch. 3159419. Dez. 1964.

[98]   **Kirchhoff, G.** *Abhandlungen über Emission und Absorption.* In: Hrsg. von M. Planck. Akademische Verlagsgesellschaft Leipzig, 1921. Kap. 2 - Über den Zusammenhang zwischen Emission und Absorption von Licht und Wärme, S. 6–10.

[99]   **Klassen, M., Skupin, J. und Sepold, G.** *Process instabilities by laser beam welding of aluminium alloys generated by laser modulations.* EN. In: *Proc. SPIE - Lasers in Material Processing.* Hrsg. von L.H. Beckmann. Bd. 3097. Aug. 1997, S. 137–146.

[100]   **Klassen, M.** *Probleme beim Laserstrahlschweissen von Aluminium-Legierungen.* In: *Blech, Rohre, Profile* 42.9 (1995), S. 539–543.

[101]   **Kolmogoroff, A.** *Ergebnisse der Mathematik und ihrer Grenzgebiete.* In: Bd. 2. 3. Springer Verlag, 1933. Kap. Grundbegriffe der Wahrscheinlichkeitsrechnung, S. 195–262.

[102]   **Kopitzki, K.** *Einfuehrung in die Festkoerperphysik.* Teubner, 1993, S. 392.

[103] **Kramer, T. und Olowinsky, A.** *Out of the SHADOW: watch parts in the spotlight – laser beam microwelding of delicate watch components.* In: *Proc. SPIE - Photon Processing in Microelectronics and Photonics II.* Bd. 4977. 2003, S. 481–492.

[104] **Kratzsch, C.** *Realisierung eines kamerabasierten Prozessüberwachungssystems am Beispiel des Laserstrahlschweißens.* Diss. RWTH Aachen, Apr. 2003.

[105] **Kratzsch, C.** *Online process control for laser beam materials processing.* In: *Proc. ISATA 2000 Laser/Robotics.* 2000, S. 123–130.

[106] **Krishnan, S., Yugawa, K. und Nordine, P.** *Optical properties of liquid nickel and iron.* In: *Physical Review B* 55.13 (1997), S. 8201–8206.

[107] **Kullback, S. und Leibler, R.** *On Information and Sufficiency.* In: *The Annals of Mathematical Statistics* 22.1 (1951), S. 79–86.

[108] **Lacroix, D., Jeandel, G. und Boudot, C.** *Spectroscopic characterization of laser-induced plasma created during welding with a pulsed Nd:YAG laser.* In: *Journal of Applied Physics* 81 (1997), S. 6599–6606.

[109] **Lambert, J.** *Photogrammetria, seu de mensura et gradibus luminis colorum et umbras.* 1760.

[110] **Lide, D.**, Hrsg. *Handbook of Chemistry and Physics.* 81. Aufl. CRC Press, 2000.

[111] **Liese, F. und Vajda, I.** *On Divergences and Informations in Statistics and Information Theory.* In: *Information Theory, IEEE Transactions on* 52.10 (Okt. 2006), S. 4394–4412.

[112] **Lilliefors, H. W.** *On the Kolmogorov-Smirnov Test for Normality with Mean and Variance Unknown.* In: *Journal of the American Statistical Association* 62.318 (1967), S. 399–402.

[113] **Lin, J.** *Divergence measures based on the Shannon entropy.* In: *IEEE Transactions on Information Theory* 37.1 (1991), S. 145–151.

[114] **Mahalanobis, P.** *On the generalised distance in statistics.* In: *Proc. National Institute of Science, India* 2.1 (1936), S. 49–55.

[115] **Maiman, T.** *Stimulated Optical Radiation in Ruby.* In: *Nature* 187 (1960), S. 493–494.

[116] **Mandel, B. und Schwider, P.** *On-line control and quality improvement of laser-beam welding by high-dynamic CMOS cameras - a major step in manufacturing quality.* In: *Proc. LANE 2004, 4th Laser Assisted Net Shape Engineering.* 2004, S. 193–200.

[117] **Matsumura, H., Orihashi, T. und Nakayama, S.** *CO2 Laser Welding Characteristics of Various Aluminium Alloys.* In: *Proc. LAMP'92.* Laser Institute of America (LIA). 1992.

[118] **Mercer, J.** *Functions of positive and negative type and their connection with the theory of integral equations.* In: *Philosophical Transactions of the Royal Society A* 209 (1909), S. 415–446.

[119] **Mertens, A.** *Tailored Blanks - Stahlprodukte für den Fahrzeug-Leichtbau.* Die Bibliothek der Technik. verlag moderne industrie, 2003.

[120] **Mohanty, P., Asgari, T. und Mazumder, J.** *Experimental study on keyhole and melt pool dynamics in laser welding.* In: *Proc. ICALEO '97.* Bd. 83. 1997, 200–209 (Section G).

[121] **Mueller, R.** *Weld Seam Tracking and Lap Weld Penetration Monitoring Using the Optical Spectrum of the Weld Plume.* In: *Proc. ICALEO'96 (Section B).* 1996, S. 86–95.

[122] *NIST Atomic Spectra Database.* NIST Standard Reference Database 78.

[123] *NIST Fundamental Physical Constants.* NIST Standard Reference Database 121. 2006.

[124] **Olowinsky, A., Klages, K. und J.Gedicke.** *SHADOW a new welding technique: basics and applications.* In: *Proc. SPIE - Laser Precision Microfabrication.* Bd. 5662. Okt. 2004, S. 291–299.

[125] **Palanco, S.** *Spectroscopic diagnostics on CW-laser welding plasmas of aluminum alloys.* In: *Spectrochimica Acta Part B: Atomic Spectroscopy* 56.6 (2001), S. 651–659.

[126] **Patel, C.** *Continuous-Wave Laser Action on Vibrational-Rotational Transitions of CO2.* In: *Physical Review* 136.5A (1964), A1187–A1193.

[127] **Pearson, K.** *On lines and planes of closest fit to a system of points in space.* In: *The London, Edinburgh, and Dublin Philosophical Magazine and Journal of Science* 6.2 (1901), S. 559–572.

[128] **Pérez Grassi, A.** *Variable illumination and invariant features for detecting and classifying varnish defects.* Diss. Karlsruhe Institute of Technology (KIT), Institut für Industrielle Informationstechnik (IIIT), 2010.

[129] **Pintat, T.,** Hrsg. *Werkstoff-Tabellen der Metalle.* 8. Aufl. Alfred Kröner Verlag Stuttgart, 2000.

[130] **Planck, M.** *Über das Gesetz der Energieverteilung im Normalspectrum.* In: *Annalen der Physik* 4 [309] (1901), S. 553–563.

[131] **Postacioglu, N., Kapadia, P. und Dowden, J.** *Capillary waves on the weld pool in penetration welding with a laser.* In: *Journal of Physics D: Applied Physics* 22.8 (1989), S. 1050.

[132] **Postacioglu, N., Kapadia, P. und Dowden, J.** *Theory of the oscillations of an ellipsoidal weld pool in laser welding.* In: *Journal of Physics D: Applied Physics* 24.8 (1991), S. 1288–1292.

[133] **Poueyo-Verwaerde, A.** *Experimental Study of Laser-Induced Plasma in Welding Conditions with Continuos CO2 Laser.* In: *Journal of Applied Physics* 74.9 (1993), S. 5773–5780.

[134] **Purde, A.** *N-lambda speckle-interferometry for contouring in industrial applications.* In: *Proc. SPIE.* Bd. 5457. 1. 2004, S. 472–480.

[135] **Rapp, J.** *Fundamental approach to the laser weldability of aluminium- and copper-alloys.* In: *DVS-Berichte* 163 (1994), S. 313–325.

[136] **Regaard, B.** *Advantages of coaxial external illumination for monitoring and control of laser materials processing.* In: *Proc. ICALEO 2005.* Bd. 98. 2005, S. 915–919.

[137] **Rényi, A.** *On Measures of Entropy and Information.* In: *Proceedings of the 4th Berkeley Symposium on Mathematics, Statistics and Probability.* 1961, S. 547–561.

[138] **Rohrmus, D. R.** *Invariant and adaptive geometrical texture features for defect detection and classification.* In: *Pattern Recognition* 38.10 (2005), S. 1546–1559.

[139] **Rüffler, C. und Gürs, K.** *Cutting and welding using a CO2 laser.* In: *Optics & Laser Technology* 4.6 (Dez. 1972), S. 265–269.

[140] **Schawlow, A. und Townes, C.** *Infrared and Optical Masers.* In: *Physical Review* 112.6 (1958), S. 1940–1949.

[141] **Schneider, W., Holtz, R. und Jokiel, M.** *SHADOW-Welding - ein innovatives Laser-Schweissverfahren.* In: *DVS-Berichte* 230, (2004), S. 166–169.

[142] **Scholz, C.** *Die Schwierigkeit des k-Median Clusterings für Bregman-Divergenzen.* Magisterarb. Universität Paderborn, - Fakultät für Elektrotechnik, Informatik und Mathematik - Institut für Informatik, 2009.

[143] **Schwartzman, S.** *The words of mathematics: An Etymological Dictionary of Mathematical Terms Used in English.* Mathematical Association of America, 1994.

[144] **Semak, V.** *Melt pool dynamics during laser welding.* In: *Journal of Physics D: Applied Physics* 28.12 (1995), S. 2443–2450.

[145] **Shannon, C.** *A Mathematical Theory of Communication.* In: *The Bell System Technical Journal* 27 (1948), S. 379–423, 623–656.

[146] **Shao, J. und Yan, Y.** *Review of techniques for On-line Monitoring and Inspection of Laser Welding.* In: *Journal of Physics: Conference Series.* Bd. 15. 2005, S. 101–107.

[147] **Sibillano, T.** *Correlation analysis in laser welding plasma.* In: *Optics Communications* 251.1-3 (2005), S. 139–148.

[148] **Siegman, A.** *Lasers.* Hrsg. von A. Kelly. Oxford University Press, 1986.

[149] **Siggelkow, S. und Burkhardt, H.** *Improvement of Histogram-Based Image Retrieval and Classification.* In: *Proceedings of the 16 th International Conference on Pattern Recognition (ICPR'02) Volume 3 - Volume 3.* ICPR '02. Washington, DC, USA: IEEE Computer Society, 2002, S. 30367–.

[150] **Smith, E., Schultz, W. und Jr., E. K.-A.** *Modeling oscillations during conduction mode laser welding.* In: *Proc. Manufacturing Science and Engineering.* Bd. 10. 1999, S. 639–647.

[151] **Snitzer, E.** *Proposed Fiber Cavities for Optical Masers.* In: *Journal of Applied Physics* 32.1 (1961), S. 36–39.

[152] **Sokolowski, W.** *Diagnostik des laserinduzierten Plasmas beim Schweißen mit CO2-Lasern.* Diss. Techn. Hochsch. Aachen, 1991.

[153] **Song, H. und Zhang, Y.** *Measurement and Analysis of Three-Dimensional Specular Gas Tungsten Arc Weld Pool Surface.* In: *Welding Journal* 87.4 (2008), 85s–95s.

[154] **Stefan, J.** *Über die Beziehung zwischen der Wärmestrahlung und der Temperatur.* In: *Sitzungsberichte der mathematisch-naturwissenschaftlichen Classe der Kaiserlichen Akademie der Wissenschaften in Wien* LXXIX.2 (1879), S. 391–428.

[155] **Stevens, S.** *On the Theory of Scales of Measurement.* In: *Science* 103 (1946), S. 677–680.

[156] **Sun, A., Kannatey-Asibu Jr., E. und Gartner, M.** *Sensor systems for real-time monitoring of laser weld quality.* In: *Journal of Laser Applications* 11.4 (1999), S. 153–168.

[157] **Tönshoff, H. und Gonschior, M.** *Ceramics Processing with Laser Radiation*. In: *Proc. ICALEO'93 - Laser Materials Processing (Proc. SPIE 2306)*. Hrsg. von P. Denny, I. Miyamoto und B.L. Mordike. 1993, S. 507–517.

[158] *Toshiba CCD Linear Image Sensor TCD1304AP*. Toshiba. , 2001.

[159] **Ulusoy, I. und Bishop, C.** *Generative versus discriminative methods for object recognition*. In: *Computer Vision and Pattern Recognition, 2005. CVPR 2005. IEEE Computer Society Conference on*. Bd. 2. Juni 2005, S. 258–265.

[160] *Unregelmässigkeiten an Laserstrahlschweissnähten - Ursachen und Abhilfemassnahmen*. In: *DVS-Merkblätter* 3214 (2001), S. 1–9.

[161] **van Veen, E. und de Loos-Vollebregt, M.** *Application of mathematical procedures to background correction and multivariate analysis in inductively coupled plasma-optical emission spectrometry*. In: *Spectrochimica Acta Part B: Atomic Spectroscopy* 53.5 (1998), S. 639–669.

[162] **Vasershtein, L. N.** *Markov Processes over Denumerable Products of Spaces, Describing Large Systems of Automata*. In: *Problems of Information Transmission* 5.3 (1969), S. 47–52.

[163] **Voelkel, D. und Mazumder, J.** *Visualization of a laser melt pool*. In: *Applied Optics* 29.12 (1990), S. 1718–1720.

[164] **Vogel, H.** *Gerthsen Physik*. Bd. 19. Springer-Verlag, 1997.

[165] **Wiesemann, W.** *Selbstlernende Online-Prozessueberwachung für das Laserstrahlschweissen*. In: *Der Maschinenmarkt* 101.48 (1995), S. 32–34.

[166] **Zel'dovich, Y. und Raizer, Y.** *Physics of Shock Waves and High-Temperatur Hydrodynamic Phenomena*. Hrsg. von W.D. Hayes und R.F. Probstein. Bd. 1. Academic Press, 1966.

[167] **Zhang, R.** *Analysis of shape from shading techniques*. In: *Computer Vision and Pattern Recognition, 1994. Proceedings CVPR '94., 1994 IEEE Computer Society Conference on*. Juni 1994, S. 377–384.

[168] **Zhou, J., Tsai, H. und Wang, P.** *Transport Phenomena and Keyhole Dynamics during Pulsed Laser Welding*. In: *Journal of Heat Transfer* 128.7 (Juli 2006), S. 680–690.

Eigene Veröffentlichungen

[169] **Dudeck, S.** *In-situ monitoring of pulsed laser welding processes.* In: *Reports on Distributed Measurement Systems.* Hrsg. von F. Puente León. Shaker Verlag, 2008, S. 127–139.

[170] **Dudeck, S. und Puente León, F.** *Kamerabasierte In-situ-Überwachung gepulster Laserschweißprozesse.* In: *XXI. Messtechnisches Symposium des Arbeitskreises der Hochschullehrer für Messtechnik e.V. (AHMT).* Hrsg. von B. Henning. Aachen: Shaker Verlag, 2007.

[171] **Dudeck, S., Rieger, D. und Puente León, F.** *Zeitlich und räumlich aufgelöste Spektroskopie gepulster Laserschweißprozesse.* In: *Proc. Sensoren und Messsysteme 2006.* ITG/GMA. VDE Verlag GmbH, 2006, S. 113–116.

[172] **Dudeck, S., Rieger, D. und Puente León, F.** *Bildgestützte In-situ-Defekterkennung für gepulste Laserstrahlschweißprozesse.* In: *Proc. Bildverarbeitung in der Mess- und Automatisierungstechnik.* Hrsg. von F. Puente León und M. Heizmann. VDI. VDI Verlag GmbH, 2007.

[173] **Dudeck, S., Rieger, D. und Puente León, F.** *Direct observation of a laser melt pool surface.* In: *Proc. Sensor Conference 2007.* Bd. 2. AMA Service GmbH. Nürnberg, Mai 2007, S. 105–110.

[174] **Dudeck, S.** *Digital signal processing for the European gamma-ray tracking array AGATA.* In: *DPG-Tagung.* Köln, März 2004.

[175] **Weinert, N., Rohrmus, D. und Dudeck, S.** *Energy-Aware Production Planning Based on EnergyBlocks in a Siemens AG Generator Plant.* In: *Sustainable Manufacturing: Shaping Global Value Creation.* Hrsg. von G. Seliger. Springer, 2012, S. 211–216.

Betreute studentische Arbeiten

[176] **Hochmuth, V.** *KPI-Beeinflussung durch ökologische Nachhaltigkeitsmaßnahmen in der Produktion.* Diplomarbeit. TU München, 2010.

[177] **Klein, J.** *Statistische Segmentierung beleuchteter Schweißprozessbilder.* Diplomarbeit. TU München, Fachgebiet VMS, Okt. 2008.

[178] **Leadbetter, S.** *Optische Hochgeschwindigkeitskontrolle von dynamischen Laserschweißprozessen.* Diplomarbeit. FH München, 2007.

[179] **Muthyala, K.** *Extension of a Measurement and Analysis Program for a fast Inline Process Control.* Masterarbeit. FH Rosenheim, 2005.

Forschungsberichte
aus der Industriellen Informationstechnik
(ISSN 2190-6629)

Institut für Industrielle Informationstechnik
Karlsruher Institut für Technologie

Hrsg.: Prof. Dr.-Ing. Fernando Puente León, Prof. Dr.-Ing. habil. Klaus Dostert

Die Bände sind unter www.ksp.kit.edu als PDF frei verfügbar oder als Druckausgabe bestellbar.

Band 1   Pérez Grassi, Ana
Variable illumination and invariant features for detecting and classifying varnish defects. (2010)
ISBN 978-3-86644-537-6

Band 2   Christ, Konrad
Kalibrierung von Magnet-Injektoren für Benzin-Direkteinspritzsysteme mittels Körperschall. (2011)
ISBN 978-3-86644-718-9

Band 3   Sandmair, Andreas
Konzepte zur Trennung von Sprachsignalen in unterbestimmten Szenarien. (2011)
ISBN 978-3-86644-744-8

Band 4   Bauer, Michael
Vergleich von Mehrträger-Übertragungsverfahren und Entwurfskriterien für neuartige Powerline-Kommunikationssysteme zur Realisierung von Smart Grids. (2012)
ISBN 978-3-86644-779-0

Band 5   Kruse, Marco
Mehrobjekt-Zustandsschätzung mit verteilten Sensorträgern am Beispiel der Umfeldwahrnehmung im Straßenverkehr (2013)
ISBN 978-3-86644-982-4

Band 6   Dudeck, Sven
Kamerabasierte In-situ-Überwachung gepulster Laserschweißprozesse (2013)
ISBN 978-3-7315-0019-3